教育部高等学校电子信息类专业教学指导委员会规划教材

高等学校电子信息类专业系列教材

数字电子技术

（第2版）

李承　徐安静　主编

清華大學出版社

北京

内 容 简 介

本书系统地介绍了数字电子技术的基本原理与逻辑电路分析设计方法。主要内容包括数制与码制、数字逻辑基础、门电路、组合逻辑电路、触发器、时序逻辑电路、脉冲产生与整形电路、存储器和可编程逻辑器件、模拟量和数字量的转换电路、VHDL 硬件描述语言等。

本书注重基本概念和基本方法的讨论，并把重点放在逻辑层面上进行分析与讨论，同时在相关章节配以适当定量分析与计算。此外，本书每章配有本章小结、习题，其中绝大部分习题都提供了答案，便于教学与学生自学。本书可作为高等学校相关专业"数字电子技术""数字逻辑"等课程的教材或教学参考用书，还可供有关工程技术人员参考。

图书在版编目(CIP)数据

数字电子技术/李承，徐安静主编. —2 版. —北京：清华大学出版社，2022.5（2024.8 重印）
高等学校电子信息类专业系列教材
ISBN 978-7-302-60174-6

Ⅰ．①数… Ⅱ．①李…②徐… Ⅲ．①数字电路－电子技术－高等学校－教材 Ⅳ．①TN79

中国版本图书馆 CIP 数据核字（2022）第 031389 号

策划编辑：盛东亮
责任编辑：钟志芳
封面设计：李召霞
责任校对：李建庄
责任印制：曹婉颖

出版发行：清华大学出版社
  网 址：https://www.tup.com.cn，https://www.wqxuetang.com
  地 址：北京清华大学学研大厦 A 座   邮 编：100084
  社 总 机：010-83470000   邮 购：010-62786544
  投稿与读者服务：010-62776969，c-service@tup.tsinghua.edu.cn
  质量反馈：010-62772015，zhiliang@tup.tsinghua.edu.cn
  课件下载：https://www.tup.com.cn，010-83470236
印 装 者：三河市龙大印装有限公司
经 销：全国新华书店
开 本：185mm×260mm 印 张：19.75   字 数：481 千字
版 次：2014 年 12 月第 1 版 2022 年 7 月第 2 版 印 次：2024 年 8 月第 3 次印刷
印 数：2501～3500
定 价：59.00 元

产品编号：093718-01

高等学校电子信息类专业系列教材

序
FOREWORD

我国电子信息产业销售收入总规模在 2013 年已经突破 12 万亿元,行业收入占工业总体比重已经超过 9%。电子信息产业在工业经济中的支撑作用凸显,更加促进了信息化和工业化的高层次深度融合。随着移动互联网、云计算、物联网、大数据和石墨烯等新兴产业的爆发式增长,电子信息产业的发展呈现了新的特点,电子信息产业的人才培养面临着新的挑战。

(1) 随着控制、通信、人机交互和网络互联等新兴电子信息技术的不断发展,传统工业设备融合了大量最新的电子信息技术,它们一起构成了庞大而复杂的系统,派生出大量新兴的电子信息技术应用需求。这些"系统级"的应用需求,迫切要求具有系统级设计能力的电子信息技术人才。

(2) 电子信息系统设备的功能越来越复杂,系统的集成度越来越高。因此,要求未来的设计者应该具备更扎实的理论基础知识和更宽广的专业视野。未来电子信息系统的设计越来越要求软件和硬件的协同规划、协同设计和协同调试。

(3) 新兴电子信息技术的发展依赖于半导体产业的不断推动,半导体厂商为设计者提供了越来越丰富的生态资源,系统集成厂商的全方位配合又加速了这种生态资源的进一步完善。半导体厂商和系统集成厂商所建立的这种生态系统,为未来的设计者提供了更加便捷却又必须依赖的设计资源。

教育部 2012 年颁布的新版《高等学校本科专业目录》中,将电子信息类专业进行了整合,为各高校建立系统化的人才培养体系,培养具有扎实理论基础和宽广专业技能的、兼顾"基础"和"系统"的高层次电子信息人才给出了指引。

传统的电子信息学科专业课程体系呈现"自底向上"的特点,这种课程体系偏重对底层元器件的分析与设计,较少涉及系统级的集成与设计。近年来,国内很多高校对电子信息类专业课程体系进行了大力度的改革,这些改革顺应时代潮流,从系统集成的角度,更加科学合理地构建了课程体系。

为了进一步提高普通高校电子信息类专业教育与教学质量,贯彻落实《国家中长期教育改革和发展规划纲要(2010—2020 年)》和《教育部关于全面提高高等教育质量若干意见》(教高〔2012〕4 号)的精神,教育部高等学校电子信息类专业教学指导委员会开展了"高等学校电子信息类专业课程体系"的立项研究工作,并于 2014 年 5 月启动了《高等学校电子信息类专业系列教材》(教育部高等学校电子信息类专业教学指导委员会规划教材)的建设工作。其目的是为推进高等教育内涵式发展,提高教学水平,满足高等学校对电子信息类专业人才培养、教学改革与课程改革的需要。

本系列教材定位于高等学校电子信息类专业的专业课程,适用于电子信息类的电子信息工程、电子科学与技术、通信工程、微电子科学与工程、光电信息科学与工程、信息工程及其相近专业。经过编审委员会与众多高校多次沟通,初步拟定分批次(2014—2017 年)建设约 100 门课程教材。本系列教材将力求在保证基础的前提下,突出技术的先进性和科学的前沿性,体现创新教学和工程实践教学;将重视系统集成思想在教学中的体现,鼓励推陈出新,采用"自顶向下"的方法编写教材;将注重反映优秀的教学改革成果,推广优秀的教学经验与理念。

为了保证本系列教材的科学性、系统性及编写质量,本系列教材设立顾问委员会及编审委员会。顾问委员会由教指委高级顾问、特约高级顾问和国家级教学名师担任,编审委员会由教育部高等学校电子信息类专业教学指导委员会委员和一线教学名师组成。同时,清华大学出版社为本系列教材配置优秀的编辑团队,力求高水准出版。本系列教材的建设,不仅有众多高校教师参与,也有大量知名的电子信息类企业支持。在此,谨向参与本系列教材策划、组织、编写与出版的广大教师、企业代表及出版人员致以诚挚的感谢,并殷切希望本系列教材在我国高等学校电子信息类专业人才培养与课程体系建设中发挥切实的作用。

吕志伟 教授

第2版前言
PREFACE

对于高等院校相关专业的学生来说,"数字电子技术"是一门重要的专业基础课。本课程涉及的内容对学生后续课程的学习,以及从事相关专业工作,都是不可或缺的。

从内容上看,数字电子技术作为电子技术的重要组成部分,主要讨论的对象是数字逻辑电路与脉冲电路,采用的主要分析设计工具是逻辑代数。从思维过程来看,数字电子技术主要介绍电路中逻辑层面的思维。因此,本教材在数字电子电路的分析与设计中,主要篇幅放在逻辑层面知识的介绍上,使学生学会运用逻辑代数这一有效工具,对逻辑电路进行分析与设计。之所以这样处理,也是因为当前理工科学生(除微电子专业外)主要应用的是逻辑层面的知识,这样处理符合当前数字逻辑电路主要应用情形。

本次修订主要由李承、徐安静完成。主要修订之处有以下几部分:

(1) 将第1版的8章内容扩展成10章内容。

(2) 将第1版的第1章分成第1章和第2章两章内容。第1章主要介绍数制与码制,第2章主要介绍逻辑代数基础。

(3) 第2、3、6、8章分别增加了部分习题和例题。第6章部分例题增加了时序波形分析。

(4) 增加了第10章VHDL硬件描述语言。考虑到当前软件与硬件结合得越来越密切,采用软件设计硬件已经成为必要手段,因此,本书修订时增加了一章,讨论VHDL基本结构、语法基础、数据类型与运算、数字逻辑电路的VHDL实现方法,并详细介绍硬件描述电路的仿真方法。

(5) 修改了书中的部分错误与不当之处。

编 者

2022 年 4 月

第1版前言

PREFACE

　　电子技术的发展经历了一百多年的历史。电子技术的整个发展过程都伴随着新型电子材料的发现及新型电子器件的诞生。可以说,新型电子器件的诞生不断促进电子技术学科发生深刻变革。1904 年 Fleming 发明了真空二极管,1906 年 Lee De Forest 发明了真空三极管,这是电子学发展史上重要的里程碑事件。也有人认为,晶体管是 20 世纪电子技术最伟大的发明,它推动了信息技术革命,带动了产业革命,开辟了亿万个就业岗位,改变了人类社会工作方式和生活方式,奠定了现代文明社会的基础。从 1947 年世界上第一个晶体管诞生开始,相关领域技术与成果发展非常迅速。其标志性事件主要有:1947 年 12 月 16 日,贝尔实验室工作的 William Shockley、John Bardeen、Walter Brattain 三人成功地制造出第一个晶体管;1950 年 William Shockley 开发出双极晶体管(Bipolar Junction Transistor),这是现在通行的标准晶体管;1953 年第一个采用晶体管的商业化设备助听器投入市场;1954年第一台晶体管收音机投入市场;1961 年第一个集成电路专利授予 Robert Noyce,这为电子设备小型化、微型化奠定了基础;1965 年摩尔定律诞生,Gordon Moore 当时预测,未来,在一个芯片上的晶体管数量大约每年翻一倍(10 年后修正为每两年翻一倍);1968 年罗伯特·诺伊斯和戈登·摩尔从仙童(Fairchild)半导体公司辞职,创立了一个新的企业,这就是英特尔(Intel)公司,Intel 是"集成电子设备"(integrated electronics)的缩写。1969 年,Intel公司成功开发出第一个 PMOS 硅栅晶体管,这些晶体管继续使用传统的二氧化硅栅介质,但是引入了新的多晶硅栅电极。1971 年,Intel 公司发布了第一个微处理器 Intel 4004。Intel 4004 规格为 1/8 英寸×1/16 英寸,包含 2000 多个晶体管,采用 Intel $10\mu m$ PMOS 技术生产。1978 年,Intel 公司标志性地把 Intel 8088 微处理器出售给 IBM 公司,使得 IBM 公司的个人计算机得到快速发展。Intel 8088 处理器集成了 2.9 万个晶体管,运行频率分为5MHz、8MHz 和 10MHz。1982 年,Intel 286 微处理器(又称 80286)推出,成为 Intel 公司的第一个 16 位处理器,Intel 286 处理器集成了 13 400 个晶体管,运行频率分为 6MHz、8MHz、10MHz 和 12.5MHz。1985 年,Intel 386 微处理器问世,其中集成了 27.5 万个晶体管,是最初 Intel 4004 晶体管数量的 100 多倍。Intel 386 是 32 位芯片,具备多任务处理能力。1993 年,Intel 公司的奔腾处理器问世,含有 300 万个晶体管,采用 Intel $0.8\mu m$ 技术生产。1999 年 2 月,Intel 发布了 Pentium Ⅲ 处理器,集成度达到 950 万个晶体管,采用$0.25\mu m$ 技术生产。2002 年 1 月,Intel Pentium 4 处理器推出,高性能桌面台式计算机由此可实现每秒钟 22 亿个周期的运算。Pentium 4 采用 $0.13\mu m$ 技术生产,内含 5500 万个晶体管。2003 年 3 月,针对笔记本的 Intel 迅驰移动技术平台诞生,包含了 Intel 最新的移动处理器,该处理器基于全新的移动优化微体系架构,采用 $0.13\mu m$ 工艺生产,包含 7700 万个晶体管。2005 年 5 月,Intel 第一个主流双核处理器诞生,含有 2.3 亿个晶体管,采用 90nm 技术生产。2006 年 7 月,Intel 酷睿 2 双核处理器诞生,该处理器含有 2.9 亿多个晶体管,采用 65nm 技术生产。2007 年 1 月,为扩大四核 PC 向主流买家的销售,Intel 发布了针对桌面计算机的 65nm 制程的 Intel 酷睿 2 四核处理器,该处理器含有 5.8 亿多个晶体管。同年,Intel 已经生产出了 45nm 微处理器。

历史上每次器件的创新与发明,都大大促进了相关电路与应用的发展,尤其是集成电路的发展,大大促进了电子技术的发展,使电子技术两大领域——“模拟电子技术”和“数字电子技术”都得到飞跃式进步。

本书介绍电子技术的一个分支,即数字电子技术。数字电子技术的特点是,电路中晶体管工作在开关状态,电路工作有一个统一的时钟信号控制,有一套完整的分析设计工具,即逻辑代数。因此,数字电路的分析与设计似乎更严格,更有理论依据。在当前的各种电子装置中,数字电路已占有很大比重。因此,学习数字电路与系统分析、设计,具有重要实际意义。

本书主要介绍数字电子技术的基本内容,包括数制与逻辑基础、门电路、组合逻辑电路、触发器、时序逻辑电路、脉冲的产生与整形、存储器和可编程逻辑器件、模拟量和数字量的转换等。

本教材是为我校机电类专业学生学习数字电子技术课程编写的,内容的取舍、安排主要考虑了要适合高等学校相关专业对数字电子技术课程的教学需要,特别是要适合学科交叉与融合的需要,同时也体现本学科的成果与技术发展现状。

根据机电类学生的教学要求,在教材编写中,对传统的教材内容作了必要的取舍,将学生最需要的基础知识和本课程的核心部分内容都做了一定的加深或扩充,便于学生学习。本书的特点有:

(1) 在强调了基础知识的同时,注重了知识的应用。主要体现在对于电路的定性分析和定量计算时,都是从基本概念出发,避免了繁杂的公式推导。

(2) 加强了集成电路的内容,对集成电路的讨论强化“外部”淡化“内部”,使教材内容更符合电子技术发展的趋势。

(3) 体现了数字电子基础的工程性特点,既注重原理、分析方法等,也注重应用问题。

在本书编写中,我们力求内容丰富、重点突出、适应性强、体现发展等特点,既处理好重要内容、较重要内容与一般内容的关系;也处理好打好基础、面向应用与新技术介绍的关系。本书的编写立足于有利于学生建立坚实基础、增强创新意识、培养实践能力;立足于有利于学生学以致用,为解决实际工程问题打下基础。

本书由华中科技大学电工学课程组编写,其中,李承编写了第 1~2 章,张鄂亮编写了第 3 章,林红编写了第 4~5 章,徐安静编写了第 6 章,杨红权编写了第 7~8 章。李承、徐安静担任主编,并负责全书统稿。

由于工作繁忙,加上编者水平所限,错误与疏漏之处在所难免,恳请广大读者提出宝贵意见。

编　者

2014 年 10 月于华中科技大学

目 录

CONTENTS

数制与码制

本章在简要介绍脉冲信号与数字信号概念的基础上,讨论数字电路的概念与定义;然后从常用的十进制数出发,介绍各种不同数制下数的表示方法,同时重点讨论各种数制下数值之间的转换方法。本章还讨论二-十进制编码方法,包括几种 BCD 码编码规则,字符和符号的编码等问题。

1.1　数字信号的特点

1.1.1　模拟信号与数字信号

总的来说,电子电路中的信号可以分为两大类,即模拟信号和数字信号。模拟信号是时间连续、数值(幅度)也连续的信号。模拟信号来自于自然界客观存在的一些物理量,例如电压、电流、速度、压力、温度等。这些量的共同特点是随时间连续变化。如电压 u 可以用测量仪器测量出某个时刻的瞬时值(或有效值,或某段时间之内的平均值),这种信号就是模拟信号,处理模拟信号的电路称为模拟电路。

数字信号是指在时间上和数值(幅度)上都不连续的信号。如电子表的秒信号、生产流水线上记录零件个数的计数信号等。这些信号的变化发生在一系列离散的时刻,其数值也不连续。处理数字信号的电路称为数字电路。

目前,数字信号常采用二值逻辑表示,因此也认为数字信号只有两种相互对立的状态,常采用 0 和 1 两个数码表示这两种状态。正因为数字信号的表示以 0、1 二值为基础,数字信号又可以采用脉冲信号来表示。脉冲信号具有边沿陡峭、持续时间短的特点。如图 1.1.1 所示为用一种脉冲波形表示的数字信号。

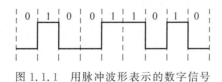

图 1.1.1　用脉冲波形表示的数字信号

图 1.1.1 所示波形也称为数字波形。假设图 1.1.1 中信号为电压信号,则可以看出该信号有以下特点:

(1) 信号只有两个电压值,即脉冲出现时相对较高的电压和脉冲没有出现时相对较低的电压。在数字电路中,常常把高电压称为高电平,低电压称为低电平。因此,脉冲的两个电压值也被称为两个逻辑电平。

（2）图1.1.1中把高电平用1表示,低电平用0表示,这就是所谓的正逻辑规定;反之,高电平用0表示,低电平用1表示,就是负逻辑规定。在数字系统中,除特别情况外。一般都采用正逻辑规定。

（3）信号从高电平变为低电平,或者从低电平变为高电平的过程是一个突然变化的过程,发生在某些离散的时刻,这是脉冲信号的特点。

（4）采用一个脉冲信号表示一个数字量时,既要看高、低电平,还要看高、低电平持续的时间。如果把图1.1.1中的脉冲对应一个数字量,那么该数字量为010011010。

在数字系统中,脉冲不仅经常用于表示数字量或数字信号,还是数字系统工作的统一时间基础。因此有必要讨论一下脉冲的主要参数。

1.1.2 脉冲信号的主要参数

图1.1.2为一个理想的周期性方波脉冲信号,它可用以下几个参数描述。

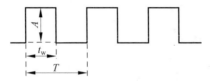

图 1.1.2 理想的周期性方波脉冲波形

- A——信号幅度。表示信号波形变化的最大值。
- T——信号的重复周期。信号的重复频率 $f = 1/T$。
- t_w——脉冲宽度。表示脉冲的作用时间。
- D——占空比。表示脉冲宽度 t_w 占整个周期 T 的百分比。定义为

$$D = \frac{t_w}{T} \times 100\% \tag{1.1.1}$$

在实际的数字系统中,脉冲不可能是理想的,脉冲的上升与下降都要经历一段时间。图1.1.3所示为一个实际方波脉冲波形。

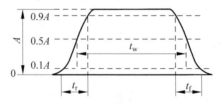

图 1.1.3 实际方波脉冲波形

对于如图1.1.3所示的脉冲信号,除了上述理想脉冲的几个参数,还有两个重要的参数,即上升时间 t_r 和下降时间 t_f。它们的定义为:

- 上升时间 t_r:指从脉冲幅值的10%上升到90%所需要的时间。
- 下降时间 t_f:指从脉冲幅值的90%下降到10%所需要的时间。

此外,非理想数字信号的脉冲宽度 t_w 定义为脉冲幅值为 $0.5A$ 的两个点之间所用的时间。显然,上升时间 t_r 与下降时间 t_f 的值越小,脉冲就越接近理想脉冲波形。数字电路

中,器件的上升时间 t_r 与下降时间 t_f 的典型值约为几纳秒(ns)。在分析数字电路波形时,大多数情况下都把脉冲波形画成理想波形,只是在脉冲频率很高,或者脉冲宽度很窄等特定情况下才考虑上升时间和下降时间。

1.1.3　数字电路

前面已经说过,电子电路中的信号可分为模拟信号和数字信号两类。而对数字信号进行发送、传输、接收和处理的电子电路称为数字电路,这就是本书将要讨论的主要内容。

数字电路大致包括信号的产生、放大、整形、传输、控制、存储、计数和运算等电路。

作为一个例子,图 1.1.4 为一个数字频率计的方框图。

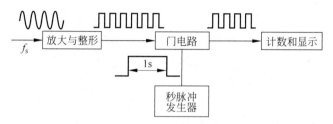

图 1.1.4　数字电路的一个应用例子——数字频率计

数字频率计的作用是测量周期信号的频率。假定被测信号为正弦波,它的频率为 f_s。为了把被测信号的频率用数字直接显示出来,首先要将被测的模拟信号放大、整形,使被测信号变换成同频率的矩形脉冲信号。既然是测量频率,则还需要有个时间标准,以秒(s)为单位,把 1s 内通过的脉冲个数记录下来,就得出了被测信号的频率。这个时间标准由秒脉冲发生器产生,它产生宽度为 1s 的矩形脉冲。秒脉冲发生器控制门电路在这 1s 内,信号经整形后的矩形脉冲通过门电路进入计数器,计数器累计 1s 内的信号个数就是被测信号在 1s 内重复的次数,即信号的频率。最后通过显示器显示出来。

数字电路有以下几个特点。

(1) 数字电路的工作信号是离散变化的数字信号,所以在数字电路中工作的半导体管多数工作在开关状态,即工作在饱和区和截止区,而放大区只是其过渡状态。

(2) 数字电路主要研究的是输出信号的状态(0 或 1)与输入信号的状态之间的关系,因而不能采用模拟电路的分析方法,例如,微变等效电路法等。

(3) 数字电路的主要数学分析工具是逻辑代数,而数字电路功能的主要表达形式有真值表、逻辑表达式、卡诺图、逻辑电路图及波形图等。

(4) 数字电路不仅可以完成数值运算,而且能进行逻辑判断和运算,这在控制系统中是不可缺少的。

(5) 数字信息便于长期保存,例如,可将数字信息存入磁盘、光盘等进行长期保存。

(6) 数字集成电路产品系列多、通用性强、成本低、可靠性高。

基于以上一系列优点,数字电路在电子设备或电子系统中得到了广泛的应用,计算机、计算器、电视机、音响系统、视频记录设备、光碟、电信及卫星系统等都采用了数字电路与数字系统。

1.2 数制与转换

1.2.1 几种常用的进位计数制

计数问题是实际生活中经常遇到的问题,也是数字电路经常涉及的问题。按进位的原则进行计数,称为进位计数制。如生活中常用的十进制等。而计算机中常采用二进制、十六进制等。为讨论方便,还是从十进制开始讨论。

1. 十进制

十进制是人们最熟悉、应用最广泛的一种进位计数制。

所谓十进制就是以 10 为基数的计数体制。它采用 10 个不同的基本数码 0、1、2、3、4、5、6、7、8、9 来表示数。任何一个十进制数都可以用这 10 个数码按一定的排列规律表示。其进位规则是:逢十进一。因此,十进制就是以 10 为基数,遵循逢十进一原则的进位计数制。

例如,十进制数 666.66 可表示为

$$666.66 = 6 \times 10^2 + 6 \times 10^1 + 6 \times 10^0 + 6 \times 10^{-1} + 6 \times 10^{-2}$$

其中,10^2、10^1、10^0、10^{-1}、10^{-2} 分别称为百位、十位、个位、十分位、百分位的位权。从上面的数 666.66 可以看到,相同的数码放在不同的位置,所代表的值大小不同,这是由位权决定的。一般地,一个有 n 位整数、m 位小数的任意十进制数 D_{10},可以写成下面的通式:

$$D_{10} = \sum_{i=-m}^{n-1} k_i \times 10^i \qquad (1.2.1)$$

式(1.2.1)就是十进制数的一般表示式。其中 10 为基数,系数 k_i 可为 0、1、2、3、4、5、6、7、8、9 中的任意一个数字。

虽然十进制是人们使用最多、最习惯的计数制,但却很难用电路来实现。因为很难找到一个电路或电子器件,而它又有 10 个能被严格区分开的状态来表示十进制数的 10 个基本数码。所以数字电子系统中一般不直接采用十进制,而直接采用二进制。

2. 二进制

作为进位计数制的一种形式,二进制具有和十进制完全相同的性质,即有两个基本数码:0、1,采用逢二进一的进位原则。例如,数 $(111.01)_2$ 表示一个二进制数,括号后的下标 2 表示该数是二进制数。当然,写在不同位置的 1 或 0 也有不同的位权,数 $(111.01)_2$ 中各位的位权分别为 2^2、2^1、2^0、2^{-1}、2^{-2}。

一般地,一个有 n 位整数、m 位小数的任意二进制数 D_2,可以写成下面的通式:

$$D_2 = \sum_{i=-m}^{n-1} k_i \times 2^i \qquad (1.2.2)$$

式(1.2.2)是二进制数的一般表示式。其中 2 为基数,系数 k_i 可取 0、1 中任意一个数字。

二进制是各种数字系统和计算机中经常直接采用的计数制。

在数字电路中,与十进制相比,二进制具有如下优点。

(1) 用二进制设计的数字电路简单可靠,便于实现。

二进制只有两个数码 0 和 1,因此它的每一个位数都可以用任何具有两个不同稳定状态的元件来表示,而这类元件非常普遍。例如,二极管的导通与断开,三极管的饱和与截止,开关的闭合与断开等。只需规定其中一种状态为1,则另一种状态就可以用0来表示。由于只有两种状态,所以数码的传输与存储都非常简单。

(2) 二进制的基本运算非常简单,这一点将在随后的学习中体会到。

二进制数最大的缺点是表述一个数时位数太多,书写和记忆都不方便。十进制数虽然可以表示二进制数,但十进制数与二进制数之间的转换却较为复杂,一般不被人们所采用,因而在数字电路中引入了十六进制数来表示二进制数。

3. 十六进制

十六进制也是进位计数制的一种形式,十六进制有16个基本数码,这16个数码为0、1、2、3、4、5、6、7、8、9、A、B、C、D、E、F,采用逢十六进一的进位原则。例如,数$(3D3.0A)_{16}$表示一个十六进制数,括号后的下标16表示该数是十六进制数,数$(3D3.0A)_{16}$各位的位权为16^2、16^1、16^0、16^{-1}、16^{-2}。

一般地,一个有n位整数、m位小数的任意十六进制数D_{16},可以写成下面的通式:

$$D_{16} = \sum_{i=-m}^{n-1} k_i \times 16^i \tag{1.2.3}$$

式(1.2.3)是十六进制数的一般表示式。其中16为基数,系数k_i可取0、1、2、3、4、5、6、7、8、9、A、B、C、D、E、F中的任意一个数字。

十六进制与二进制数之间有简单对应关系,因此常常采用十六进制数作为二进制数的简记形式,这一问题将在后面讨论。

4. 八进制

八进制有8个基本数码,即0、1、2、3、4、5、6、7,采用逢八进一的进位原则。例如,数$(676.15)_8$表示一个八进制数,括号后的下标8表示该数是八进制数,数中各位的位权分别为8^2、8^1、8^0、8^{-1}、8^{-2}。

一般地,一个有n位整数、m位小数的任意八进制数D_8,可以写成下面的通式:

$$D_8 = \sum_{i=-m}^{n-1} k_i \times 8^i \tag{1.2.4}$$

式(1.2.4)是八进制数的一般表示式。其中8为基数,系数k_i可取0、1、2、3、4、5、6、7中的任意一个数字。

八进制数与二进制数之间也有简单对应关系,也常采用八进制数作为二进制数的简记形式。

1.2.2　不同数制数之间的相互转换

二进制数是各种数字系统和计算机中常用的形式,但二进制数不便于书写,也不便于记忆。另外,人们习惯的进位计数制又是十进制,但数字系统中又不便直接采用十进制数。十六进制数书写简洁,便于识别,但计算机也不能直接采用。因此,实际中经常是在不同场合采用不同的计数制,这就常常需要在各种数制的数之间进行转换。又因为不同计数制下的数实质上是同一个对象的不同表示形式,所以它们之间当然存在可以互相转换的基础。下面介绍各种数制数之间的相互转换问题。

1. 十进制数与二进制数之间的相互转换

1) 二进制数转换成十进制数

只要将二进制数按式(1.2.2)展开,然后将各项数值按十进制数相加便可以得到等值的十进制数。

例 1.2.1 将二进制数$(10110.11)_2$转换为十进制数。

解 利用式(1.2.2)可得

$$(10110.11)_2 = 1 \times 2^4 + 0 \times 2^3 + 1 \times 2^2 + 1 \times 2^1 + 0 \times 2^0 + 1 \times 2^{-1} + 1 \times 2^{-2}$$
$$= 16 + 0 + 4 + 2 + 0 + 0.5 + 0.25$$
$$= (22.75)_{10}$$

为了方便地进行按权相加完成二进制向十进制的转换,可记住进制数各位的位权,表1.2.1列出了二进制数的常用位权。

表 1.2.1 二进制数的常用位权

i	2^i	2^{-i}
1	2	0.5
2	4	0.25
3	8	0.125
4	16	0.0625
5	32	0.031 25
6	64	0.015 625
7	128	0.007 812 5
8	256	0.003 906 25
9	512	0.001 953 125
10	1024	0.000 976 562 5

2) 十进制数转换成二进制数

十进制数转换成二进制数是把整数部分和小数部分分别进行转换,整数部分采用"除2取余法"转换,小数部分采用"乘2取整法"转换。

"除2取余法"的原理为:对于一个十进制整数可以写为

$$D_{10} = k_n \times 2^n + k_{n-1} \times 2^{n-1} + \cdots + k_1 \times 2^1 + k_0 \times 2^0 \tag{1.2.5}$$

式中,$k_n, k_{n-1}, \cdots, k_1, k_0$是二进制各位的系数,也是对应二进制数的数字。将式(1.2.5)两边同时除以2,可得

$$\frac{1}{2}D_{10} = k_n \times 2^{n-1} + k_{n-1} \times 2^{n-2} + \cdots + k_1 \times 2^0 + \frac{k_0}{2} \tag{1.2.6}$$

由此可知,第一次将十进制数除以2,余数就是k_0。将式(1.2.6)中的余数移去后,再将两边除以2,可得

$$\frac{1}{2^2}D_{10} = k_n \times 2^{n-2} + k_{n-1} \times 2^{n-3} + \cdots + k_2 \times 2^0 + \frac{k_1}{2} \tag{1.2.7}$$

显然,第二次除得的余数为k_1。不难推知,将十进制整数每除以一次2,就可得到二进制数的一位数字。因此,连续将十进制整数除以2,直到商为零为止,就可以由所有的余数得到需求的二进制数。

例 1.2.2 将十进制整数$(43)_{10}$转换为二进制数。

解 根据以上原理,采用"除2取余法"完成转换。过程如下:

$$
\begin{array}{l}
2\underline{|43}\cdots\cdots\text{余数}1\cdots\cdots k_0 \\
2\underline{|21}\cdots\cdots\text{余数}1\cdots\cdots k_1 \\
2\underline{|10}\cdots\cdots\text{余数}0\cdots\cdots k_2 \\
2\underline{|5}\ \cdots\cdots\text{余数}1\cdots\cdots k_3 \\
2\underline{|2}\ \cdots\cdots\text{余数}0\cdots\cdots k_4 \\
2\underline{|1}\ \cdots\cdots\text{余数}1\cdots\cdots k_5 \\
\qquad 0
\end{array}
$$

因此得到转换结果：$(43)_{10}=(101011)_2$。

对二进制小数采用的"乘2取整法"原理与上述原理类似。对于十进制小数 D_{10}，可以写为

$$D_{10}=k_{-1}\times2^{-1}+k_{-2}\times2^{-2}+\cdots+k_{-(m-1)}\times2^{-(m-1)}+k_{-m}\times2^{-m} \qquad (1.2.8)$$

式(1.2.8)中的 $k_{-1},k_{-2},\cdots,k_{-(m-1)},k_{-m}$ 是二进制各位的系数，也就是对应二进制数的数字。将式(1.2.8)两边乘以2，可得

$$2\times D_{10}=k_{-1}\times2^{0}+k_{-2}\times2^{-1}+\cdots+k_{-(m-1)}\times2^{-(m-2)}+k_{-m}\times2^{-(m-1)} \qquad (1.2.9)$$

可见，将十进制小数乘以2后，右边的 k_{-1} 成为整数。从式(1.2.9)中还可以看到，当两边再乘以2时，k_{-2} 也成为整数。如此下去，不断对十进制小数乘以2，直到满足要求为止。就可以完成十进制小数到二进制小数的转换。

例 1.2.3　将十进制小数 $(0.1)_{10}$ 转换为二进制小数，要求误差不大于 2^{-10}。

解　根据"乘二取整法"原理，转换过程如下：

$$
\begin{array}{lll}
 & \text{整数} & \text{位置} \\
0.1\times2=0.2\cdots\cdots\cdots0\cdots\cdots\cdots & & k_{-1} \\
0.2\times2=0.4\cdots\cdots\cdots0\cdots\cdots\cdots & & k_{-2} \\
0.4\times2=0.8\cdots\cdots\cdots0\cdots\cdots\cdots & & k_{-3} \\
0.8\times2=1.6\cdots\cdots\cdots1\cdots\cdots\cdots & & k_{-4} \\
0.6\times2=1.2\cdots\cdots\cdots1\cdots\cdots\cdots & & k_{-5} \\
0.2\times2=0.4\cdots\cdots\cdots0\cdots\cdots\cdots & & k_{-6} \\
0.4\times2=0.8\cdots\cdots\cdots0\cdots\cdots\cdots & & k_{-7} \\
0.8\times2=1.6\cdots\cdots\cdots1\cdots\cdots\cdots & & k_{-8} \\
0.6\times2=1.2\cdots\cdots\cdots1\cdots\cdots\cdots & & k_{-9}
\end{array}
$$

最后的小数小于0.5倍的最小有效位的值，因此舍去，得到的转换结果为 $(0.1)_{10}=(0.000110011)_2$，误差小于 2^{-10}。

如果一个十进制数包括整数部分和小数部分，只需将整数部分和小数部分分别转换为二进制数，然后组合在一起即可。

2. 二进制数与十六进制数之间的相互转换

十六进制数的基数恰好是 $16=2^4$，所以4位二进制数恰好对应1位十六进制数，因此它们之间的转换很方便。

二进制数转换成十六进制数的方法为：

对于二进制数的整数部分，由低位向高位，每4位为一组，若高位不足4位，则在高位添0补足4位；这样每4位二进制数就对应1位十六进制数。

对于二进制数的小数部分，则由高位向低位，每4位为一组，若低位不足4位，则在低位

添 0 补足 4 位,这样每 4 位二进制数就对应 1 位十六进制数。

十六进制数转换成二进制数的方法为:

将每一位十六进制数对应转换为 4 位二进制数,将转换后的二进制数去掉整数部分高位的 0 和小数部分低位的 0 就是最终结果。

例 1.2.4 将二进制数$(11110010011.11011)_2$转换为相应的十六进制数。

解 将二进制数按上述方法分别完成整数、小数转换,则有

$$
\begin{array}{ccccccc}
\text{二进制数:} & 0111 & 1001 & 0011 & . & 1101 & 1000 \\
& \downarrow & \downarrow & \downarrow & & \downarrow & \downarrow \\
\text{十六进制数:} & 7 & 9 & 3 & . & D & 8
\end{array}
$$

所以有$(11110010001.11011)_2 = (793.D8)_{16}$。

例 1.2.5 将十六进制数$(64E.02)_{16}$转换为对应的二进制数。

解 按照 1 位十六进制数转换为 4 位二进制数可以方便地得到

$$
\begin{array}{ccccccc}
\text{十六进制数:} & 6 & 4 & E & . & 0 & 2 \\
& \downarrow & \downarrow & \downarrow & & \downarrow & \downarrow \\
\text{二进制数:} & 0110 & 0100 & 1110 & . & 0000 & 0010
\end{array}
$$

因此得到$(64E.02)_{16} = (11001001110.0000001)_2$。

3. 二进制数与八进制数之间的相互转换

八进制数的基数恰好是 $8 = 2^3$,所以 3 位二进制数恰好对应 1 位八进制数。因此,二进制数与八进制数之间的转换和二进制数与十六进制数之间的转换方法完全一样,只是 3 位二进制数与 1 位八进制数对应转换就可以了。

从以上讨论可以看到,二进制数与十进制数、二进制数与十六进制数、二进制数与八进制数之间的转换都非常容易。

同理也可以实现十进制数与八进制数或十六进制数之间的转换。十六进制数或八进制数转换为十进制数时,可以直接应用式(1.2.3)或式(1.2.4)完成转换。

例 1.2.6 将十六进制数$(AD5.C)_{16}$转换为十进制数。

解 由式(1.2.3)可得

$$(AD5.C)_{16} = 16^2 \times A + 16^1 \times D + 16^0 \times 5 + 16^{-1} \times C$$

$$= 256 \times 10 + 16 \times 13 + 1 \times 5 + 16^{-1} \times 12$$

$$= 2560 + 208 + 5 + 0.75 = (2773.75)_{10}$$

而从十进制数到十六进制数或八进制数的转换,同样可以整数部分分别采用除 16 取余与除 8 取余法,小数部分则分别采用乘 16 取整与乘 8 取整法。但由于计算相对不够简便,因此实际中应用不多。

由于二进制数与十进制数、十六进制数、八进制数之间的转换都非常容易,所以实际中经常通过二进制数间接完成从十进制数到十六进制数或八进制数的转换。即先把十进制数转换为二进制数,再从二进制数转换为需要的十六进制数或八进制数。

为便于对照,表 1.2.2 中列出了 16 以内的十进制数、二进制数、十六进制数和八进制数之间的对应关系。

表 1.2.2 几种数制之间关系对照表

十 进 制 数	二 进 制 数	十六进制数	八 进 制 数
0	0000	0	0
1	0001	1	1
2	0010	2	2
3	0011	3	3
4	0100	4	4
5	0101	5	5
6	0110	6	6
7	0111	7	7
8	1000	8	10
9	1001	9	11
10	1010	A	12
11	1011	B	13
12	1100	C	14
13	1101	D	15
14	1110	E	16
15	1111	F	17

1.3 二进制编码

在数字系统中,无论是数字信息还是文字或符号信息,都必须采用由 0 和 1 组成的排列形式表示,即必须采用二进制数据对需要处理的对象进行编码;否则,数字系统就不能处理或识别。所谓二进制编码,就是用若干位二进制的码元按一定的规律排列起来表示特定对象(信息或数据)的过程。本节仅介绍常用的二-十进制编码以及 ASCII 编码规则。

1.3.1 二-十进制编码

二-十进制编码就是用二进制编码表示十进制数的过程,也称为 BCD 码。n 位二进制数可以构成 2^n 种不同的组合或状态,可用于代表 2^n 种不同的对象。若需要编码的信息有 N 项,则 N 与所需二进制的位数 n 之间的关系为

$$2^n \geqslant N$$

按照需要编码对象的不同或采用编码规则的不同,可以把编码方法分为多种。

由于十进制数有 10 个基本数码,所以采用二进制编码时至少要用 4 位二进制数($2^4 > 10$)。由于 4 位二进制数有 16 种不同状态,这 16 种不同的状态又有不同的排列,而对 10 个对象编码只需使用其中 10 个状态,余下 6 种状态不用。在 16 种状态中选 10 种状态,并且可以进行不同的排列,可见编码方案的种类非常多。

在众多的编码方案中,并不是所有的方案都有实用价值,常用的编码方案并不多。在此仅介绍几种常用的 BCD 码的编码方法。

1. 8421BCD 码

8421BCD 码是最基本、最常用的 BCD 码,它的编码规律和自然二进制数相似,各位的权值(二进制数码每位的值称为权或位权)分别为 8、4、2、1,故称为 8421 码,它属于有权码。

和自然二进制数不同的是,它只选了 4 位二进制码中的前十组代码,即用 0000,0001,0010,…,1001 分别对应表示十进制数的 10 个数码 0,1,2,…,9;余下 1010,1011,…,1111 6 种状态组合没有使用。8421BCD 码的编码方式是唯一的。

2. 5421BCD 码和 2421BCD 码

5421BCD 码和 2421BCD 码也是有权码,各位的权值分别为 5、4、2、1 和 2、4、2、1。在 5421BCD 码中,有一些数字,如 5,既可以用 0101(即 $0 \times 5 + 1 \times 4 + 0 \times 2 + 1 \times 1 = 5$)表示,也可以用 1000(即 $1 \times 5 + 0 \times 4 + 0 \times 2 + 0 \times 1 = 5$)表示。

同样,2421BCD 码中也有这样的数字。这说明这两种编码的编码方式不是唯一的。

3. 余 3 码

余 3 码是由 8421BCD 码的每组数码分别加 0011(即十进制数的 3)得到的一种无权码,它的编码方式是唯一的。实际中应用最多的 BCD 码是 8421BCD 码。

表 1.3.1 中列出了几种常见的 BCD 编码方案,应注意 5421 码和 2421 码,这两种编码方式是不唯一的编码体系。其中 8421 码、2421 码、5421 码均称为有权码,而余 3 码是一种无权码。

表 1.3.1　几种常见的 BCD 码

$b_3 b_2 b_1 b_0$ $2^3 2^2 2^1 2^0$	对应的十进制数				
	十进制数	二-十进制数			
		8421 码	2421 码	5421 码	余 3 码
0000	0	0	0	0	×
0001	1	1	1	1	×
0010	2	2	2	2	×
0011	3	3	3	3	0
0100	4	4	4	4	1
0101	5	5	×	×	2
0110	6	6	×	×	3
0111	7	7	×	×	4
1000	8	8	×	5	5
1001	9	9	×	6	6
1010	10	×	×	7	7
1011	11	×	5	8	8
1100	12	×	6	9	9
1101	13	×	7	×	×
1110	14	×	8	×	×
1111	15	×	9	×	×

注:表中×表示该种二进制状态未使用。

例 1.3.1　分别用 8421BCD 码和余 3 码表示十进制数 $(572.38)_{10}$。

解　(1) 转换成 8421BCD 码时,1 位十进制用 4 位二进制码表示,即有

$$\begin{array}{ccccccc} \text{十进制数} & 5 & 7 & 2 & . & 3 & 8 \\ \text{8421 码} & 0101 & 0111 & 0010 & . & 0011 & 1000 \end{array}$$

所以有

$$(572.38)_{10} = (0101\ 0111\ 0010\ .\ 0011\ 1000)_{8421BCD}$$

(2) 转换成余 3 码时,可以在 8421BCD 码的基础上,每位加 3 得到,即有

十进制数	5	7	2	.	3	8
8421 码	0101	0111	0010	.	0011	1000
每位加 3	0011	0011	0011	.	0011	0011
余 3 码	1000	1010	0101	.	0110	1011

所以得

$$(572.38)_{10} = (1000\ 1010\ 0101.\ 0110\ 1011)_{余3码}$$

例 1.3.2　将二进制数$(1111111.11)_2$表示成 8421BCD 码。

解　先将二进制数转换成十进制数

$$(1111111.11)_2 = (127.75)_{10}$$

再把十进制数用 8421 码表示,即有

十进制数	1	2	7	.	7	5
8421 码	0001	0010	0111	.	0111	0101

因此可得

$$(1111111.11)_2 = (0001\ 0010\ 0111.\ 0111\ 0101)_{8421BCD}$$

1.3.2　格雷码

格雷码(Gray 码)也是实际中常用的一种编码,是一种无权码。它属于一种二进制编码,但它不是 BCD 码。格雷码的编码规则是:任意相邻的两个码组之间仅有一位不同,因而常用于模拟量的转换中,当模拟量发生微小变化而可能引起数字量发生变化时,如采用格雷码,它每次只变化一位,与其他同时改变二位或多位的编码情况相比,格雷码更为可靠,可减少出错的可能性。因此,格雷码也称为可靠性编码。其编码对应顺序见表 1.3.2。

表 1.3.2　格雷码表

十 进 制 数	二 进 制 数	格 雷 码	
0	0 0 0 0	0 0 0 0	
1	0 0 0 1	0 0 0 1	…2^0 位反射轴
2	0 0 1 0	0 0 1 1	…2^1 位反射轴
3	0 0 1 1	0 0 1 0	
4	0 1 0 0	0 1 1 0	…2^2 位反射轴
5	0 1 0 1	0 1 1 1	
6	0 1 1 0	0 1 0 1	
7	0 1 1 1	0 1 0 0	
8	1 0 0 0	1 1 0 0	…2^3 位反射轴
9	1 0 0 1	1 1 0 1	
10	1 0 1 0	1 1 1 1	
11	1 0 1 1	1 1 1 0	
12	1 1 0 0	1 0 1 0	
13	1 1 0 1	1 0 1 1	
14	1 1 1 0	1 0 0 1	
15	1 1 1 1	1 0 0 0	

总结表中编码顺序,可以得到格雷码的编码有两个特点:

（1）任意两个相邻的编码都是单位距离，即两个码组之间仅有一位不同。这种单位距离的特点是格雷码能够成为可靠性编码的基本要求。

（2）编码具有反射对称特点。即按表中所示的对称轴，上下对称位置的编码除了仅有最高位互补反射外，其他各位都相同。利用这种反射对称性，可以很方便地写出任意位数的格雷码编码表。

1.3.3 字符编码

在各种数字系统中，数是用二进制表示的，有符号数的符号(如＋和－)也要用二进制数表示。对于数符号的编码有不同的编码方法。计算机中常用的有原码、反码和补码。对于这些编码问题，计算机原理中会详细讨论，在此不再赘述。

此外，各种符号、文字甚至图元素要在数字系统或计算机中进行处理与运算，都必须对其进行编码。目前，国际最通用的处理字母、专用符号和文字的二进制代码就是美国标准信息交换码，即 ASCII(American Standard Code for Information Interchange)码。

基本 ASCII 码是采用 7 位二进制对数字、字母、符号的一种编码方法，表 1.3.3 为 ASCII 码表。

表 1.3.3 ASCII 码表

十六进制	十进制	字符	十六进制	十进制	字符	十六进制	十进制	字符	十六进制	十进制	字符
0	0	NUL	18	24	CAN	30	48	0	48	72	H
1	1	SOH	19	25	EM	31	49	1	49	73	I
2	2	STX	1A	26	SUB	32	50	2	4A	74	J
3	3	ETX	1B	27	ESC	33	51	3	4B	75	K
4	4	EOF	1C	28	FS	34	52	4	4C	76	L
5	5	ENQ	1D	29	GS	35	53	5	4D	77	M
6	6	ACK	1E	30	RS	36	54	6	4E	78	N
7	7	BEL	1F	31	US	37	55	7	4F	79	O
8	8	BS	20	32	空格	38	56	8	50	80	P
9	9	HT	21	33	!	39	57	9	51	81	Q
A	10	LF	22	34	"	3A	58	:	52	82	R
B	11	VT	23	35	#	3B	59	;	53	83	S
C	12	FF	24	36	$	3C	60	<	54	84	T
D	13	CR	25	37	%	3D	61	=	55	85	U
E	14	SO	26	38	&	3E	62	>	56	86	V
F	15	SI	27	39	'	3F	63	?	57	87	W
10	16	DLE	28	40	(	40	64	@	58	88	X
11	17	DC1	29	41	)	41	65	A	59	89	Y
12	18	DC2	2A	42	*	42	66	B	5A	90	Z
13	19	DC3	2B	43	+	43	67	C	5B	91	[
14	20	DC4	2C	44	,	44	68	D	5C	92	\
15	21	NAK	2D	45	—	45	69	E	5D	93	]
16	22	SYN	2E	46	、	46	70	F	5E	94	^
17	23	ETB	2F	47	/	47	71	G	5F	95	_

续表

十六进制	十进制	字符	十六进制	十进制	字符	十六进制	十进制	字符	十六进制	十进制	字符
60	96	`	68	104	h	70	112	p	78	120	x
61	97	a	69	105	i	71	113	q	79	121	y
62	98	b	6A	106	j	72	114	r	7A	122	z
63	99	c	6B	107	k	73	115	s	7B	123	{
64	100	d	6C	108	l	74	116	t	7C	124		
65	101	e	6D	109	m	75	117	u	7D	125	}
66	102	f	6E	110	n	76	118	v	7E	126	~
67	103	g	6F	111	o	77	119	w	7F	127	DEL

有关扩展 ASCII 码表的问题,读者可以参考计算机原理等有关文献。

本章小结

(1) 数字信号是指在时间上和数值上都不连续的信号,这些信号的变化发生在一系列离散的瞬间,其值也是离散的。处理数字信号的电路称为数字电路。目前,数字信号常采用二值逻辑表示,因此也认为数字信号只有两种相互对立的状态,常采用 0 和 1 两个数码表示这两种状态。正因为数字信号的表示以 0、1 二值为基础,数字信号又可以采用脉冲信号来表示。脉冲信号具有边沿陡峭、持续时间短的特点。

(2) 生活中常用十进制,但在计算机上主要用二进制,有时也采用十六进制。不同进制数之间可以转换。将十进制数转换为二进制数时,整数部分采用"除 2 取余法",小数部分采用"乘 2 取整法"。利用 1 位八进制数与 3 位二进制数、1 位十六进制数与 4 位二进制数的对应关系,可以实现二进制数与八进制数及二进制数与十六进制数之间的相互转换。

(3) 二进制代码不仅可以表示数值,而且可以表示符号及文字,使信息交换灵活方便。BCD 码是用 4 位二进制代码代表 1 位十进制数的编码,BCD 码有多种形式,最常用的是8421BCD 码。

(4) 介绍了格雷码。它是一种无权码,属于一种二进制编码,但不属于 BCD 码。其编码特点是任意相邻的两个码组之间仅有一位不同,常用于模拟量与数字量的转换。

(5) 介绍了 ASCII 码的编码规则。ASCII 码采用 7 位二进制数,实现对 128 个对象编码。

习题

1.1 将二进制数$(1011010110010000.001001)_2$转换为十六进制数。

1.2 将十进制数$(67.9)_{10}$分别转换为二进制数、八进制数、十六进制数。

1.3 分别将$(10001101)_2$、$(116)_8$、$(7A)_{16}$转换为十进制数。

1.4 将$(132.342)_8$转换成二进制数。

1.5 将十进制数$(2013.14)_{10}$转换成 8421BCD 码。

1.6 将十进制小数$(0.78456)_{10}$转换成二进制小数,要求转换误差不大于 0.00001。

1.7 根据反射对称特点,分别写出 3 位、5 位格雷码编码表。

第 2 章

数字逻辑基础

本章在介绍数字逻辑的基本概念、常用公式和定理等知识的基础上,重点讲解逻辑函数的化简问题,包括公式化简法、卡诺图化简法等常用化简方法。最后介绍了逻辑函数的几种常用表示方法。

2.1　基本逻辑关系与逻辑运算

逻辑代数是 19 世纪中叶英国数学家乔治·布尔(George Boole)创立的一门研究客观事物逻辑关系的代数学,所以也常称逻辑代数为布尔代数。随着数字技术的不断发展,逻辑代数已成为研究数字逻辑电路与系统必不可少的数学工具。本节讨论逻辑变量和 3 种基本逻辑运算。

2.1.1　逻辑变量与逻辑函数

1. 逻辑变量

逻辑是指事物之间所遵循的因果规律,逻辑关系就是事物之间的因果关系。逻辑电路指电路的输入量与输出量之间具有因果关系的电路。逻辑代数是研究事物之间因果关系的数学工具,在逻辑电路研究中必不可少,它为分析和设计逻辑电路提供了理论基础。

如同普通代数中有变量一样,在逻辑代数中也有变量,称为逻辑变量。逻辑变量一般用大写的英文字母 $A,B,C\cdots$ 表示。

普通代数中的变量的取值有一定的范围,同样,逻辑变量的取值也有限制。逻辑变量的取值很简单,只有两种取值:真与假(或对与错、开与关、导通与截止等),常用 0 和 1 来表示。这里 0 和 1 并不表示数量的大小,只代表两种对立的逻辑状态。

2. 逻辑函数

与普通变量一样,逻辑变量也包括逻辑自变量和逻辑函数。可以自由取值的逻辑变量称为逻辑自变量,也简称为逻辑变量;不能自由取值的逻辑变量称为逻辑因变量,也简称为逻辑函数。

逻辑函数与普通代数中的函数相似,它是随自变量的变化而变化的因变量。因此,如果用自变量和因变量来分别表示一个事件发生的条件和结果,那么,该事件的因果关系就可以用逻辑函数来描述。

逻辑代数就是研究逻辑变量关系与运算规律的科学。

数字电路是一种开关电路,开关的状态有两种,即"开通"和"断开"。这与电子器件的

"导通"和"截止"相对应。数字电路的输入量、输出量一般用高、低电平表示。高、低电平也可以用 1 和 0 表示。数字电路的输出量与输入量之间的关系是一种因果关系,它可以用逻辑函数描述。因此,数字电路又称为逻辑电路。对于任何一个逻辑电路,其输入逻辑变量 A、B、C⋯的取值确定后,则其输出逻辑变量 Y 的值也就被确定下来。因此,逻辑变量 Y 是逻辑变量 A、B、C 的逻辑函数,记为

$$Y = F(A, B, C) \tag{2.1.1}$$

由此可见,逻辑函数是逻辑电路关系的数学表示,研究逻辑电路问题可以转化为研究逻辑函数问题。

2.1.2 基本逻辑运算

事物或对象本身具有的逻辑关系可能非常复杂,因而描述对象的逻辑关系也很复杂。但是这些复杂的逻辑关系可以看作是由 3 种基本逻辑关系复合而成。因此,要研究逻辑关系,首先应该清楚最基本的 3 种逻辑关系,这就是"与逻辑""或逻辑""非逻辑",也称为"逻辑乘""逻辑加""逻辑反"。人们也常把 3 种基本逻辑关系称为 3 种基本逻辑运算。

1. 与逻辑

与逻辑(逻辑乘)关系可以通过图 2.1.1(a)所示的开关电路来说明。

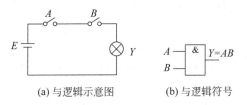

(a) 与逻辑示意图　　　　(b) 与逻辑符号

图 2.1.1　与逻辑关系说明

在图 2.1.1(a)中,只有当开关 A 和 B 同时闭合时,电源 E 才会向灯 Y 提供电流,电灯 Y 才会亮。当开关 A 或 B 中有一个断开,或开关 A 和 B 都断开时,电灯 Y 都不亮。把以上分析列在一张表中,得到表 2.1.1。这种表示逻辑关系的表称为功能表。

如果把开关断开用逻辑常量 0 表示,开关闭合用 1 表示;同时灯不亮用 0 表示,灯亮用 1 表示,则表 2.1.1 又可以写成表 2.1.2 的形式。表 2.1.2 是用逻辑常量 0、1 表示的真值表。常用的真值表就是表 2.1.2 所示的形式。

表 2.1.1　与逻辑功能表

A	B	Y
断开	断开	灯不亮
断开	闭合	灯不亮
闭合	断开	灯不亮
闭合	闭合	灯亮

表 2.1.2　与逻辑真值表

A	B	Y
0	0	0
0	1	0
1	0	0
1	1	1

由以上分析可以得到这样的结论：只有当一件事的所有条件(开关 A、B 的闭合)都同时具备时，结果(电灯 Y 亮)才能发生。这种条件与结果的关系称为与逻辑关系。

与逻辑的逻辑表达式可以写为

$$Y = A \cdot B \tag{2.1.2}$$

两个变量的与运算规则为

$$\begin{cases} 0 \cdot 0 = 0, & 0 \cdot 1 = 0 \\ 1 \cdot 0 = 0, & 1 \cdot 1 = 1 \end{cases} \tag{2.1.3}$$

与逻辑也可以用所谓的逻辑符号表示，对于上面讨论的逻辑变量 A、B 与逻辑函数 Y 的关系，可以用图 2.1.1(b)表示。

与逻辑的关系可以推广到有多个逻辑变量的情况，因此有

$$Y = A \cdot B \cdot C \cdot D \cdots \tag{2.1.4}$$

2. 或逻辑

同样，或逻辑(逻辑加)可以通过如图 2.1.2(a)所示的开关电路来说明。

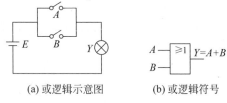

(a) 或逻辑示意图　　　　(b) 或逻辑符号

图 2.1.2　或逻辑关系说明

开关 A 和 B 中有一个闭合，或者 A、B 同时闭合，都会为电灯 Y 提供电流，电灯 Y 都会亮。而当开关 A 和 B 同时断开时，电灯 Y 不亮。

如果依然把开关断开用 0 表示，开关闭合用 1 表示；同时灯不亮用 0 表示，灯亮用 1 表示，则从以上分析结果可以得到表 2.1.3 所示的真值表。

表 2.1.3　或逻辑真值表

A	B	Y
0	0	0
0	1	1
1	0	1
1	1	1

由以上分析可以得到这样的结论：在决定一件事的条件(开关闭合)中，只要有一个条件具备，结果(电灯 Y 亮)就能发生。这种条件与结果的关系称为或逻辑关系。

或逻辑的逻辑表达式可以写为

$$Y = A + B \tag{2.1.5}$$

两个变量的或运算规则为

$$\begin{cases} 0 + 0 = 0, & 0 + 1 = 1 \\ 1 + 0 = 1, & 1 + 1 = 1 \end{cases} \tag{2.1.6}$$

或逻辑的逻辑符号如图 2.1.2(b)所示。

同样,或逻辑的关系也可以推广到多个逻辑变量,因此有

$$Y = A + B + C + D + \cdots \tag{2.1.7}$$

3. 非逻辑

非逻辑(逻辑反)关系是逻辑的否定:当条件满足时,结果不会发生;而条件不满足时,结果一定会发生。

图 2.1.3(a)所示的电路说明了非逻辑关系的概念。当开关 A 断开时,电灯 Y 才会亮;当开关 A 闭合时,电灯 Y 反而不亮,即电灯 Y 的状态总是和开关 A 的状态相反。这种结果总是与条件相反的逻辑关系就称为非逻辑。

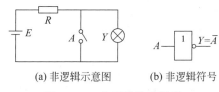

(a) 非逻辑示意图   (b) 非逻辑符号

图 2.1.3　非逻辑关系说明

如果条件满足用 1 表示,条件不满足用 0 表示,结果发生用 1 表示,结果不发生用 0 表示,则可得到如表 2.1.4 所示的非逻辑真值表。

表 2.1.4　非逻辑真值表

A	Y
0	1
1	0

若用逻辑表达式来描述,则可写成

$$Y = \overline{A} \tag{2.1.8}$$

非逻辑的运算规则为

$$\begin{cases} \overline{0} = 1 \\ \overline{1} = 0 \end{cases} \tag{2.1.9}$$

非逻辑的逻辑符号如图 2.1.3(b)所示。

至此讨论了与、或、非 3 种基本逻辑关系及其运算规则。在数字电路中,所有逻辑函数的逻辑关系均由这 3 种基本逻辑运算组合而成。因此,3 种基本逻辑关系是建立其他复杂逻辑关系的基础。

4. 其他几种逻辑关系

人们在研究实际问题时发现,事物之间的逻辑关系往往比单一的与、或、非逻辑关系复杂得多。不过它们都可以用与、或、非逻辑关系的组合来实现。含有两种或两种以上逻辑运算的逻辑函数称为复合逻辑函数。采用 3 种基本逻辑关系进行组合,可以得到其他一些逻辑关系。如与逻辑和非逻辑结合可以得到与-非逻辑 $Y = \overline{AB}$,或逻辑和非逻辑结合可以得到或-非逻辑 $Y = \overline{A+B}$,由与逻辑、或逻辑组合在一起可以得到与-或逻辑 $Y = AB + BC$,由与逻辑、或逻辑和非逻辑组合在一起可以得到与-或-非逻辑 $Y = \overline{AB + BC}$。图 2.1.4～

图 2.1.7 分别给出了与-非、或-非、与-或和与-或-非逻辑的逻辑符号。

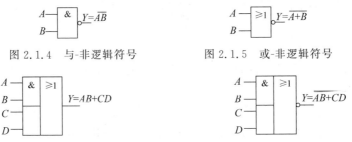

图 2.1.4 与-非逻辑符号   图 2.1.5 或-非逻辑符号

图 2.1.6 与-或逻辑符号   图 2.1.7 与-或-非逻辑符号

2.2 逻辑代数的公式和规则

逻辑代数就是布尔代数,其基本思想是英国数学家布尔于 1854 年提出的。1938 年美国数学工程师香农在他早年的硕士论文《继电器与开关电路的符号分析》中,首先把布尔代数的"真"与"假"和电路系统的"开"与"关"对应起来,并用 1 和 0 表示,用布尔代数分析并优化开关电路,为采用布尔代数分析、设计、优化开关电路奠定了基础,也确立了数字电路的理论基础。现在,逻辑代数已经成为数字电路分析、设计的必要工具。

在 3 种基本逻辑运算基础上,本章讨论一些基本逻辑公式和定律,形成了一些运算规则,熟悉、掌握并且会运用这些公式、定律和规则,对于掌握数字电子技术十分重要。

2.2.1 基本公式

基本逻辑公式可以分为 3 组,每组公式有相近的特性,使学习时便于记忆。

1. 常量和变量的关系

1) 自等律

$$A \cdot 1 = A \tag{2.2.1}$$

$$A + 0 = A \tag{2.2.2}$$

2) 0-1 律

$$A \cdot 0 = 0 \tag{2.2.3}$$

$$A + 1 = 1 \tag{2.2.4}$$

3) 互补律

$$A \cdot \overline{A} = 0 \tag{2.2.5}$$

$$A + \overline{A} = 1 \tag{2.2.6}$$

2. 与普通代数相似的公式

1) 交换律

$$A \cdot B = B \cdot A \tag{2.2.7}$$

$$A + B = B + A \tag{2.2.8}$$

2) 结合律

$$(A \cdot B) \cdot C = A \cdot (B \cdot C) \tag{2.2.9}$$

$$(A + B) + C = A + (B + C) \tag{2.2.10}$$

3) 分配律

$$A \cdot (B + C) = A \cdot B + A \cdot C \tag{2.2.11}$$

$$A + B \cdot C = (A + B) \cdot (A + C) \tag{2.2.12}$$

3. 逻辑代数特有的公式

1) 重叠律

$$A \cdot A = A \tag{2.2.13}$$

$$A + A = A \tag{2.2.14}$$

2) 反演律(德·摩根定理)

$$\overline{A \cdot B} = \overline{A} + \overline{B} \tag{2.2.15}$$

$$\overline{A + B} = \overline{A} \cdot \overline{B} \tag{2.2.16}$$

3) 还原律

$$\overline{\overline{A}} = A \tag{2.2.17}$$

需要说明的是,对于式(2.2.1)~式(2.2.6),可以将变量分别取 1 或 0,并分别代入有关公式即可证明等式成立。

例如,对于式(2.2.6),当 $A = 1$ 时,代入公式得

$$1 + \overline{1} = 1 + 0 = 1$$

当 $A = 0$ 时,有

$$0 + \overline{0} = 0 + 1 = 1$$

可见,无论 A 取 0 或 1,等式都成立,所以式(2.2.6)成立。

对于式(2.2.7)~式(2.2.16)可以采用真值表证明。分别列出等式两边的真值表,如果等式两边真值表完全相同,则等式成立。例如,可列出式(2.2.15)的真值表如表 2.2.1 所示。

表 2.2.1 证明两变量德·摩根定理的真值表

A B	$\overline{A+B}$	$\overline{A} \cdot \overline{B}$	$\overline{A \cdot B}$	$\overline{A} + \overline{B}$
0 0	1	1	1	1
0 1	0	0	1	1
1 0	0	0	1	1
1 1	0	0	0	0

2.2.2 常用公式

利用逻辑代数的基本公式可以导出一些常用公式,在化简逻辑函数时直接应用这些公式,会给化简工作带来很多方便。

1. 常用公式

常用公式如下:

$$A + A \cdot B = A \tag{2.2.18}$$

$$A + \overline{A} \cdot B = A + B \tag{2.2.19}$$

$$A \cdot B + A \cdot \overline{B} = A \tag{2.2.20}$$

$$A \cdot B + \overline{A} \cdot C + B \cdot C = A \cdot B + \overline{A} \cdot C \tag{2.2.21}$$

$$\overline{A \cdot B + \overline{A} \cdot B} = A \cdot B + \overline{A} \cdot \overline{B} \tag{2.2.22}$$

2. 公式证明

(1) 证明式(2.2.18)　　　　　$A + A \cdot B = A$

证　先应用分配律式(2.2.11),然后应用自等律式(2.2.1),有

$$A + A \cdot B = A(1 + B) = A \cdot 1 = A$$

这一结果表明:两个逻辑与项相或时,如果其中一项为另一项的因子,则该项可以去掉。

(2) 证明式(2.2.19)　　　　　$A + \overline{A} \cdot B = A + B$

证　先应用分配律式(2.2.12),然后应用互补律式(2.2.6),有

$$A + \overline{A} \cdot B = (A + \overline{A})(A + B) = 1 \cdot (A + B) = A + B$$

这一结果表明:两个逻辑与项相或时,如果其中一项的反是另一项的因子,则该因子可以去掉。

(3) 证明式(2.2.20)　　　　　$A \cdot B + A \cdot \overline{B} = A$

证　先应用分配律式(2.2.11),再用互补律式(2.2.6),然后应用自等律式(2.2.1),有

$$A \cdot B + A \cdot \overline{B} = A(B + \overline{B}) = A \cdot 1 = A$$

这个公式表明:当两个相与项再做或运算时,两项只有一个因子不同,而不同的因子又互为反变量,那么两项可以合并,消去不同的因子,保留相同的因子。原式中的两个相与项称为逻辑相邻项。这个公式是逻辑函数卡诺图化简方法的基础。

(4) 证明式(2.2.21)　　　　　$A \cdot B + \overline{A} \cdot C + B \cdot C = A \cdot B + \overline{A} \cdot C$

证

$$A \cdot B + \overline{A} \cdot C + B \cdot C = A \cdot B + \overline{A} \cdot C + B \cdot C(A + \overline{A})$$
$$= AB + \overline{A}C + (AB)C + (\overline{A}C)B$$
$$= AB(1 + C) + \overline{A}C(1 + B)$$
$$= AB + \overline{A}C$$

该式说明:若两个与运算项中分别包含了某一变量的原变量(如 A)和反变量(如 $\overline{A}$)作因子时,而这两项的其余因子(B 和 C)组成的第三个相与项(BC)可以消去。

(5) 证明式(2.2.21)　　　　　$\overline{A \cdot B + \overline{A} \cdot B} = A \cdot B + \overline{A} \cdot \overline{B}$

证　根据德·摩根定理,有

$$\overline{A \cdot \overline{B} + \overline{A} \cdot B} = \overline{A \cdot \overline{B}} \cdot \overline{\overline{A} \cdot B}$$
$$= (\overline{A} + \overline{\overline{B}})(\overline{\overline{A}} + \overline{B}) = (\overline{A} + B)(A + \overline{B})$$
$$= A\overline{A} + AB + \overline{A}\overline{B} + B\overline{B} = AB + \overline{A}\overline{B}$$

这就证明了式(2.2.21)。

研究逻辑函数式

$$Y = A\overline{B} + \overline{A}B$$

其真值表如表 2.2.2 所示。

表 2.2.2　异或逻辑真值表

A	B	Y
0	0	0
0	1	1

续表

A	B	Y
1	0	1
1	1	0

从表 2.2.2 中可以看到,当逻辑变量 A 等于 B 时,函数 $Y=0$;当逻辑变量 A 不等于 B 时,函数 $Y=1$。因此,这一逻辑关系称为异或逻辑。

异或逻辑也可以写成

$$Y = A\bar{B} + \bar{A}B = A \oplus B$$

而异或逻辑的反,即 $\overline{A\bar{B} + \bar{A}B} = \overline{A \oplus B}$ 也称为同或逻辑。显然,式(2.2.22)就是同或逻辑。同或逻辑也可写成

$$\overline{A\bar{B} + \bar{A}B} = \overline{A \oplus B} = AB + \bar{A}\bar{B} = A \odot B \qquad (2.2.23)$$

异或逻辑和同或逻辑的逻辑符号分别如图 2.2.1(a)、图 2.2.1(b)所示。

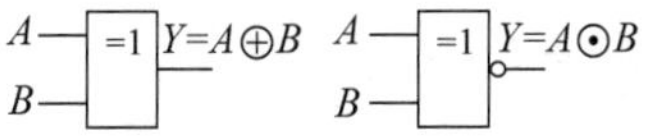

(a) 异或逻辑　　(b) 同或逻辑

图 2.2.1　异或逻辑和同或逻辑的逻辑符号

2.2.3　逻辑代数的 3 个规则

1. 代入规则

对于一个逻辑等式,将等式两边出现的同一变量用一个相同的逻辑式代替后,等式仍然成立,这个规则称为代入规则。

利用代入规则可以扩大等式的应用范围,很多基本公式都可以由两变量或三变量推广为多变量的形式。

例 2.2.1　利用代入规则,由两变量的德·摩根定理推导出三变量的德·摩根定理表达式。

解　两变量德·摩根定理的形式分别为式(2.2.15)$\overline{A \cdot B} = \bar{A} + \bar{B}$ 和式(2.2.16) $\overline{A + B} = \bar{A} \cdot \bar{B}$。

利用代入规则,将式(2.2.15)中两边 B 的位置以式(BC)代入,可得

$$左边 = \overline{A(BC)} = \overline{ABC}$$

$$右边 = \bar{A} + \overline{(BC)} = \bar{A} + (\bar{B} + \bar{C}) = \bar{A} + \bar{B} + \bar{C}$$

所以有

$$\overline{ABC} = \bar{A} + \bar{B} + \bar{C}$$

同理,将式(2.2.16)中两边 B 的位置以式($B+C$)代入,可得

$$左边 = \overline{A + (B + C)} = \overline{A + B + C}$$

$$右边 = \bar{A} \cdot \overline{(B + C)} = \bar{A} \cdot (\bar{B} \cdot \bar{C}) = \bar{A} \cdot \bar{B} \cdot \bar{C}$$

所以有

$$\overline{A + B + C} = \bar{A} \cdot \bar{B} \cdot \bar{C}$$

这样,德·摩根定理就扩展为三变量形式了。采用同样的方法,可以将定理扩展为有限个变量的形式。

2. 反演规则

对于任意一个逻辑函数式 Y,如果对式中做如下替换:

(1) 所有的 · 换成 ＋,所有的 ＋ 换成 · 。

(2) 所有的 0 换成 1,所有的 1 换成 0。

(3) 所有的原变量换成反变量,所有的反变量换成原变量。

则函数式就是原函数 Y 的反函数 $\overline{Y}$,这个规则称作反演规则。

在使用反演规则时需要注意两点:一是必须保持原式的运算顺序;二是不属于单个变量上的反号应保留不变。

例 2.2.2　求逻辑函数 Y_1 和 Y_2 的反函数。

(1) $Y_1 = \overline{A}B + A\overline{B}C + CD$。

(2) $Y_2 = \overline{A} \cdot \overline{\overline{\overline{BCD}E}}$。

解　利用反演规则对式 Y_1 反演,有

$$Y_1 = \overline{A} \cdot B + A \cdot \overline{B} \cdot C + C \cdot D$$
$$\downarrow \quad \downarrow \downarrow \quad \downarrow \quad \downarrow \downarrow \quad \downarrow \quad \downarrow \downarrow$$
$$(A + \overline{B}) \cdot (\overline{A} + B + \overline{C}) \cdot (\overline{C} + \overline{D})$$

所以得

$$\overline{Y}_1 = (A + \overline{B}) \cdot (\overline{A} + B + \overline{C}) \cdot (\overline{C} + \overline{D})$$

如果采用德·摩根定理计算,有

$$\overline{Y}_1 = \overline{\overline{A}B + A\overline{B}C + CD} = \overline{\overline{A}B} \cdot \overline{A\overline{B}C} \cdot \overline{CD}$$
$$= (\overline{\overline{A}} + \overline{B}) \cdot (\overline{A} + \overline{\overline{B}} + \overline{C}) \cdot (\overline{C} + \overline{D})$$
$$= (A + \overline{B}) \cdot (\overline{A} + B + \overline{C}) \cdot (\overline{C} + \overline{D})$$

显然,采用德·摩根定理得到的结果与采用反演规则得到的结果完全相同。

同理得

$$\overline{Y}_2 = A + \overline{\overline{B} + \overline{C} + \overline{\overline{D} + \overline{E}}}$$

注意,不属于单个变量上的反号应保留不变。

3. 对偶规则

对于任何一个逻辑式等式,如果将其等式两边做如下替换:

(1) 所有的 · 换成 ＋,所有的 ＋ 换成 · 。

(2) 所有的 1 换成 0,所有的 0 换成 1。

则得到一个新的逻辑等式,新得到的逻辑等式是原来逻辑等式的对偶式,原等式也是新得到的逻辑等式的对偶式,即两个等式互为对偶式。对偶规则还表明,如果两个对偶式中有一个成立,则另一个也一定成立。

运用对偶规则可以使要证明的公式大大减少。假如要求证逻辑式 Y_1 和 Y_2 是否相等,则可以证明其对偶式 Y_1' 和 Y_2' 是否相等。如已知式 Y_1' 和 Y_2' 相等,那么式 Y_1 和 Y_2 必然相

等,无须证明。

例如,如果已经确认分配律 $A(B+C)=AB+AC$ 成立,分配律另一形式 $A+BC=(A+B)(A+C)$ 也成立。

由对偶规则的替换方法可知,分配律的两个式子互为对偶式。因此,只要其中一个被证明成立,则另一个对偶式也一定成立。

例 2.2.3 求下列逻辑式的对偶形式。

(1) $Y_1=\overline{A}B+A\overline{B}C+CD$

(2) $Y_2=A \cdot B+\overline{A} \cdot C+B \cdot C=A \cdot B+\overline{A}C$

解 根据对偶式替换规则,有

(1)
$$Y_1'=(\overline{A}+B)(A+\overline{B}+C)(C+D)$$

(2)
$$Y_2'=(A+B)(\overline{A}+C)(B+C)=(A+B)(\overline{A}+C)$$

2.3 逻辑函数的化简方法

逻辑函数与逻辑电路有着高度的对应关系。因此,简洁的逻辑关系对应简洁的逻辑电路,复杂的逻辑关系对应复杂的逻辑电路。也就是说,逻辑函数简单意味着可以用较少的逻辑元件及较少的输入端完成逻辑功能。这对于提高电路可靠性和降低成本都是有利的。

然而,一个逻辑函数可以有多种不同的逻辑表达式,它们在繁简程度上也有所差异。但是,它们所表示的逻辑关系与所体现的逻辑功能完全相同。将比较繁杂的逻辑表达式变换成与之等效的最简逻辑表达式的过程称为逻辑函数的化简。

逻辑函数化简的方法较多,本节主要介绍采用代数化简方法和卡诺图化简方法化简逻辑函数问题。

2.3.1 逻辑表达式的类型及最简与或表达式

逻辑表达式与逻辑电路有直接关系。而直接根据实际问题得到的逻辑表达式往往并不是最简形式,这就需要对逻辑表达式进行化简。

一个逻辑函数可以有多种不同的逻辑表达式。每一种逻辑表达式对应着一种逻辑电路。如与-或表达式、或-与表达式、与非-与非表达式、或非-或非表达式以及与-或-非表达式等,一共可以有 8 种表达形式。如 $Y=AB+\overline{A}C$ 可以表示为以下 8 种表达式。

(1) 与-或式:$Y=AB+\overline{A}C$。

(2) 或-与式:$Y=(A+C)(\overline{A}+B)$。

(3) 与非-与非式:$Y=\overline{\overline{AB} \cdot \overline{\overline{A}C}}$。

(4) 或非-或非式:$Y=\overline{\overline{A+C}+\overline{\overline{A}+B}}$。

(5) 与-或-非式:$Y=\overline{\overline{A} \cdot \overline{C}+A \cdot \overline{B}}$。

(6) 与-非-与式:$Y=\overline{\overline{A} \cdot \overline{C} \cdot \overline{A \cdot \overline{B}}}$。

(7) 或-非-或式：$Y = \overline{\overline{A + \overline{B}} + \overline{A + \overline{C}}}$。

(8) 或-与-非式：$Y = \overline{(\overline{A} + \overline{B}) \cdot (A + \overline{C})}$。

以上 8 个逻辑式是同一个逻辑函数不同形式的最简表达式。在以上各表达式中，因为与-或表达式比较常见，同时，与-或表达式也可以比较容易同其他形式的表达式相互转换，所以在化简逻辑函数时，往往先把它化简成最简与-或表达式。因此，本节中的化简一般是要求化为最简的与-或表达式。如果实际中需要其他形式的最简表达式，如实际中常用与-非逻辑实现各种电路，在最简与-或表达式基础上应用德·摩根定理可以方便地把与-或表达式变换成与非-与非表达式。

最简的与-或表达式应具备：

(1) 乘积项（即相与项）的数目最少。

(2) 在满足乘积项最少的条件下，要求每个乘积项中变量的个数也最少。

后面将看到，用化简后的表达式构成逻辑电路不仅可以节省器件，还可以降低成本，提高电路工作的可靠性。

逻辑函数有多种化简方法，在此重点介绍公式化简法和卡诺图化简法。

2.3.2 公式化简法

公式化简法也称为代数法，它是逻辑函数化简中常用的方法之一。公式化简法的实质就是反复运用逻辑代数的基本定律和恒等式消去多余的乘积项和每个乘积项中多余的因子，以求得逻辑函数的最简形式。公式化简法的特点是：没有固定的步骤，化简过程因化简者的熟练程度而不同。公式化简法中经常采用以下几种方法。

1. 并项法

并项法主要是运用公式 $AB + A\overline{B} = A$ 实现化简。该公式可以把两项合并为一项，并消去一个因子。

例 2.3.1 化简下列逻辑函数。

$$Y_1 = \overline{C}\,\overline{D} + CD + \overline{C}D + C\overline{D}$$

$$Y_2 = \overline{A}B\overline{C} + A\overline{C} + \overline{B}\overline{C}$$

解 利用并项公式可直接化简。

$$Y_1 = \overline{C}(\overline{D} + D) + C(D + \overline{D}) = \overline{C} + C = 1$$

$$Y_2 = \overline{A}B\overline{C} + (A + \overline{B})\overline{C} = \overline{A}B\overline{C} + \overline{\overline{A}B}\,\overline{C}$$

$$= (\overline{A}B + \overline{\overline{A}B})\overline{C} = \overline{C}$$

2. 吸收法

吸收法是利用公式 $A + AB = A$ 将 AB 吸收掉，根据代入规则，式中的变量也可以是逻辑式。

例 2.3.2 试化简逻辑函数。

$$Y_1 = AB + ABCD + ABCE$$

$$Y_2 = A + \overline{B} + \overline{\overline{CD}} + \overline{AD\overline{B}}$$

解 利用吸收法公式,可得

$$Y_1 = AB + ABCD + ABCE = AB(1 + CD + CE) = AB$$

$$Y_2 = A + B \cdot CD + AD + B = A(1 + D) + B(CD + 1) = A + B$$

3. 消去法

消去法是根据公式 $A + \bar{A}B = A + B$,消去多余的因子。

例 2.3.3 化简下列逻辑函数。

$$Y_1 = \bar{A}B + B\bar{C} + AC$$

$$Y_2 = A\bar{B} + \bar{A}D + BD + CDE$$

解

$$Y_1 = B(\bar{A} + \bar{C}) + AC = B\overline{AC} + AC = B + AC$$

$$Y_2 = A\bar{B} + \bar{A}D + BD + CDE = A\bar{B} + (\bar{A} + B)D + CDE$$

$$= A\bar{B} + \overline{A\bar{B}}D + CDE = A\bar{B} + D + CDE = A\bar{B} + D$$

4. 配项法

配项法是利用公式 $A + \bar{A} = 1$ 先使逻辑函数增加必要的乘积项,或者利用公式 $A + A = A$,在函数中增加已有的项,再用并项法、吸收法等化简逻辑函数的方法。

例 2.3.4 化简下列逻辑函数。

$$Y_1 = AB + \bar{A}B + BC$$

$$Y_2 = \bar{A}B\bar{C} + \bar{A}BC + ABC$$

解

$$Y_1 = AB + \bar{A}B + BC(A + \bar{A})$$

$$= AB + \bar{A}B + ABC + \bar{A}BC$$

$$= AB(1 + C) + \bar{A}B(1 + C)$$

$$= AB + \bar{A}B$$

$$Y_2 = \bar{A}B\bar{C} + \bar{A}BC + ABC$$

$$= (\bar{A}B\bar{C} + \bar{A}BC) + (\bar{A}BC + ABC)$$

$$= \bar{A}B(\bar{C} + C) + BC(\bar{A} + A)$$

$$= \bar{A}B + BC$$

从上述例子可以看出:若函数式较复杂,用公式化简法一开始很难知道它的最简式,只有在化简过程中不断尝试才能逐渐清楚。

公式化简法的步骤可以归纳为:首先将表达式转换成与-或表达式;然后反复用并项法、吸收法、消去法等化简函数式;最后再考虑能否用配项法展开并简化。

2.3.3 卡诺图化简法

由于公式化简法没有统一规范的方法,而且将复杂的逻辑函数化简到最简形式也不太方便。化简过程往往依据个人的经验及对公式运用的灵活性不同而不同。所以,人们还寻找了其他化简方法。采用卡诺图化简逻辑函数是另一种常用方法,它可以帮助读者直观地写出最简逻辑表达式。本节讨论卡诺图化简法。

1. 逻辑函数的最小项

1) 最小项定义

最小项的概念是采用卡诺图化简逻辑函数的基础,在讨论卡诺图化简法之前,先介绍逻辑函数中的最小项。

在 n 个变量的逻辑函数中,若 m 为包含 n 个因子的乘积项,而且这 n 个因子均以原变量或反变量的形式在 m 中出现一次,则称 m 为该组变量的一个最小项。n 个变量共有 2^n 个不同的组合值,所以 n 个变量的逻辑函数共有 2^n 个最小项。

例如,A、B、C 三个变量的最小项有 $\overline{A}\,\overline{B}\,\overline{C}$、$\overline{A}\,\overline{B}C$、$\overline{A}B\overline{C}$、$\overline{A}BC$、$A\overline{B}\overline{C}$、$A\overline{B}C$、$AB\overline{C}$、$ABC$ 共 8 个(即 2^3 个)最小项。

根据最小项的定义可以知道:输入变量的每一组取值都使唯一一个对应的最小项的值等于 1,其余最小项的值等于 0。例如,在 3 个变量 A、B、C 的最小项中,当 $A=1$、$B=0$、$C=1$ 时,$A\overline{B}C=1$。如果把 $A\overline{B}C$ 的取值看作一个二进制数,那么所表示的十进制数就是 5,为了今后使用方便,将 $A\overline{B}C$ 这个最小项记作 m_5。按照这个约定,就得到了 3 个变量的最小项的编号表,如表 2.3.1 所示。

表 2.3.1 3 个变量最小项的编号表

最小项	使最小项为 1 的变量取值			对应的十进制数	最小项编号
	A	B	C		
$\overline{A}\,\overline{B}\,\overline{C}$	0	0	0	0	m_0
$\overline{A}\,\overline{B}C$	0	0	1	1	m_1
$\overline{A}B\overline{C}$	0	1	0	2	m_2
$\overline{A}BC$	0	1	1	3	m_3
$A\overline{B}\overline{C}$	1	0	0	4	m_4
$A\overline{B}C$	1	0	1	5	m_5
$AB\overline{C}$	1	1	0	6	m_6
ABC	1	1	1	7	m_7

根据同样的道理,可以把 A、B、C、D 这 4 个变量的 16 个最小项记作 $m_0 \sim m_{15}$。

从最小项的定义出发,可以证明它具有以下重要性质。

(1) 在逻辑函数输入变量任何取值下必有一个最小项,且仅有一个最小项的值为 1。

(2) 全体最小项的和为 1。

(3) 任意两个最小项的乘积为 0。

(4) 具有相邻性的两个最小项之和可以合并成一项,并可消去一对因子。最小项的相邻性是指,若两个最小项只有一个因子不同,则称这两个最小项具有相邻性。例如,$\overline{A}B\overline{C}$ 和 $AB\overline{C}$ 两个最小项仅第一个因子不同,所以它们具有相邻性。这两个最小项相加时定能合并成一项并将一对不同的因子消去,即

$$\overline{A}B\overline{C} + AB\overline{C} = (A + \overline{A})B\overline{C} = B\overline{C}$$

2) 最小项表达式

设 Y 是 n 个变量组成的"与-或"逻辑式,若式中每一个"与"项都是这 n 个变量的一个最

小项,则称 Y 为最小项表达式。

例如, $Y(A,B,C)=A\bar{B}C+AB\bar{C}+ABC$ 就是一个最小项表达式。而由于 $A\bar{B}C$、$AB\bar{C}$、ABC 3个最小项的编号分别为 m_5、m_6、m_7,所以,也常将逻辑式写为

$$Y(A,B,C)=A\bar{B}C+AB\bar{C}+ABC=\sum(m_5,m_6,m_7)=\sum m(5,6,7)$$

3) 最小项表达式求法

下面介绍两种求最小项表达式的方法。

(1) 配项法。

配项法是将与-或式中不是最小项的与项利用 $A+\bar{A}=1$ 进行配项,使之成为最小项。

例 2.3.5　求 $Y(A,B,C)=\overline{A\bar{B}}(A+C)$ 的最小项表达式。

解　先将 Y 变为与-或式

$$Y(A,B,C)=\overline{A\bar{B}}(A+C)=(\bar{A}+B)(A+C)=\bar{A}C+AB$$

再用 $(B+\bar{B})$ 乘以 $\bar{A}C$,用 $(C+\bar{C})$ 乘以 AB 即得最小项表达式

$$Y(A,B,C)=\bar{A}C(B+\bar{B})+AB(C+\bar{C})$$
$$=\bar{A}BC+\bar{A}\bar{B}C+ABC+AB\bar{C}$$
$$=\sum m(1,3,6,7)$$

(2) 真值表法。

由最小项性质可知:在逻辑函数 Y 的真值表中,若有 K 组变量取值使 $Y=1$,则该函数 Y 就是由这 K 组变量组合值所对应的最小项之和。

例 2.3.6　逻辑函数 $Y(A,B,C)$ 的真值表如表 2.3.2 所示,试写出该函数的最小项表达式。

表 2.3.2　例 2.3.6 的真值表

A	B	C	Y
0	0	0	1
0	0	1	0
0	1	0	0
0	1	1	1
1	0	0	0
1	0	1	1
1	1	0	1
1	1	1	1

解

(1) 找出 $Y=1$ 的变量取值组合:000、011、101、110、111。

(2) 写出 $Y=1$ 各组合对应的最小项。把组合值中1写作原变量,0写作反变量,即

$$\bar{A}\bar{B}\bar{C}、\bar{A}BC、A\bar{B}C、AB\bar{C}、ABC$$

(3) 将所得最小项求或运算,即得到最小项的表达式

$$Y(A,B,C)=\bar{A}\bar{B}\bar{C}+\bar{A}BC+A\bar{B}C+AB\bar{C}+ABC=\sum m(0,3,5,6,7)$$

2. 卡诺图的画法

卡诺图的实质与真值表一样,是逻辑关系的图形表示。只是在画卡诺图时应遵循一定

的规则。主要应遵循如下规则。

(1) 卡诺图由画在平面上的一些方格组成。

(2) 每个方格对应一个最小项,所以方格个数由逻辑变量数决定。

(3) 逻辑相邻的最小项在卡诺图中也几何相邻。

如图 2.3.1 所示为二变量卡诺图。

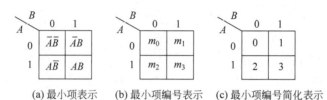

(a) 最小项表示　　　(b) 最小项编号表示　　(c) 最小项编号简化表示

图 2.3.1　二变量卡诺图

由图 2.3.1(a)可以看到,图中几何相邻的最小项逻辑也相邻。图 2.3.2 中给出了三变量到五变量的卡诺图。

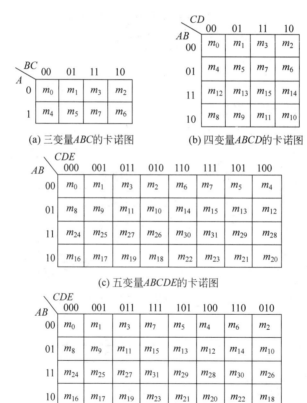

(a) 三变量 ABC 的卡诺图　　　　(b) 四变量 $ABCD$ 的卡诺图

(c) 五变量 $ABCDE$ 的卡诺图

(d) 另一种五变量卡诺图

图 2.3.2　三变量到五变量的卡诺图

需要说明:五变量以上的卡诺图画法有多种,且很难保证逻辑相邻与几何上相邻完全一致。图 2.3.2(d)是五变量卡诺图的另一种画法。

根据以上画出的卡诺图可以得到以下特性。

（1）把变量的符号$(A,B,\cdots)$分别标注在方格图的左上角斜线两侧，并在方格图上方和左侧的每个方格的边沿标注每个变量的取值。其取值的原则是：在任何两个相邻和轴对称的方格中，其变量的组合之间只允许而且必须有一个变量取值不同，这是构成卡诺图的重要原则。

（2）每个方格的编号就是真值表中变量每种组合的二进制所对应的十进制数。

（3）在卡诺图中，凡相邻的小方格或与轴线对称的小方格也都具有逻辑相邻性。

如图 2.3.2(c)所示，0 号与 1 号、8 号、2 号、16 号、4 号都有逻辑相邻对称关系。1 号与 0 号、3 号、5 号、9 号、17 号也有相邻性。

（4）逻辑相邻性有一个重要特点，就是它们之间的逻辑变量的取值只有一个变量取值不同，它们进行或运算时可以消掉一个因子。如图 2.3.2(c)所示，23 号、31 号相或可得 $A\bar{B}CDE+ABCDE=ACDE$，消去了 B 因子。

如果 $4(2^2)$个相邻的最小项进行或运算可以消掉 2 个因子，8 个相邻最小项进行求或运算可以消掉 3 个因子，则 2^n 个最小项进行或运算可以消掉 n 个因子。

3. 逻辑函数的卡诺图表示

由于任意一个逻辑函数都可以表示为若干最小项之和的形式，那么自然可以用卡诺图表示逻辑函数。填写卡诺图的原则是：把逻辑函数所包括的全部最小项在卡诺图对应的方格中填入 1，将其余位置上填入 0 或不填。因此，要把逻辑函数用卡诺图表示，关键是要得到逻辑函数的最小项。

例 2.3.7 使用卡诺图表示逻辑函数 $Y=\overline{A\bar{B}}(A+C)$。

解 先将 Y 分解为最小项表示形式

$$\begin{aligned}Y&=(\bar{A}+B)(A+C)=\bar{A}C+AB\\&=\bar{A}C(B+\bar{B})+AB(C+\bar{C})\\&=\bar{A}BC+\bar{A}\,\bar{B}C+ABC+AB\bar{C}\\&=\sum m(1,3,6,7)\end{aligned}$$

画出卡诺图，由于函数为三变量，故所得卡诺图如图 2.3.3 所示。

A \ BC	00	01	11	10
0	0	1	1	0
1	0	0	1	1

图 2.3.3 例 2.3.7 的卡诺图

例 2.3.8 试用卡诺图表示逻辑函数 $Y=\overline{(AB+\bar{A}\,\bar{B}+\bar{C})\overline{AB}}$。

解 将逻辑函数 Y 转换成标准与或式

$$\begin{aligned}Y(A,B,C)&=\overline{(AB+\bar{A}\,\bar{B}+\bar{C})}+\overline{\overline{AB}}=\overline{AB}\cdot\overline{\bar{A}\,\bar{B}}\cdot C+AB\\&=(\bar{A}+\bar{B})(A+B)C+AB(C+\bar{C})\\&=(\bar{A}A+\bar{A}B+A\bar{B}+B\bar{B})C+ABC+AB\bar{C}\\&=\bar{A}BC+A\bar{B}C+ABC+AB\bar{C}\\&=\sum m(3,5,6,7)\end{aligned}$$

因此得到卡诺图如图 2.3.4 所示。

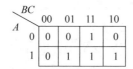

图 2.3.4 例 2.3.8 的卡诺图

例 2.3.9 试用卡诺图表示逻辑函数 $Y = ABCD + B$。

解 如果把本例中的逻辑函数展开成最小项,过程比较烦琐。实际上,完全可以采用观察方法画出对应的卡诺图。在最小项表示式中,当逻辑变量取值组合对应函数中包含的最小项时,函数值等于 1;反之函数值为 0。因此只要观察函数值何时等于 1 即可得到对应的卡诺图。

对于函数 $Y = ABCD + B$。若使 $Y = 1$,只要 $B = 1$ 即可,所以凡是 $B = 1$ 的方格均填 1,如图 2.3.5 所示。

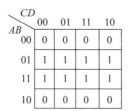

图 2.3.5 例 2.3.9 的卡诺图

4. 用卡诺图化简逻辑函数

利用卡诺图化简逻辑函数的基本原理是 2^n 个相邻最小项进行或运算可以消去 n 个变量,并把这一运算直接在卡诺图中完成。卡诺图化简逻辑函数的步骤如下。

(1) 画出逻辑函数对应的卡诺图。

(2) 将卡诺图中标 1(或 0)的相邻方格用虚线圈起来,这叫作合并最小项。注意,圈起来的相邻最小项只能是 2^n 个。

(3) 再根据 $A + \bar{A} = 1$ 消去互补变量,根据 $A + A = A$ 写出保留项,即可得到最简与或逻辑表达式。

在利用卡诺图进行逻辑函数化简时,应注意遵循下列几项原则,以保证化简结果准确。

(1) 所谓 2^n 个 1 相邻划成一个方格群是分别为 1 个 1、2 个 1、4 个 1、8 个 1、16 个 1 等相邻构成方形(或矩形),可以用包围圈将这些 1 圈起来形成方格群,包括上下、左右、相对边界、四角等各种相邻的情况。

(2) 包围圈越大,即方格群中包含的最小项越多(注意,必须是 2^n 个),公因子越少,化简结果越简单。

(3) 在画包围圈时,最小项可以被重复包围,但每个方格群至少要有一个最小项与其他方格群不重复,以保证该化简项的独立性。

(4) 必须把组成函数的全部最小项都圈完,为了不至于遗漏,一般应先圈定孤立项,再圈只有一种合并方式的最小项。

（5）方格群的个数越少越好，这样化简后的乘积项就越少。

下面举例说明。

例 2.3.10　用卡诺图化简逻辑函数 $Y=ABC+AB\bar{C}+\bar{A}BC$。

解

（1）将函数 Y 填入卡诺图，如图 2.3.6 所示。

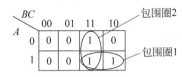

图 2.3.6　例 2.3.10 的卡诺图

（2）合并最小项，如图 2.3.6 中的包围圈。

（3）由卡诺图写出逻辑函数表达式。具体步骤为：将所圈对应的变量取值区域写成与项；若包围圈在 1 值区，则与项中含其对应的原变量；若在 0 值区，则含对应的反变量；若某包围圈同时处于某变量的 1 值区和 0 值区，则该变量被消去。

根据以上原则，从图 2.3.6 中可以看到，AB 项对应的圈始终有变量 A 取 1，变量 B 也取 1。而变量 C 无论取 0 或 1，函数值都等于 1。换句话说，AB 项对应的圈不受变量 C 影响。因此，应消去变量 C。同理，BC 项对应的圈中的函数值与变量 A 无关，应该消去变量 A。由于图 2.3.6 中只有两个圈，所以只有两个乘积项相加。由此得到简化表达式为

$$Y=AB+BC$$

例 2.3.11　用卡诺图化简逻辑函数 $\bar{A}BC+\bar{A}B\bar{C}+A\bar{B}C+\bar{A}\,\bar{B}C+AB\bar{C}+A\bar{B}\bar{C}$。

解　画出函数对应的卡诺图，并化简，如图 2.3.7 所示。

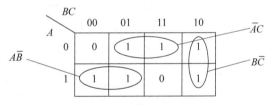

图 2.3.7　例 2.3.11 的卡诺图

由于图 2.3.7 中只有 3 个圈，因此，逻辑函数只有 3 个乘积项相加。而每个乘积项对应 1 个圈，由于每个圈中只有 2 个相邻最小项，所以每个乘积项只能消去 1 个因子。由此得到最简逻辑式为

$$Y=A\bar{B}+\bar{A}C+B\bar{C}$$

例 2.3.12　用卡诺图化简逻辑函数 $Y(A,B,C)=\sum m(0,1,3,4,5)$。

解　画出逻辑函数对应的卡诺图，如图 2.3.8 所示，合并最小项，得

$$Y=\bar{B}+\bar{A}C$$

本题利用了以中轴对称的最小项也具有逻辑相邻性的特点，使圈画得更大，因此可以消去更多的因子。

例 2.3.13　用卡诺图化简逻辑函数 $Y=AB+\overline{\overline{BC}(\bar{C}+\bar{D})}$。

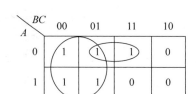

图 2.3.8 例 2.3.12 的卡诺图

解 先将逻辑函数化为最小项形式,有

$$Y(A,B,C,D) = \sum(3,6,7,11,12,13,14,15)$$

根据最小项形式画出对应的卡诺图,并找到可以合并的最小项,如图 2.3.9 所示。所以得到化简结果为

$$Y = AB + CD + BC$$

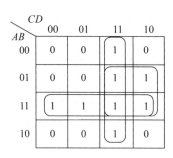

图 2.3.9 例 2.3.13 的卡诺图

例 2.3.14 用卡诺图化简逻辑函数 $Y(A,B,C,D) = \sum m(0,2,4,6,8,10)$。

解 根据逻辑函数画出对应的卡诺图,并找到可以合并的最小项,如图 2.3.10 所示。合并后可得

$$Y = \overline{A}\,\overline{D} + \overline{B}\,\overline{D}$$

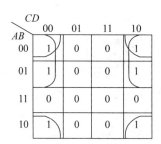

图 2.3.10 例 2.3.14 的卡诺图

例 2.3.15 用卡诺图化简逻辑函数 $Y(A,B,C) = \sum m(0,1,2,4,5,6,7)$。

解 画出相应卡诺图如图 2.3.11 所示。根据图 2.3.11(a)可直接得到

$$Y = A + \overline{B} + \overline{C}$$

由于图 2.3.11 中 1 很多,0 很少。因此,本题可以采用圈 0 的方法得到最简逻辑函数,图 2.3.11(b)为圈 0 的情况。

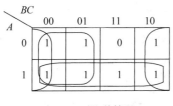 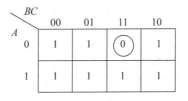

(a) 圈1的情况　　　　　　(b) 圈0的情况

图 2.3.11　例 2.3.15 的卡诺图

根据图中的圈可知

$$\bar{Y}=\bar{A}BC$$

所以有

$$Y=\overline{\bar{Y}}=\overline{\bar{A}BC}=A+\bar{B}+\bar{C}$$

可见,两种方法得到的结果完全相同。

例 2.3.16　用卡诺图化简逻辑函数 $Y=\sum m(0,4,5,6,7,8,11,13,15,16,20,21,22,23,24,25,27,29,31)$。

解　根据图 2.3.2(d)画出本题卡诺图。根据图 2.3.12 可以写出简化后的逻辑式。

$$Y=\bar{C}\bar{D}\bar{E}+ABE+BDE+CE+\bar{B}C$$

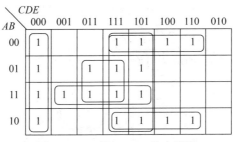

图 2.3.12　例 2.3.16 的卡诺图

2.3.4　具有约束项的逻辑函数的化简

1. 约束的概念

逻辑关系中的"约束"是指逻辑函数中各逻辑变量之间的制约关系。例如,用 A、B、C 3 个变量分别表示一台电动机的正转、反转和停止 3 种命令。当任一变量是 1 时,即进行相应的某一项操作。因为电动机在同一时刻只可能执行一种命令。因此,任何时候 3 个变量最多只能有一个变量为 1,也必须有一个为 1,即 A、B、C 3 个变量的取值只可能出现 001、010、100 这 3 种组合,而不会出现 000、011、101、110、111 这 5 种组合。若用最小项表达式来表示,这种操作的逻辑关系必须满足的约束条件为

$$\begin{cases}\bar{A}\bar{B}\bar{C}=0\\ \bar{A}BC=0\\ A\bar{B}C=0\\ AB\bar{C}=0\\ ABC=0\end{cases}$$

或写成

$$\overline{A}\overline{B}\overline{C} + \overline{A}BC + A\overline{B}C + AB\overline{C} + ABC = 0$$

该约束条件也常常写为

$$\sum(d_3, d_5, d_6, d_7) = \sum d(3,5,6,7)$$

约束项也称为无关项或任意项。在卡诺图中,受约束条件约束的最小项(又称无关项)用符号"×"表示,这是因为在所研究的逻辑问题中,这些约束始终不会出现。这样在化简时,根据需要可把约束项看作逻辑 1,也可看作逻辑 0。由此化简得到的逻辑表达式在逻辑功能上是不变的。

2. 具有约束项的逻辑函数的化简

对于具有约束的逻辑函数,可以充分利用约束条件使表达式简化。化简带有约束项的逻辑函数应该充分利用约束项可以取 1,也可以取 0 的特点,尽量扩大卡诺图中的圈,消除最小项的个数和因子数。但是不需要的约束项不应单独和全部已圈过的 1 再圈起来,避免增加多余项。下面仍然通过一些例子来说明具有约束的逻辑函数化简方法。

例 2.3.17 用卡诺图化简带约束项的逻辑函数,并写出最简与-或式。

$$Y(A,B,C,D) = \sum m(0,2,7,8,13,15) + \sum d(1,5,6,9,10,11,12)$$

解 画出卡诺图如图 2.3.13 所示。图中约束项用"×"表示,需要的地方,把约束项看作1;不需要的地方,把约束项看作0。这样在卡诺图中画圈时非常方便,得到的最简逻辑函数为

$$Y(A,B,C,D) = BD + \overline{B}\,\overline{D}$$

图 2.3.13 例 2.3.17 的卡诺图

例 2.3.18 用卡诺图化简带约束项的逻辑函数,并写出最简与或式。

$$Y(A,B,C,D) = \sum m(1,7,8,14) + \sum d(3,5,9,10,12,15)$$

解 画出的卡诺图如图 2.3.14 所示。图中约束项用"×"表示,需要的地方,把约束项看作 1;不需要的地方,把约束项看作 0。最简的逻辑函数为

$$Y(A,B,C,D) = A\overline{D} + \overline{A}D = A \oplus D$$

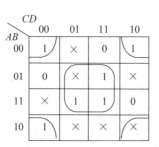

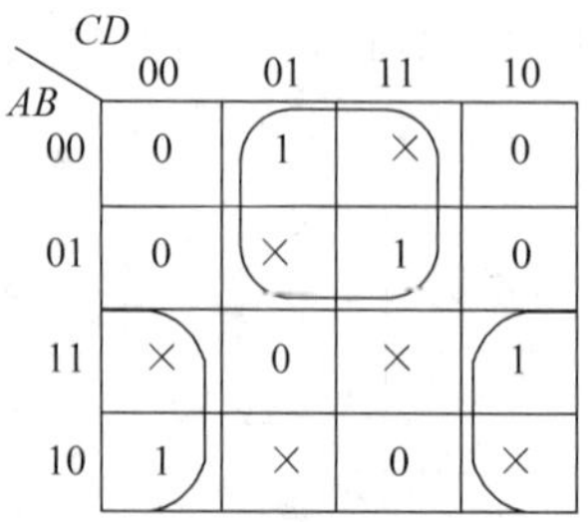

图 2.3.14 例 2.3.18 的卡诺图

2.3.5 逻辑函数表示方法之间的转换

1. 逻辑函数的几种表示方法

前面已经讨论了逻辑关系的不同表示形式。本节对逻辑表达式、真值表、卡诺图、逻辑图和波形图等逻辑函数的 5 种表示形式进行归纳总结。实际上,逻辑函数的 5 种表示形式中,只要知道其中一种,就可以得到其他几种表示形式。

1) 真值表

真值表就是由逻辑变量的所有可能取值组合及其对应的函数值所构成的逻辑关系表格,是一种用表格表示逻辑函数的方法。

真值表的列写方法是:每一个变量均有 0、1 两种取值,n 个变量共有 2^n 种不同的取值。将这 2^n 种不同的取值按顺序(一般按二进制递增规律)排列起来,同时在相应位置上填入函数的值,便可得到逻辑函数的真值表。

用真值表表示逻辑函数的优点是直观明了,非常适合于直接把实际逻辑问题抽象成为数学问题。缺点是难以用公式和定理进行运算和变换;当变量较多时,列函数真值表较烦琐。因为每一个变量有 0 和 1 两种取值,n 个变量就有 2^n 种不同的取值,其真值表就由 2^n 行组成。随着变量数目增多,真值表的行数将急剧增加。因此,当变量数目不太多时,用真值表表示逻辑函数才比较方便。

例如,某一盏灯 Y 由 3 个开关 A、B、C 控制,当有两个以上开关闭合时,灯亮。如果开关闭合用 1 表示,开关断开用 0 表示,灯亮用 1 表示,灯不亮用 0 表示。由以上实际问题的规定,立刻就可以得到真值表如表 2.3.3 所示。由此可见,从实际问题直接得到真值表非常方便,这正是真值表的优点。

表 2.3.3 真值表

A	B	C	Y
0	0	0	0
0	0	1	0
0	1	0	0
0	1	1	1
1	0	0	0
1	0	1	1
1	1	0	1
1	1	1	1

2) 逻辑表达式

逻辑表达式就是由逻辑变量通过与、或、非 3 种运算符连接起来所构成的式子。它是一种用公式表示逻辑关系的方法。

用逻辑表达式表示逻辑函数的优点是书写简洁方便,便于利用逻辑代数的公式和定理进行运算和变换,也便于用逻辑图来实现函数关系;其缺点是当逻辑函数较复杂时,难以直接从变量取值看出函数的值,不够直观。

如果把上述 3 个开关控制一盏灯的逻辑关系用逻辑式表示为

$$Y = \overline{A}BC + A\overline{B}C + AB\overline{C} + ABC = BC + AC + AB$$

显然,逻辑表达式简洁,便于化简,但逻辑功能不直观。

3) 卡诺图

卡诺图是由表示变量的所有可能取值组合的小方格所构成的图形。卡诺图是真值表中各项的二维排列方式,是真值表的一种变形。在卡诺图中,真值表的每一行用一个小方格来表示。利用卡诺图表示逻辑函数的方法是:在那些使函数值为 1 的变量取值组合所对应的小方格内填入 1,其余的方格内填入 0,即得到该函数的卡诺图。

卡诺图的优点有:排列方式比真值表紧凑,同时便于对函数进行化简。其缺点在于:对于五变量以上的卡诺图,因变量增多,卡诺图变得相当复杂,这时用卡诺图来对函数进行化简也变得相当困难,因此应用较少。

从真值表或逻辑式都可以方便地得到上述 3 个开关控制一盏灯的卡诺图,如图 2.3.15 所示。

4) 逻辑图

逻辑图就是由表示逻辑运算的逻辑符号经连接所构成的图形。在数字电路中,用逻辑符号表示基本逻辑单元电路以及由这些基本单元电路组成的部件。因此用逻辑图表示逻辑函数是一种比较接近工程实际的表示方法。

逻辑图表示逻辑关系的优点是接近实际电路。缺点是不能进行运算和变换,所表示的逻辑关系不直观。

例如,对于上述 3 个开关控制一盏灯的例子,根据逻辑式可得到如图 2.3.16 所示的逻辑图。

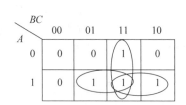

图 2.3.15　3 个开关控制一盏灯的卡诺图

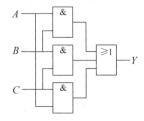

图 2.3.16　3 个开关控制一盏灯的逻辑图

5) 时序图

时序图也称为波形图,是由输入变量的所有可能取值组合的高、低电平及其对应的输出函数值的高、低电平所构成的图形。波形图可以将输出函数的变化和输入变量的变化之间在时间上的对应关系直观地表示出来。此外,可以利用示波器对电路的输入输出波形进行测试、观察,以判断电路的输入输出是否满足给定的逻辑关系。

时序图的优点是能够形象、直观地表示变量取值与函数值在时间上的对应关系,实际中便于测量;缺点是难以进行运算和变换,当变量个数增多时,画图较麻烦。

采用时序图表示的 3 个开关控制一盏灯的例子的逻辑关系如图 2.3.17 所示。

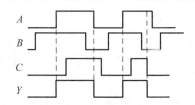

图 2.3.17　3 个开关控制一盏灯的时序图

2. 逻辑函数表示方法之间的转换

由上面的讨论可知,任何逻辑函数都可以用逻辑函数式、真值表、逻辑符号图、卡诺图等方法来表示。对于同一个逻辑函数,它的几种表示方法可以互相转换,已知一种可以转换出其他几种。在此主要讨论由逻辑图求逻辑函数式和真值表、由逻辑函数式求真值表和逻辑图,以及由真值表求逻辑表达式和逻辑图的过程。

1) 已知逻辑图求逻辑函数式和真值表

如果给出逻辑图,可以非常方便地得到对应的逻辑函数式和真值表。方法是只要将逻辑图中每个逻辑符号所表示的逻辑运算依次写出来即可。有了逻辑函数式列真值表就不难了。

例 2.3.19 试写出如图 2.3.18(a)所示逻辑图的逻辑函数式与真值表。

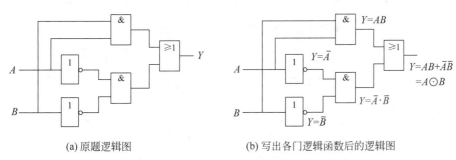

(a) 原题逻辑图　　　　　　(b) 写出各门逻辑函数后的逻辑图

图 2.3.18　例 2.3.19 的图

解 从输入端开始,将逻辑图中每个逻辑符号所表示的逻辑运算依次写出,如图 2.3.18(b)所示,因此可直接写出逻辑函数关系

$$Y = AB + \overline{A}\,\overline{B} = A \odot B$$

根据上面得到的逻辑表达式可列出真值表。列真值表时,只要将输入逻辑变量 A、B 的每一种取值对应的函数值 Y 计算出来列入表中就得到真值表,如表 2.3.4 所示。

表 2.3.4　例 2.3.19 的真值表

A	B	Y
0	0	1
0	1	0
1	0	0
1	1	1

2) 已知逻辑函数式求真值表和逻辑图

如果逻辑函数式已知,同样也可以求出真值表和逻辑图。把输入变量取值的所有组合逐一代入函数式中,算出逻辑函数值,然后将输入变量取值与逻辑函数值对应地列成表就得到逻辑函数的真值表。由函数式画逻辑图的方法为:依照函数式,按先与后或的运算顺序,用逻辑符号表示,然后正确连接起来就可以画出逻辑图。

例 2.3.20 已知逻辑函数式 $Y = A + \overline{B}C + \overline{A}\overline{C}$,求与它对应的真值表和逻辑图。

解 将输入变量 A、B、C 的各组取值代入函数式并求出函数 Y 的值,对应地填入表 2.3.5 中,这就是真值表。

表 2.3.5　例 2.3.20 的真值表

A	B	C	$\bar{B}C$	$\bar{A}C$	Y
0	0	0	0	1	1
0	0	1	1	0	1
0	1	0	0	1	1
0	1	1	0	0	0
1	0	0	0	0	1
1	0	1	1	0	1
1	1	0	0	0	1
1	1	1	0	0	1

根据逻辑函数,按照先与后或的原则画出的逻辑图如图 2.3.19 所示。

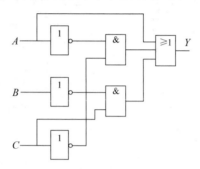

图 2.3.19　例 2.3.20 的逻辑图

3) 已知真值表求逻辑表达式和逻辑图

以前面讨论的 3 个开关 A、B、C 控制一盏灯 Y 为例,说明如何从真值表得到逻辑函数和逻辑图,真值表重新列于表 2.3.6 中。

表 2.3.6　真值表

A	B	C	Y
0	0	0	0
0	0	1	0
0	1	0	0
0	1	1	1
1	0	0	0
1	0	1	1
1	1	0	1
1	1	1	1

要列出真值表对应的逻辑函数,首先要找到真值表中逻辑函数等于 1 的变量组合,共有以下 4 组:

$$A=0,\quad B=1,\quad C=1$$
$$A=1,\quad B=0,\quad C=1$$
$$A=1,\quad B=1,\quad C=0$$
$$A=1,\quad B=1,\quad C=1$$

然后,在每一组中把取值为 1 的写成原变量,取值为 0 的写成反变量,并做与运算可得到以下 4 项:

$$\overline{A}BC, \quad A\overline{B}C, \quad AB\overline{C}, \quad ABC$$

最后把各项进行或运算,即得到对应的逻辑函数

$$Y = \overline{A}BC + A\overline{B}C + AB\overline{C} + ABC$$

在画逻辑图之前,应先对逻辑函数进行化简,得到最简逻辑函式之后在画出对应的逻辑图。本例的逻辑图前面已经讨论过,如图 2.3.16 所示。

本章小结

(1) 逻辑代数是分析和设计数字逻辑电路的重要工具。利用逻辑代数可以把实际逻辑问题抽象为逻辑函数描述,并且可以用逻辑运算的方法解决逻辑电路的分析和设计问题。与、或、非是 3 种基本逻辑关系,也是 3 种基本逻辑运算。与-非、或-非、与-或-非、异或则是由与、或、非 3 种基本逻辑运算复合而成的几种常用逻辑运算。逻辑代数的公式和定理是推演、变换及化简逻辑函数的依据。

(2) 逻辑函数的化简有公式化简法和卡诺图化简法等。公式化简法是利用逻辑代数的公式、定律和规则对逻辑函数进行化简。这种方法适用于各种复杂的逻辑函数,但需要熟练地运用公式和定律,且具有一定的运算技巧。卡诺图化简法是利用卡诺图对逻辑函数进行化简。这种方法简单直观,容易掌握,但变量太多时卡诺图太复杂,卡诺图法不适用。在对逻辑函数化简时,充分利用任意项可以使简化结果更简单。

(3) 逻辑函数可用真值表、逻辑表达式、卡诺图、逻辑图和波形图 5 种表示方式,它们各具特点,但本质相通,可以互相转换。对于一个具体的逻辑函数,究竟采用哪种表示方式应视实际需要而定。在使用时应充分利用每一种表示方式的优点。由于由真值表到逻辑图和由逻辑图到真值表的转换更符合数字电路的分析和设计过程,因此真值表显得更为重要。

习题

2.1 试用逻辑代数规则完成下列各题。

(1) 已知 $Y = (\overline{A} + B + \overline{C})(\overline{A} + \overline{D}E)$,利用反演规则求 $\overline{Y}$。

(2) 已知 $Y = \overline{A} + \overline{\overline{B} \cdot \overline{C} \cdot D}$,利用反演规则求 $\overline{Y}$。

(3) 已知 $Y = \overline{A}B + C$,利用对偶规则求 Y'。

(4) 已知 $Y = A + \overline{(B + \overline{C}) \cdot \overline{(B + C + \overline{D})}}$,利用对偶规则求 Y'。

2.2 用真值表证明下列逻辑等式。

(1) $\overline{\overline{A} + B} + \overline{A}B = (\overline{A} + \overline{B})(A + B)$。

(2) $A + \overline{A}B = A + B$。

(3) $A + \overline{\overline{A}(B + C)} = A + \overline{B} + \overline{C}$。

2.3　试用公式化简法化简下列逻辑函数。

(1) $Y = A\bar{B} + A\bar{C} + BC + A\bar{C}D + \bar{B} + \bar{C}$。

(2) $Y = \bar{B}\bar{D} + \bar{D} + D(B+C)(\overline{AD} + \bar{B}) + B\overline{\overline{\bar{A}\bar{B}}}$。

(3) $Y = \bar{A}\bar{B}C + AD + (B+C)D$。

(4) $Y = (A + \bar{A}C)(A + CD + D)$。

2.4　试用公式化简法化简下列逻辑函数。

(1) $Y = A\bar{B}C + \bar{A}\bar{B} + \bar{A}D + C + BD$。

(2) $Y = \overline{\bar{B}\bar{C}D + A\bar{D}(B+C)}$。

(3) $Y = AD + BC\bar{D} + (\bar{A} + \bar{B})C$。

2.5　试用公式化简法化简下列逻辑函数。

(1) $Y = A\bar{B} + \bar{A}C + \bar{B}CD$。

(2) $Y = AB + \bar{A}C + \bar{B}C$。

(3) $Y = \bar{A} + AB + \bar{B}E$。

2.6　试用公式化简法化简下列逻辑函数。

(1) $Y = A\bar{B} + B\bar{C} + \bar{B}C + \bar{A}B$。

(2) $Y = ABC + AB\bar{C} + A\bar{B}C + \bar{A}BC$。

(3) $Y = AB + \bar{A}C + BCD$。

2.7　试用公式化简法化简下列逻辑函数。

(1) $Y = \bar{A}BC + AB\bar{C} + A\bar{B}C + ABC$。

(2) $Y = AD + A\bar{D} + AB + \bar{A}C + BD + A\bar{B}EF + \bar{B}EF$。

(3) $Y = \overline{AB + \bar{A}\bar{B}} + C + AB$。

(4) $Y = AC + \bar{B}C + B\bar{D} + A(B + \bar{C}) + \bar{A}C\bar{D} + A\bar{B}DE$。

2.8　把下列逻辑函数写成最小项表达式。

(1) $Y(A,B,C) = \bar{A}BC + A$。

(2) $Y(A,B,C) = \overline{A\bar{C} + BC}$。

(3) $Y(A,B,C) = (A+B)(\bar{A} + \bar{C})$。

(4) $Y(A,B,C,D) = AB + \bar{C}\bar{D}$。

2.9　试用卡诺图化简下列逻辑函数。

(1) $Y(A,B,C) = \sum m(0,1,2,3,4,5,6,7)$。

(2) $Y = A\bar{B}C + \bar{A}\bar{B} + \bar{A}D + C + BD$。

(3) $Y = \overline{\bar{B}\bar{C}D + A\bar{D}(B+C)}$。

(4) $Y = \overline{(AB + CD)(BC + AD)} + \bar{A}BC$。

(5) $Y = (AB + \bar{A}C + \bar{B}D) \oplus (A\bar{B}CD + \bar{A}CD + BCD + \bar{B}C)$。

(6) $Y = ABCDE + A\bar{B}\bar{C}D\bar{E} + \bar{A}\bar{B}C\bar{D}E + \bar{A}BCDE + AB\bar{D}E + \bar{A}B\bar{D}E + B\bar{C}D\bar{E} + \bar{B}\bar{C}\bar{D}\bar{E} + B\bar{C}DE$。

(7) $Y(A,B,C,D) = \sum m(0,4,5,7,8,10,14,15)$。

(8) $Y(A,B,C,D) = \sum m(3,4,5,7,9,13,14,15)$。

2.10 试用卡诺图化简下列逻辑函数。

(1) $Y(A,B,C) = \sum m(0,1,3,4) + \sum d(5,6,7)$。

(2) $Y(A,B,C) = \sum m(3,5,6,7) + \sum d(1,4)$。

(3) $Y(A,B,C,D) = \sum m(0,2,7,8,13,15) + \sum d(1,5,6,9,10,11,12)$。

(4) $Y(A,B,C,D) = \sum m(0,4,6,8,13) + \sum d(1,2,3,9,10,11)$。

(5) $Y(A,B,C,D) = \sum m(0,1,4,5,6,8,9) + \sum d(10,11,12,13,14,15)$。

(6) $Y(A,B,C,D) = \sum m(3,5,8,9,10,12) + \sum d(0,1,2,13)$。

(7) $Y(A,B,C,D) = \sum m(2,3,4,6,8) + \sum d(10,11,12,13,14,15)$。

2.11 列出下面逻辑函数对应的真值表。

(1) $Y = A\bar{B} + B\bar{C} + \bar{A}C$

(2) $Y = AB + AC + BC$

(3) $Y = \bar{A}D + \bar{B}\bar{C} + CD$

(4) $Y = \bar{A}\bar{B}C + BC\bar{D} + \bar{A}BD + BCD$

(5) $Y = \bar{A}\bar{B}\bar{D} + \bar{B}C + CD + \bar{A}BD + BDE + AB\bar{C}\bar{D}\bar{E}$

2.12 根据习图 2.1 所示的真值表画出相应的卡诺图,并写出逻辑式。

A	B	C	D	Y
0	0	0	0	0
0	0	0	1	0
0	0	1	0	1
0	0	1	1	0
0	1	0	0	1
0	1	0	1	0
0	1	1	0	1
0	1	1	1	1
1	0	0	0	0
1	0	0	1	1
1	0	1	0	0
1	0	1	1	1

A	B	C	D	Y
0	0	0	0	×
0	0	0	1	×
0	0	1	0	1
0	0	1	1	1
0	1	0	0	0
0	1	0	1	0
0	1	1	0	0
0	1	1	1	1
1	0	0	0	0
1	0	0	1	×
1	0	1	0	×
1	0	1	1	×

A	B	C	Y
0	0	0	×
0	0	1	1
0	1	0	0
0	1	1	1
1	0	0	0
1	0	1	1
1	1	0	1
1	1	1	0

(a)   (b)   (c)

习图 2.1 题 2.12 的图

第3章 门 电 路

在数字电路中,实现各种逻辑运算电路的基本单元是门电路。本章重点讨论目前使用最多的 TTL 和 CMOS 集成逻辑门电路的工作原理、逻辑功能,并以反相器为例,讨论集成门电路的电气特性——传输特性、输入特性和输出特性,目的是为正确使用这些门电路打下一定的基础。由于组成门电路的基本元件(二极管、三极管、MOS 管)通常工作在开关状态,本章也对这些元件的开关特性和由它们组成的分立元件门电路进行简要的讨论。

3.1 概述

实现基本逻辑运算和复合逻辑运算的电子电路称为逻辑门电路,简称门电路。常用的门电路有与门、或门、非门、与非门、或非门、与或非门、异或门、同或门等,在数字电路中,它们分别实现与、或、非、与非、或非、与或非、异或、同或等逻辑运算。

集成门电路主要有 TTL 门电路和 CMOS 门电路。TTL 集成电路使用的基本开关元件是半导体三极管,其优点是工作速度高,缺点是功耗大,制作大规模集成电路尚有一定困难,在中、小规模集成电路中至今仍是使用较广泛的一种电路。TTL 门电路是一种小规模集成电路。CMOS 集成电路使用的基本开关元件是 N 沟道增强型 MOS 管和 P 沟道增强型 MOS 管,因电气特性具有互补对称性而得名。CMOS 集成电路的优点是功耗小,无论是在小规模、中规模还是大规模集成电路中均占有一定优势;缺点是工作速度比 TTL 电路慢。CMOS 门电路是一种小规模集成电路。

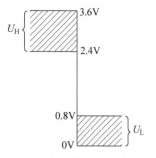

图 3.1.1 高电平和低电平示意图

数字电路中的信号只有高电平 U_H 和低电平 U_L 两种状态。电平与电位的区别是:在数字电路中,电位是一个确定的值,而高电平和低电平是两种状态,是两个不同的、可以明确区别开来的电位范围,因为在实际工作中,只要电路能够确切地区分出高、低电平就足够了。例如,在 TTL 门电路中,2.4～3.6V 的电位范围都称为高电平,0～0.8V 的电位范围都称为低电平,如图 3.1.1 所示。

在数字电路中,用 1 表示高电平,用 0 表示低电平时,称为正逻辑;用 0 表示高电平,用 1 表示低电平时,称为负逻辑。在本书中,若不作特别说明,则一律采用正逻辑规定。

3.2 半导体器件的开关特性

由于组成门电路的基本元件(半导体二极管、三极管、MOS 管)通常工作在开关状态,熟悉它们在开关状态下的电气特性,对于学习集成门电路是非常有帮助的。

3.2.1 二极管的开关特性

一个理想的开关在接通时,其接触电阻为 0,在开关上不产生压降;在开关断开时,其电阻为无穷大,在开关中没有电流。由于二极管具有单向导电的特性,即加正向电压导通,加反向电压截止,因此,在数字电路中,可以将二极管作为一个受电压控制的开关来使用。二极管作开关使用时和理想开关相比,虽然存在一定差异(导通时电阻不为 0,截止时电流不为 0),但在实际工程中的绝大多数情况下,这些差异都是可以忽略的。

1. 静态特性

半导体二极管的符号及伏安特性如图 3.2.1 所示。

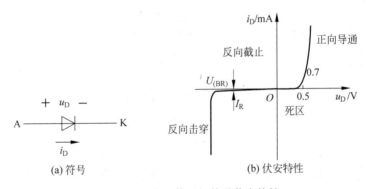

图 3.2.1 半导体二极管及伏安特性

由图 3.2.1 可见,外加反向电压时,二极管处于截止状态,电流基本为 0,相当于开关断开。当反向电压达到 $U_{(BR)}$ 时,二极管被反向击穿。

外加正向电压小于 0.5V 时,二极管工作在死区,仍处于截止状态。只有在 $u_D > 0.5V$ 后二极管才导通,且当 u_D 达到 0.7V 后,即使 i_D 在很大范围内变化,$u_D \approx 0.7V$。理想情况下,相当于开关闭合。

1) 导通条件及导通时的特点

$u_I > 0.7V$,看成是二极管导通的条件,而且一旦导通,$u_D \approx 0.7V$,二极管如同一个具有 0.7V 压降的闭合开关。当二极管的正向导通压降和正向导通电阻比外加电压和外接电阻小很多时,甚至连 0.7V 也忽略不计,可将二极管看成理想开关。二极管导通时的直流等效电路如图 3.2.2 所示。

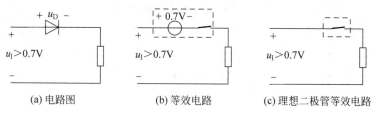

(a) 电路图　　　　(b) 等效电路　　　　(c) 理想二极管等效电路

图 3.2.2　二极管导通时的直流等效电路

2) 截止条件及截止时的特点

$u_I < 0.5V$,看成是二极管截止的条件,而且一旦截止,$i_D \approx 0$,如同开关断开。二极管截止时的直流等效电路如图 3.2.3 所示。

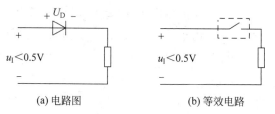

(a) 电路图　　　　　　　(b) 等效电路

图 3.2.3　二极管截止时的直流等效电路

2. 动态特性

由 PN 结的导电原理知,在 PN 结中存在电容效应,在动态情况下,即加到二极管两端的电压突然反向时,无论二极管是导通还是截止,都要经过一段延迟时间才能完成。加到二极管两端的电压突然反向时电流的变化情况如图 3.2.4 所示。

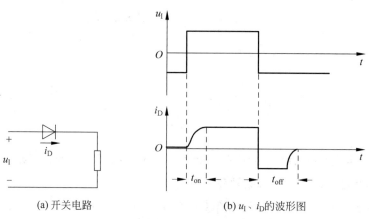

(a) 开关电路　　　　　　　(b) u_I、i_D 的波形图

图 3.2.4　二极管开关电路及波形图

需要注意的是:

(1) 当 u_I 由高电平变为低电平时,二极管并未立即截止,还有很大的反向电流。只有经过 t_{off} 关断时间后才真正截止。

(2) 由于开通时间 t_{on} 比关断时间小得多,所以通常将关断时间作为二极管的开关时间,一般为几纳秒。

例 3.2.1　二极管电路如图 3.2.5 所示,$u_I = 10\sin\omega t\ \mathrm{V}$,画出 u_O 的波形(设二极管为理

想二极管,即没有死区电压且导通时二极管上电压为 0)。

解 因为二极管为理想二极管,对于图 3.2.5(a),当 $u_I>5V$ 时,二极管 D 导通,相当于开关合上,使得 $u_O=5V$;当 $u_I<5V$ 时,二极管 D 截止,相当于开关断开,有 $u_O=u_I$。

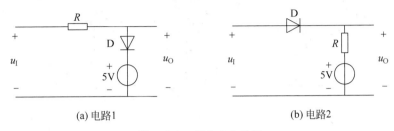

(a) 电路1   (b) 电路2

图 3.2.5 例 3.2.1 的图

对于图 3.2.5(b),当 $u_I>5V$ 时,二极管 D 导通,有 $u_O=u_I$;当 $u_I<5V$ 时,二极管 D 截止,有 $u_O=5V$。

根据以上分析,可画出 u_O 的波形,如图 3.2.6 所示。

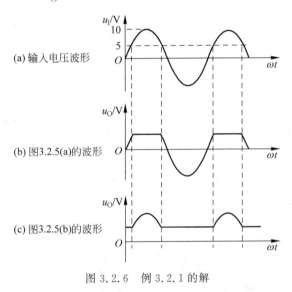

图 3.2.6 例 3.2.1 的解

3.2.2 三极管的开关特性

半导体三极管的特点是具有电流放大能力,能通过基极电流控制其工作状态。三极管有截止、饱和和放大 3 个工作区。在数字电路中,三极管作为开关元件,通常工作在截止区和饱和区。下面以硅 NPN 管为例讨论其开关特性。

1. 静态特性

三极管的符号、开关电路、输入特性及输出特性如图 3.2.7 所示。

1) 截止条件及截止时的特点

从输入特性看,当 $u_{BE}<0.5V$ 时,三极管处于截止状态。因此在数字电路的分析、估算中,将 $u_{BE}<0.5V$ 作为三极管截止的条件,然而这种截止并不可靠。为了使三极管可靠截止,应使发射结处于反向偏置,因此,三极管可靠截止的条件为

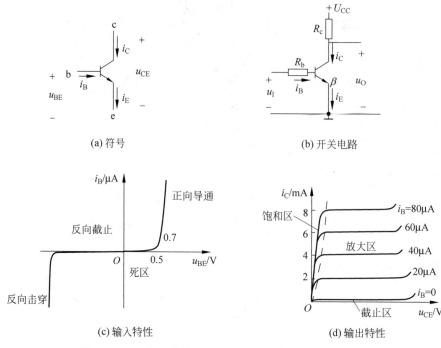

(a) 符号　　　　　　　　　　　(b) 开关电路

(c) 输入特性　　　　　　　　　(d) 输出特性

图 3.2.7　三极管的符号、开关电路、输入特性及输出特性

$$u_{BE} < 0V \qquad (3.2.1)$$

截止时的特点：$i_B = 0$、$i_C \approx 0$、$u_{CE} \approx U_{CC}$，如同开关断开一样。三极管截止时的直流等效电路如图 3.2.8 所示。

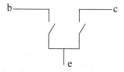

图 3.2.8　三极管截止时的直流等效电路

2) 饱和条件及饱和时的特点

在图 3.2.7(b)中，若输入电压 u_I 增大，当 $i_B = I_{BS} = I_{CS}/\beta$ 时，三极管进入临界饱和状态。

若 $i_B > I_{BS}$，则三极管饱和，即三极管饱和的条件为

$$i_B > I_{BS} \qquad (3.2.2)$$

三极管饱和时，电路中各电流、电压有如下关系：

$$I_{CS} = \frac{U_{CC} - U_{CES}}{R_C} \approx \frac{U_{CC}}{R_C} \qquad (3.2.3)$$

$$I_{BS} \approx \frac{I_{CS}}{\beta} \qquad (3.2.4)$$

$$i_B = \frac{u_I - U_{BE}}{R_b} \qquad (3.2.5)$$

以上关系式中，i_B 是三极管的实际基极电流；I_{CS} 是三极管临界饱和时的集电极电流；β 是放大器；I_{BS} 是相应的基极电流；U_{CES} 是三极管的饱和压降，$U_{CES} \approx 0.3V$，可忽略不计；U_{BE} 是发射结正向压降，约为 $0.7V$。

三极管饱和时的特点：$U_{BE} \approx 0.7V$，$U_{CE} = U_{CES} \approx 0.3V$。因此，三极管饱和后集电极与发射极之间如同开关闭合一样，其等效电路如图 3.2.9 所示。

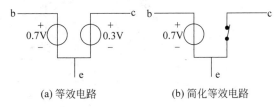

(a) 等效电路   (b) 简化等效电路

图 3.2.9 三极管饱和时的直流等效电路

2. 动态特性

三极管的开关过程与二极管相似，也存在开通时间 t_{on} 和关断时间 t_{off}。在如图 3.2.7(b) 所示的三极管开关电路中输入理想脉冲 u_I 时，集电极电流 i_C 和输出电压 u_O 滞后于 u_I 变化，如图 3.2.10 所示。

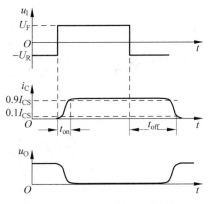

图 3.2.10 三极管的开关时间

在图 3.2.10 中可以看到，当 u_I 由 $-U_R$ 跳变到 U_F 时，三极管要经过开通时间 t_{on} 后才能由截止状态转换到饱和导通状态。当 u_I 由 U_F 跳变到 $-U_R$ 时，三极管要经过关断时间 t_{off} 后才能由饱和导通状态转换到截止状态。由于开通时间 t_{on} 比关断时间小得多，所以通常将关断时间作为三极管的开关时间，一般为纳秒量级。

三极管开关时间的存在，影响了三极管的开关速度，开关时间的长短与三极管饱和深度——i_B / I_{BS} 关系很大，饱和深度越深，关断时间越长。为了加快三极管的开关速度，就需要限制饱和深度，即减小 i_B / I_{BS}。在某些系列的门电路中，采用了抗饱和三极管。抗饱和三极管由普通三极管和肖特基二极管（简称 SBD）组合而成，如图 3.2.11 所示。由于 SBD 的开启电压只有 $0.3 \sim 0.4V$，所以当三极管的 b-c 结进入正向偏置后，SBD 首先导通，并将 b-c 结的电压钳位在 $0.3 \sim 0.4V$，使 u_{CE} 保持在 $0.4V$ 左右，从而有效地制止了三极管进入深度饱和状态。

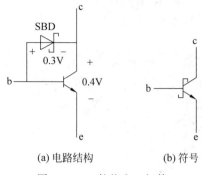

(a) 电路结构　　　　(b) 符号

图 3.2.11　抗饱和三极管

3.2.3　MOS 管的开关特性

场效应管的特点是通过栅、源电压控制其工作状态。在数字电路中,场效应管作为开关元件,一般工作在截止区和可变电阻区。

1. N 沟道增强型绝缘栅场效应管的工作原理

N 沟道增强型绝缘栅场效应管的结构和符号如图 3.2.12 所示。

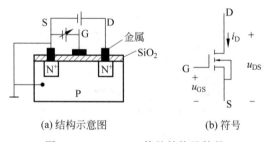

(a) 结构示意图　　　　(b) 符号

图 3.2.12　NMOS 管的结构及符号

1）当 $u_{GS}=0$ 时

若在 D、S 间加电压,由于两个 PN 结中总有一个是反向偏置,所以 D、S 间不会形成电流 i_D——MOS 管处于截止状态。

2）若加大 u_{GS},满足 $0<u_{GS}<U_{TN}$(开启电压)

在 u_{GS} 电场作用下,P 衬底中少量少数载流子被吸引到 SiO_2 与 P 衬底交界面处,但不足以将两个 N 区接通,即不能形成导电沟道——场效应管仍处于截止状态。

3）若继续加大 u_{GS},满足 $u_{GS}>U_{TN}$

在 u_{GS} 电场作用下,P 衬底中大量少数载流子被吸引到 SiO_2 与 P 衬底交界面处,将两个 N 区接通,形成导电沟道——场效应管处于导通状态。

2. 静态特性

N 沟道增强型 MOS 管的转移特性和漏极特性如图 3.2.13 所示。

1）截止条件及截止时的特点

从特性曲线可见,$u_{GS}<U_{TN}$ 时,MOS 管截止。因此在数字电路的分析和估算中,将 $u_{GS}<U_{TN}$ 作为 NMOS 管截止的条件。

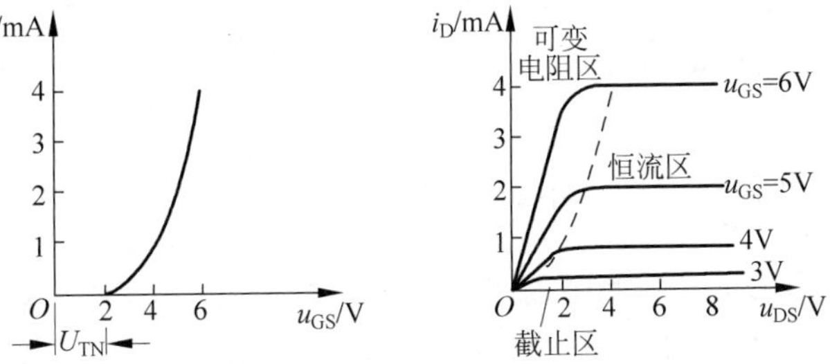

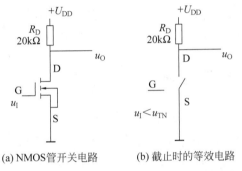

（a）转移特性　　　　　（b）漏极特性

图 3.2.13　NMOS 管的特性曲线

截止时的特点：$i_D=0$，D、S 间的电阻 R_{off} 非常大，可达 $10^9\,\Omega$ 以上，如同开关断开。其等效电路如图 3.2.14 所示。

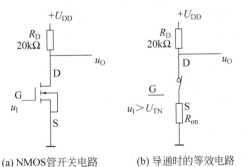

（a）NMOS管开关电路　　　　（b）截止时的等效电路

图 3.2.14　NMOS 管开关电路及截止时的等效电路

2）导通条件及导通时的特点

$u_{GS}>U_{TN}$ 时，MOS 管导通。在数字电路中，MOS 管导通时，一般工作在可变电阻区。因此在分析和估算中，将 $u_{GS}>U_{TN}$ 作为 NMOS 管导通的条件。

导通时的特点：D、S 间的导通电阻 R_{on} 较小，只有几百欧姆，如同一个具有一定电阻的闭合了的开关，如图 3.2.15 所示。

（a）NMOS管开关电路　　　　（b）导通时的等效电路

图 3.2.15　NMOS 管开关电路及导通时的等效电路

在图 3.2.15 中，若 R_D 选得合适，即满足 $R_{on}\ll R_D\ll R_{off}$，则截止时，有

$$u_O=U_{DD}\times\frac{R_{off}}{R_D+R_{off}}\approx U_{DD}$$

导通时,有

$$u_O = U_{DD} \times \frac{R_{on}}{R_D + R_{on}} \approx 0$$

实现了高、低电平输出。

3. 动态特性

和三极管一样,在 MOS 管栅极加上跳变输入电压时,其状态转换也是要一定时间的,而且由于 MOS 管输入电阻高、3 个电极间均存在电容,导通时电阻达几百欧姆,所以状态转换所需要的时间比半导体三极管更长。

4. P 沟道增强型绝缘栅场效应管

与 N 沟道 MOS 管相比,P 沟道 MOS 管在结构、符号、工作原理、特性曲线等方面与前者具有对偶关系,这里不再赘述。但需要注意如下几点:

(1) P 沟道 MOS 管中,u_{GS}、U_{TP}、u_{DS} 均为负值。

(2) 截止条件及特点:$u_{GS} > U_{TP}$ 截止,相当于开关断开。

(3) 导通条件及特点:$u_{GS} < U_{TP}$ 导通,相当于开关闭合。

3.3　分立元件门电路

由分立的半导体二极管、三极管、MOS 管及电阻等元件组成的门电路称为分立元件门电路。虽然现在分立元件门电路已被集成门电路所取代,但通过它们不但可以具体体会到逻辑运算与电路的联系,而且对后面集成门电路的学习是很有帮助的。

3.3.1　二极管与门

二极管与门电路如图 3.3.1(a)所示,它是一个二输入端的与门电路。

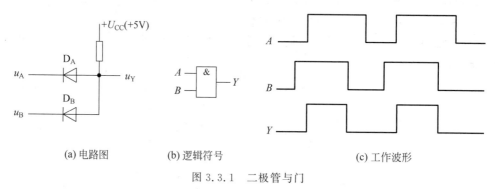

(a) 电路图　　　(b) 逻辑符号　　　(c) 工作波形

图 3.3.1　二极管与门

1. 工作原理

设 u_A、u_B 为输入信号,高电平为 3V,低电平为 0V。u_Y 为输出信号。

1) $u_A = u_B = 0V$

D_A、D_B 都处于正向偏置,都导通,$u_Y = u_A + u_{D_A} = u_B + u_{D_B} = 0.7V$(低电平)。

2) $u_A = 0V$,$u_B = 3V$

D_A 优先导通,$u_Y = u_A + u_{D_A} = 0.7V$ (低电平)。

因为 D_A 优先导通,使得 $u_{D_B} = u_Y - u_B = 0.7V - 3V = -2.3V$,故 D_B 截止。

3) $u_A = 3V, u_B = 0V$

D_B 优先导通,D_A 截止,$u_Y = 0.7V$(低电平)。

4) $u_A = 3V, u_B = 3V$

D_A、D_B 都处于正向偏置,都导通,$u_Y = u_A + u_{DA} = u_B + u_{DB} = 3.7V$(高电平)。

在对有多个二极管的一端连在同一点的电路(如二极管与门、或门等电路)进行定性分析和估算时,通常要判别哪个二极管优先导通,方法是:将各二极管看成理想二极管,在电路中将二极管断开,分别比较各管阳极和阴极的电位,阳极到阴极电位差大的二极管优先导通。

2. 真值表和逻辑关系

若将低电平看成0,高电平看成1,输入、输出信号分别用变量 A、B、Y 表示,则与门的真值表如表3.3.1所示。

表 3.3.1　与门的真值表

输　　入		输　　出
A	B	Y
0	0	0
0	1	0
1	0	0
1	1	1

表3.3.1和图3.3.1(c)都表明:如图3.3.1(a)所示电路的输入端只要有一个0,输出就是0,输入端全为1,输出才为1,实现的是与逻辑功能,即 $Y = AB$。

3.3.2　二极管或门

二极管或门电路如图3.3.2(a)所示,它是一个二输入端的或门电路。

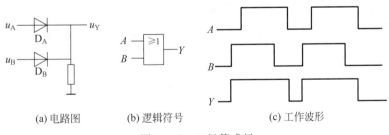

(a) 电路图　　　(b) 逻辑符号　　　(c) 工作波形

图 3.3.2　二极管或门

1. 工作原理

设 u_A、u_B 为输入信号,高电平为3V,低电平为0V,u_Y 为输出信号。

1) $u_A = u_B = 0V$

D_A、D_B 都处于0偏置,都截止,$u_Y = 0V$(低电平)。

2) $u_A = 0V, u_B = 3V$

D_B 导通，D_A 截止，$u_Y = u_B - u_{D_B} = 2.3V$(高电平)。

3) $u_A = 3V, u_B = 0V$

D_A 导通，D_B 截止。$u_Y = u_A - u_{D_A} = 2.3V$(高电平)。

4) $u_A = 3V, u_B = 3V$

D_A、D_B 都正向偏置，都导通，$u_Y = u_A - u_{D_A} = u_B - u_{D_B} = 2.3V$(高电平)。

2. 真值表和逻辑关系

若将低电平看成 0，高电平看成 1，输入、输出信号分别用变量 A、B、Y 表示，则有或门的真值表如表 3.3.2 所示。

表 3.3.2　或门的真值表

输　　入		输　　出
A	B	Y
0	0	0
0	1	1
1	0	1
1	1	1

表 3.3.2 和图 3.3.2(c)都表明：图 3.3.2(a)所示电路输入端只要有一个 1，输出就是 1；输入端全为 0，输出才为 0，实现的是或逻辑功能，即 $Y = A + B$。

3.3.3　三极管非门(反相器)

半导体三极管非门电路如图 3.3.3(a)所示。

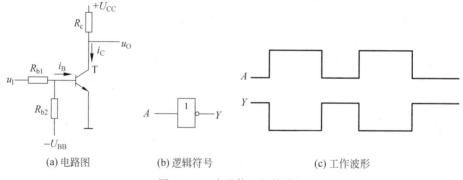

(a) 电路图　　　　(b) 逻辑符号　　　　(c) 工作波形

图 3.3.3　半导体三极管非门

1. 工作原理

设 u_I 为输入信号，u_O 为输出信号，高电平、低电平分别用 U_H、U_L 表示。

1) $u_I = U_L$(例如，$u_I = 0V$)

三极管基极电位 $u_B < 0$，T 截止，$i_B = 0$，$i_C = 0$，$u_O = U_{CC} = U_H$。

2) $u_I = U_H$(例如，$u_I = 3V$)

只要合理选择 R_{b1}、R_{b2} 参数，保证 $i_B > I_{BS}$，三极管饱和导通，有 $u_O = U_{CES} = U_L$。

2. 真值表和逻辑关系

若将低电平看成 0，高电平看成 1，输入、输出信号分别用变量 A、Y 表示，则有非门的真值表如表 3.3.3 所示。

表 3.3.3 非门的真值表

输 入	输 出
A	Y
0	1
1	0

表 3.3.3 和图 3.3.3(c)都表明:如图 3.3.3(a)所示电路输入、输出是反相的,电路实现了非逻辑功能,即 $Y=\overline{A}$。

图 3.3.4 是 NMOS 管非门电路及逻辑符号。设 MOS 管的开启电压 $U_{TN}=2V$,u_I 为输入信号,高电平为 U_{DD},低电平为 0V,u_O 为输出信号。

当 $u_I=0V$ 时,则 $u_{GS}<U_{TH}=2V$,MOS 管截止,$i_D=0$,$u_O=U_{DD}$(高电平);当 $u_I=U_{DD}$ 时,则 $u_{GS}>U_{TH}=2V$,MOS 管导通,且工作在可变电阻区,导通电阻 R_{on} 只有几百欧姆,只要 $R_D \gg R_{on}$,有

$$u_O=U_{DD} \times \frac{R_{on}}{R_D+R_{on}} \approx 0V$$

若将低电平看成 0,高电平看成 1,输入、输出信号分别用变量 A、Y 表示,则可得到与表 3.3.3 相同的真值表。可见,如图 3.3.4(a)所示的电路实现了非逻辑功能。

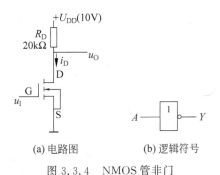

(a) 电路图　　(b) 逻辑符号

图 3.3.4 NMOS 管非门

3.4 TTL 集成门电路

TTL 集成电路使用的基本开关元件是半导体三极管,由于输入端和输出端均为三极管结构,所以称为三极管-三极管逻辑电路,简称 TTL 电路。与 MOS 集成电路相比,TTL 集成电路功耗较大,但因为具有工作速度快且稳定可靠等优点,TTL 门电路至今仍是使用范围最广的一种电路。

TTL 门电路种类较多,本节以 TTL 反相器为例,重点讨论其电路组成、工作原理和电气特性,它关系到对 TTL 电路的正确使用。需要指出的是,虽然 TTL 反相器是 TTL 门电路中最简单的一种电路,但从结构、电气特性方面看,在 TTL 电路中具有代表性,这些特点对于其他功能的 TTL 门电路也是适用的。

3.4.1 TTL 反相器

1. TTL 反相器的工作原理

1) 电路组成

TTL 反相器电路组成及逻辑符号如图 3.4.1 所示,它主要由输入级、中间级和输出级 3 部分组成。

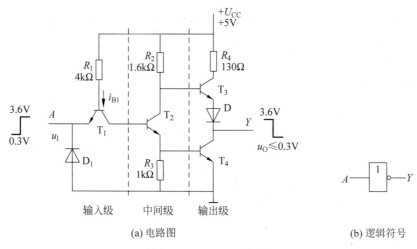

(a) 电路图 (b) 逻辑符号

图 3.4.1 TTL 反相器

输入级由电阻 R_1、三极管 T_1、二极管 D_1 组成。T_1 的发射极为电路的输入端,D_1 是保护二极管,为防止输入端电压过低而设置的。当输入端出现负极性电压时,保护二极管导通,输入端电位被钳位在 $-0.7V$,使 T_1 的发射极电位不至于过低而造成损坏。正常情况下,输入电压大于 $0V$,保护二极管不起作用。

中间级由 T_2、R_2、R_3 组成。T_2 集电极和发射极分别输出两个不同逻辑电平的信号,分别用来驱动输出级的 T_3 和 T_4。

输出级由 T_3、T_4、D 和 R_4 组成。T_3、T_4 分别由 T_2 集电极和发射极输出两个不同的逻辑电平控制,因此,T_3、T_4 必然工作在两个不同的状态,任何时刻只有一个三极管导通(或截止)。

2) 工作原理及逻辑功能

(1) 当 $u_1 = U_{IL} = 0.3V$ 时,T_1 发射结导通,电流从反相器的输入端流出。电流路径为: $U_{CC} \rightarrow R_1 \rightarrow be_1 \rightarrow u_1$,由于 T_1 发射结的钳位作用,$u_{B1} = u_1 + u_{BE1} = 1.0V$,它不足以使两个串联的 PN 结($bc_1$、$be_2$)导通,所以 T_2、T_4 截止;因为 T_2 截止,$u_{C2} \approx 5V$,使 T_3、D 导通。

由于流经 R_2 上的电流为 T_3 的基极电流,因此 R_2 上的电压可忽略,有

$$u_O = U_{CC} - u_{R2} - u_{BE3} - u_D \approx U_{CC} - u_{BE3} - u_D = 5 - 0.7 - 0.7 = 3.6V = U_{OH}$$

(2) 当 $u_1 = U_{IH} = 3.6V$ 时,T_1 发射结导通。假设 T_1 集电极与 T_2 基极断开,则 $u_{B1} = u_1 + u_{BE1} = 3.6 + 0.7 = 4.3V$,但由于 T_2、T_4 接在电路中,即 $4.3V$ 电压加在 bc_1、be_2、be_4 3 个串联的 PN 结上,3 个 PN 结均导通,这时 T_2、T_4 饱和导通,使 u_{B1} 被钳位在 $2.1V$ 电位上,同时 $u_{C2} = u_{CES2} + u_{BE4} = 0.3 + 0.7 = 1.0V$,它不足以使两个串联的 PN 结($be_3$、$D$)导

通,所以 T_3、D 截止,有

$$u_O = U_{CES4} = 0.3V = U_{OL}$$

当 $u_1 = U_{IH} = 3.6V$ 时,T_1 的射极电位最高(3.6V),基极电位次之(2.1V),集电极电位最低,这种状态称为 T_1 处于倒置状态(集电极、发射极交换使用),在倒置状态下 β 极小(β 约为 0.01~0.02)。要注意的是,反相器输入端同样有电流,电流路径为:$u_1 \rightarrow T_1$ 发射极 $\rightarrow$ T_1 集电极,即电流从外部流进输入端。

若用 A、Y 分别表示 u_1、u_O,则有 $Y = \bar{A}$,电路实现了非逻辑功能。

通常,用 T_4 的状态表示反相器的工作状态,当 T_4 截止时,就称反相器处在截止或关断状态,输出为高电平;当 T_4 饱和导通时,就称反相器处在导通状态,输出为低电平。

2. TTL 反相器的电气特性

1)电压传输特性

电压传输特性指 u_O 与 u_1 的关系曲线。TTL 反相器的电压传输特性如图 3.4.2 所示。

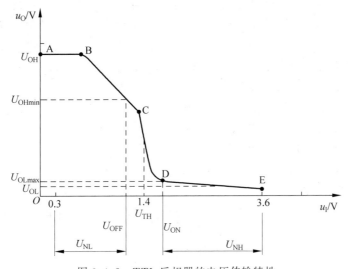

图 3.4.2 TTL 反相器的电压传输特性

(1)在 AB 段:$u_1 < 0.6V$,T_1 的基极电位 $u_{B1} < 0.6V + 0.7V = 1.3V$,它不能使 T_1 集电结和 T_2 发射结导通,T_2 和 T_4 截止,T_3 和 D 导通,输出为高电平,$u_O = U_{OH} = 3.6V$。由于 T_4 截止,故称 AB 段为截止区。

(2)在 BC 段:$0.6V \leqslant u_1 \leqslant 1.3V$ 时,$1.3V \leqslant u_{B1} \leqslant 2.0V$,$T_4$ 仍截止,由于 T_2 发射极通过电阻 R_3 接地,所以工作在放大区,T_2 集电极电流 i_{C2} 随 u_1 的增加而增大,R_2 上的压降增大,U_{C2} 随之下降。因此,输出 u_O 随输入 u_1 的增加而线性下降,故 BC 段称为线性区。

(3)在 CD 段:当 u_1 增加到接近 1.4V 时,则 u_{B1} 接近 2.1V,T_4 开始导通,若 u_1 继续增加,u_O 急剧下降,这一段称为转折区。转折区中点对应的输入电压为阈值电压 U_{TH},$U_{TH} \approx 1.4V$。

在近似分析和估算中,常把 U_{TH} 当作输出状态的关键值。认为 $u_1 < U_{TH}$ 时,反相器是关断的,$u_O = U_{OH}$;$u_1 > U_{TH}$ 时,反相器是开通的,$u_O = U_{OL}$。

(4)在 DE 段:当输入 $u_1 > 1.4V$ 时,$u_{B1} = 2.1V$,T_2、T_4 均饱和导通,使 T_3、D 均截止。

此时,输出 u_O 保持为低电平,$u_O = U_{OL} \approx 0.3V$,故 DE 段称为饱和区。

2) 输入端噪声容限及有关参数

(1) 输入端噪声容限 U_N。

噪声容限描述的是电路的抗干扰能力,它表示门电路在正常工作的前提下,允许在输入信号上叠加噪声电压的能力大小。由于在输入高、低不同电平时,噪声容限不尽相同,因此又将噪声容限 U_N 分为高电平噪声容限 U_{NH} 和低电平噪声容限 U_{NL}。

根据传输特性可知,当 u_I 偏离标准低电平 0.3V 时,u_O 并不立即下降;当 u_I 偏离标准高电平 3.6V 时,u_O 并不立即上升。因此,在数字电路中,即使有噪声电压叠加在输入信号的高、低电平上,只要噪声电压的幅度不超过允许的界限,输出端的逻辑状态就不会受到影响。显然,电路的噪声容限越大,其抗干扰能力越强。

(2) 与噪声容限有关的参数。

① 输出高电平 U_{OH}:典型值为 3.6V,手册上会给出输出高电平最小值 U_{OHmin}。

② 输出低电平 U_{OL}:典型值为 0.3V,手册上会给出输出低电平最大值 U_{OLmax}。

③ 输入高电平 U_{IH}:典型值为 3.6V,手册上会给出输入高电平最小值 U_{IHmin}。

④ 输入低电平 U_{IL}:典型值为 0.3V,手册上会给出输入低电平最大值 U_{ILmax}。

⑤ 关门电平 U_{OFF}:当输出高电平降低到 U_{OHmin} 时,允许输入低电平的最大值 U_{ILmax}。由图 3.4.2 可见,$u_I \leqslant U_{OFF}$ 时,反相器关闭,输出高电平。

⑥ 开门电平 U_{ON}:当输出低电平上升到 U_{OLmax} 时,允许输入高电平的最小值 U_{IHmin}。由图 3.4.2 可见,$u_I \geqslant U_{ON}$ 时,反相器开通,输出低电平。

图 3.4.2 直观地反映了以上参数。

例 3.4.1 两级 TTL 反相器按图 3.4.3 进行连接。已知反相器高电平输出电压 $U_{OHmin} = 2.4V$,低电平输出电压 $U_{OLmax} = 0.4V$,高电平输入电压 $U_{IHmin} = 2V$,低电平输入电压 $U_{ILmax} = 0.8V$。计算反相器的高电平噪声容限 U_{NH} 和低电平噪声容限 U_{NL}。

图 3.4.3 例 3.4.1 的图

解 由图 3.4.3 可见,G_1 的输出电压 u_O 是 G_2 的输入电压 u_I。这里要注意的是:由于 G_1、G_2 间的相互影响,G_1 的输出电压 u_O 不再是标准的高、低电平,高电平将会下降,低电平将会上升,计算时应按最坏的情况考虑。

G_2 输入高电平信号的最小值就是 G_1 输出高电平信号的最小值,因此 G_2 输入为高电平的噪声容限

$$U_{NH} = U_{OHmin} - U_{IHmin} = 2.4V - 2V = 0.4V$$

G_2 输入低电平信号的最大值就是 G_1 输出低电平信号的最大值,因此 G_2 输入为低电平的噪声容限

$$U_{NL} = U_{ILmax} - U_{OLmax} = 0.8V - 0.4V = 0.4V$$

3) 输入特性

输入特性指输入电流与输入电压的关系曲线,又称为伏安特性曲线或伏安特性。如

图 3.4.4(a)所示为输入端等效电路。

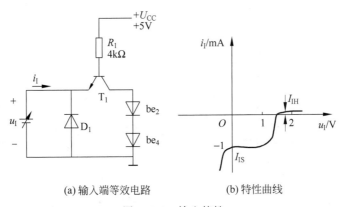

(a) 输入端等效电路   (b) 特性曲线

图 3.4.4 输入特性

(1) 当 $u_I = U_{IL} = 0.3V$ 时，T_1 发射结导通，$u_{B1} = 1V$，T_2、T_4 截止，电流由 U_{CC}、R_1、be_1 流出，有

$$i_I = I_{IL} = -\frac{U_{CC} - u_{BE1} - U_{IL}}{R_1} = -\frac{5 - 1}{4}mA = -1mA \tag{3.4.1}$$

由于电流的真实方向与图中规定的参考方向相反，所以结果是负值。

$u_I = 0$ 时的输入电流称为输入短路电流 I_{IS}，手册会给出。在近似分析和估算中，通常用 I_{IS} 代替 I_{IL} 使用。

(2) 当 $u_I = U_{IH} = 3.6V$ 时，$u_{B1} = 2.1V$，$u_{C1} = 1.4V$，$u_{E1} = 3.6V$，T_1 处于倒置状态。在倒置状态下，$\beta \approx 0.02$。输入端电流从发射极流入，从集电极流出，有

$$i_I = I_{IH} = \beta i_{B1} = \beta \times \frac{U_{CC} - u_{B1}}{R_1} = 0.02 \times \frac{5 - 2.1}{4}mA = 0.0145mA \tag{3.4.2}$$

式中，I_{IH} 称为输入高电平电流。由于电流的真实方向与图中规定的参考方向相同，所以结果是正值。

(3) 当 u_I 介于高、低电平之间时，这种情况通常只发生在输入信号电平转换的瞬间，故在此不做分析。

根据图 3.4.4(a)所示的输入端等效电路和以上分析，可画出 TTL 反相器的输入特性曲线，如图 3.4.4(b)所示。

4) 输入端负载特性

在具体使用门电路时，有时需要在输入端与地之间或输入端与信号的低电平之间接入电阻 R_1，如图 3.4.5 (a)所示。

输入端负载特性指 u_I 与 R_1 阻值间的关系曲线。

在图 3.4.5(a)中，R_I 变化时，会影响反相器的工作状态。例如，$R_I = 0$ 时，即 $u_I = 0$，则 $u_O = U_{OH}$；$R_I \rightarrow \infty$(悬空)时，U_{CC} 通过 R_I 加在 3 个串联的 PN 结 bc_1、be_2、be_4 上，3 个 PN 结均导通，$u_{B1} = 2.1V$，相当于输入高电平，$u_O = U_{OL}$。可见，反相器输入端对地所接电阻的大小是有要求的。

图 3.4.5(b)是输入端负载特性曲线，由图可见，在一定的范围内，当 R_I 由小逐渐增大时，R_I 上的电压即 u_I 也随之增大。当 R_I 增大到使 $u_I = 1.4V$ 时，因为 T_2、T_4 均导通，u_{B1}

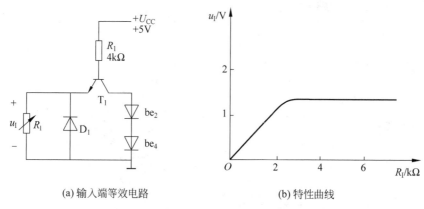

(a) 输入端等效电路 (b) 特性曲线

图 3.4.5 TTL 反相器输入端负载特性

被钳位在 2.1V,相当于输入高电平,此后,u_I 不再随 R_I 的增大而升高。至于对 R_I 的界定,通常用关门电阻和开门电阻来表示。

(1) 关门电阻。当 u_I 上升到 U_{OFF} 时所对应的 R_I 值称为关门电阻,用 R_{OFF} 表示。只要 $R_I < R_{OFF}$,相当于输入低电平,反相器处于关闭状态。对于绝大多数 TTL 门电路,只要 $R_I < 0.7\text{k}\Omega$,就相当于输入低电平。

(2) 开门电阻。当 u_I 上升到 U_{ON} 时所对应的 R_I 值称为开门电阻,用 R_{ON} 表示。只要 $R_I > R_{ON}$,相当于输入高电平,反相器处于开通状态。对于绝大多数 TTL 门电路,只要 $R_I > 2.5\text{k}\Omega$,就相当于输入高电平。

5) 输出特性

输出特性指输出端 u_O 与 i_O 之间的关系曲线,如图 3.4.6 所示。

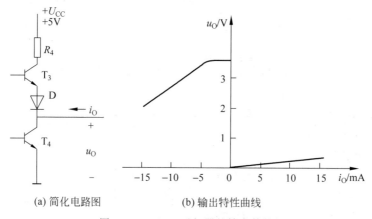

(a) 简化电路图 (b) 输出特性曲线

图 3.4.6 TTL 反相器的输出特性

(1) 低电平输出特性。

当反相器输出低电平 U_{OL} 时,T_3、D 截止,T_4 饱和导通,各外接负载门的输入端电流流入 T_4 的集电极,称这种负载为灌电流负载,反相器输出低电平时输出端电流为 I_{OL}。

当外接负载门的数量增多时,流入 T_4 集电极电流随之增大,输出低电平略有上升,如图 3.4.6(b)的右边曲线所示。需要指出的是,I_{OL} 为正值,是因为 I_{OL} 的真实方向与

图 3.4.6(a)中电流的参考方向是一致的。此外,为了防止输出低电平高出反相器允许输出低电平的上限值 U_{OLmax},必须对输出电流有所限制,这就是所谓的扇出系数 N_O,即一个门电路能够带同类门电路的个数。扇出系数是反映门电路带负载能力的一个重要指标。

设反相器输出低电平允许 T_4 最大集电极电流为 I_{OLmax},每个负载门输入低电平电流为 I_{IL},则输出端外接灌电流负载门的个数为

$$N_{OL} = \frac{I_{OLmax}}{I_{IL}} \tag{3.4.3}$$

其中,N_{OL} 称为输出低电平扇出系数。

(2) 高电平输出特性。

当反相器输出高电平 U_{OH} 时,T_4 截止 T_3、D 导通,反相器输出高电平电流 I_{OH} 从 T_3、D 流向各外接负载门的输入端,称这种负载为拉电流负载。

当外接负载门的数量增多时,从反相器输出端流出的电流随之增大,R_4 上的压降上升,输出高电平随之下降,如图 3.4.6(b)的左边曲线所示。需要指出的是,I_{OH} 为负值,是因为 I_{OH} 的真实方向与图 3.4.6(a)中电流的参考方向相反。此外,为了防止输出高电平低于反相器允许输出高电平的下限值 U_{OHmin},必须对输出电流有所限制。

设反相器输出高电平最大允许电流为 I_{OHmax},每个负载门输入高电平电流为 I_{IH},则输出端外接拉电流负载门的个数为

$$N_{OH} = \frac{|I_{OHmax}|}{I_{IH}} \tag{3.4.4}$$

其中,N_{OH} 称为输出高电平扇出系数。

6) 平均传输延迟时间

在 TTL 电路中,由于电容效应,三极管从导通变为截止或从截止变为导通都需要一定的时间。当把理想的矩形脉冲加到 TTL 反相器的输入端时,输出电压的波形不仅要比输入信号滞后,而且波形的上升沿和下降沿也变得不再陡峭,如图 3.4.7 所示。

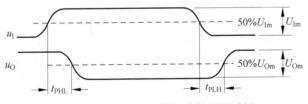

图 3.4.7 TTL 反相器的传输延迟时间

(1) t_{PHL}:导通延迟时间,指输入 u_I 波形从上升沿 $50\%U_{Im}$ 处到输出 u_O 波形下降沿 $50\%U_{Om}$ 处对应的时间。

(2) t_{PLH}:截止延迟时间,指输入 u_I 波形从下降沿 $50\%U_{Im}$ 处到输出 u_O 波形上升沿 $50\%U_{Om}$ 处对应的时间。

(3) t_{Pd}:平均传输延迟时间,指导通延迟时间 t_{PHL} 和截止延迟时间 t_{PLH} 的平均值,即

$$t_{Pd} = \frac{t_{PHL} + t_{PLH}}{2} \tag{3.4.5}$$

任何一个门电路的平均传输延迟时间都是存在的,t_{Pd} 越小,门电路的开关速度越快,其工作频率也越高。对于 CT74H(高速)系列,其平均传输延迟时间一般在几纳秒到十几纳秒之间。

3.4.2 其他逻辑功能的 TTL 门电路

TTL 门电路除了反相器,还有与门、或门、与非门、或非门、与或非门、异或门等各种电路。与反相器相比,这些电路只是在逻辑功能上存在差异,而从电路的结构看,其输入、输出部分与反相器基本相同。因此,其电气特性(传输特性、输入特性、输出特性)与反相器也必然相同。下面仅从逻辑功能上对 TTL 与非门、TTL 或非门做简要介绍。

1. TTL 与非门

1) 电路组成

三输入端 TTL 与非门电路如图 3.4.8 所示。其中 T_1 是多发射极三极管,在逻辑上可等效成图 3.4.8(b)的形式,相当于分立元件构成的与门。T_1 的这种结构使得与非门能够有 3 个输入信号,T_1 也可做成两发射极的形式。除 T_1 外,电路的其他部分与 TTL 反相器电路完全相同。D_1、D_2、D_3 是保护二极管,其作用与反相器的保护二极管完全相同。

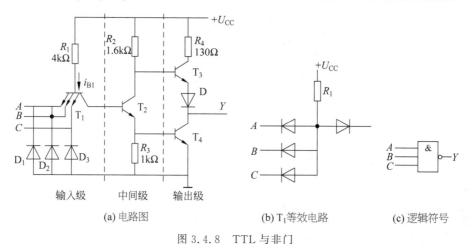

(a) 电路图　　　　　　　　(b) T_1 等效电路　　　　　　(c) 逻辑符号

图 3.4.8　TTL 与非门

2) 工作原理

如图 3.4.8 所示电路中,当输入信号 A、B、C 中有一个低电平,则 T_1 与低电平对应的发射结必然导通,u_{B1} 被钳位在 1V(设低电平为 0.3V),这时 T_2、T_4 截止,T_3、D 导通,输出高电平;只有当 A、B、C 全为高电平时,3 个串联的 PN 结 bc_1、be_2、be_4 导通,即 T_2、T_4 导通,u_{B1} 被钳位在 2.1V,T_3、D 截止,输出低电平。由此可见,Y 与 A、B、C 之间是与非逻辑关系,即 $Y = \overline{ABC}$。

需要指出的是,在计算与非门输入端电流时,必须结合电路的结构,根据输入端的不同工作状态分别计算。在图 3.4.8(a)中,无论 A、B、C 中有一个为低电平,还是 A、B、C 全为低电平,电流都是从输入端往外流,总电流为 I_{IL},与输入端个数无关;当 A、B、C 全为高电平时,T_1 处于倒置状态,三个输入端的电流分别为倒置三极管的三个集电极电流,电流流入输入端,若每端的电流为 I_{IH},则总电流为 nI_{IH},n 为输入端个数。

2. TTL 或非门

1) 电路组成

二输入端 TTL 或非门电路如图 3.4.9 所示。图中 T_1、R_1、D_1、T_2 组成的电路与 T_1'、

R_1'、D_1'、T_2'组成的电路相同，T_1、T_1'的发射极是或非门的两个输入端，D_1、D_1'是保护二极管，其作用与反相器的保护二极管完全相同。

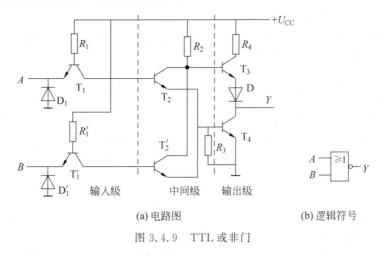

(a) 电路图　　　　　　　(b) 逻辑符号

图 3.4.9　TTL 或非门

2) 工作原理

输入 A、B 中只要有一个为高电平，都有 T_2（或 T_2'）、T_4 导通，T_3、D 截止，输出低电平。当 A、B 全为低电平时，都有 T_2、T_2'、T_4 截止，T_3、D 导通，输出高电平。由此可见，Y 与 A、B 之间是或非逻辑关系，即 $Y = \overline{A+B}$。

例 3.4.2　在如图 3.4.10 所示的 TTL 门电路中，$I_{IH} = 40\mu A$，$I_{IL} = -1mA$，$I_{OL} = 10mA$，$I_{OH} = -400\mu A$。计算图 3.4.10(a)、图 3.4.10(b)中 G_1 带拉电流和灌电流的具体数值，负载电流是否超过 G_1 的允许范围？

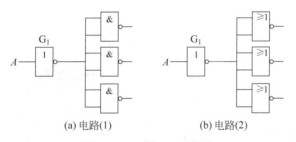

(a) 电路(1)　　　　　　(b) 电路(2)

图 3.4.10　例 3.4.2 的图

解　(1) G_1 输出高电平时，图 3.4.10(a)、图 3.4.10(b)各输入端 T_1 处于倒置状态，为拉电流负载，有

$$|i_O| = 6 \times I_{IH} = 6 \times 40\mu A = 240\mu A < |I_{OH}|$$

(2) G_1 输出低电平时，由电路结构知（见图 3.4.8 和图 3.4.9），在图 3.4.10(a)中，与非门将输入端并联后，总的低电平输入电流和每个输入端单独接低电平时电流相同，有

$$i_O = 3 \times |I_{IL}| = 3 \times 1mA = 3mA < I_{OL}$$

在图 3.4.10(b)中，或非门的输入端来自不同的三极管，并联后，每个门电流为 2 个三极管电流的和，有

$$i_O = 6 \times |I_{IL}| = 6 \times 1mA = 6mA < I_{OL}$$

3.4.3 TTL 集电极开路门和三态门

1. 推拉式结构门电路的局限性

之前讨论的 TTL 门电路的输出级结构为推拉式结构,即工作时 T_3、T_4 总有一个导通,一个截止,其局限性为:

(1) 不能驱动电流较大或电压较高的负载。

(2) 不能实现线与运算。

在实际工程中,有时需将几个门电路的输出端连在一块接成线与结构。若将推拉式结构门电路输出端直接相连,当其中一个门输出高电平(T_3 导通),另一个门输出低电平(T_4 导通)时,就会有一个电流由 U_{DD}→导通管→地形成回路,由于导通管输出电阻极小,回路电流极大,将造成导通管因电流过大而损坏。

(3) 输出高电平不可调。

对于推拉式结构门电路,当电源电压确定后,输出的高电平也就确定了,不能满足其他电路对不同高电平的需求。

推拉式结构门电路的这些局限性可以由集电极开路结构的门电路解决。

2. 集电极开路门(OC 门)

1) 电路组成

具有集电极开路结构的 TTL 门电路有反相器、与非门、或非门、异或门等多种功能的电路,其共同的特点是输出管 T_4 的集电极是开路的。图 3.4.11 是集电极开路与非门的电路图及逻辑符号。

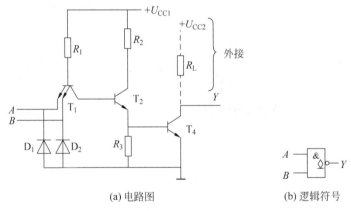

(a) 电路图　　　　　　　(b) 逻辑符号

图 3.4.11　集电极开路与非门

2) 工作原理

由于输出级三极管 T_4 的集电极是开路的,工作时必须外接上拉电阻 R_L 和电源 U_{CC2},才能正常输出高、低电平。

当输入信号 A、B 有一个低电平时,T_4 截止,$Y = U_{CC2}$,即输出高电平;当 A、B 均为高电平时,T_4 饱和导通,输出低电平。因此 OC 门具有与非逻辑功能,其逻辑式为 $Y = \overline{AB}$。

3) OC 门的应用

(1) 实现电平变换。

由于 OC 门输出高电平为 U_{CC2},U_{CC2} 是外接电源,其值可直接决定输出高电平的值。

（2）实现线与。

用 OC 门实现线与的电路如图 3.4.12 所示。在图 3.4.12 中,当 Y_1、Y_2 中任一个为低电平时,Y 都为低电平;当 Y_1、Y_2 全为高电平时,Y 为高电平。所以,Y 与 Y_1、Y_2 之间为与逻辑关系,即

$$Y = Y_1 Y_2 = \overline{A_1 B_1} \cdot \overline{A_2 B_2}$$

当 Y 为低电平时,电流是由 U_{CC2} 经 R_L 流入 OC 门导通管的,只要 R_L 选得合适,就不会因电流过大而损坏器件;在 Y 为高电平时,两个门的 T_4 管都截止,没有电流流入 OC 门输出端。

（3）做驱动器。

在计算机控制系统中,通常用 OC 门做接口电路来驱动外设。图 3.4.13 是 OC 门做驱动器的例子(图中未画续流二极管)。图中,当 OC 门 T_4 管导通时,继电器线圈通电,开关闭合,使电机通电而转动;当 OC 门 T_4 管截止时,线圈断电,开关断开,电机停止转动。

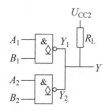
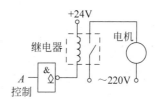

图 3.4.12 OC 门实现线与的电路　　　图 3.4.13 OC 门做驱动器

3. 三态门（TS 门）

1）电路组成

三态门是指能输出高电平、低电平和高阻 3 种状态的门电路,它是在普通门电路基础上,通过增加控制电路和控制信号形成的。具有三态输出结构的 TTL 门电路有反相驱动器、同相驱动器、与非门等多种形式。由于三态门通常接在集成电路的输出端,故称为驱动器或缓冲器。控制方法有高电平有效和低电平有效两种。图 3.4.14(a)为高电平有效的三态与非门的电路图,EN 为控制端,又称使能端,图 3.4.14(b)是对应的逻辑符号。

2）工作原理

（1）EN＝1,C 点为高电平,若 A、B 全为高电平,T_2、T_4 饱和导通,u_{C2} 被钳位在 1V 左右,D_1、T_3、D 截止,输出低电平;若 A、B 中有一个低电平,$u_{B1}=1V$,T_2、T_4 截止,D_1 的状态不影响 T_3、D 导通,输出高电平。可见,使能端 EN＝1 时,输入、输出间是与非关系,即 $Y=\overline{AB}$。

（2）EN＝0,C 点为低电平,D_1 导通,u_{B1}、u_{C2} 均被钳位在 1V 左右,T_3、D、T_4 截止,输出端呈高阻状态。

图 3.4.14 (c)是使能端低电平有效的三态与非门的逻辑符号,即 EN＝0,为正常与非门,EN＝1,电路呈高阻。

3）三态门的应用

图 3.4.15 是三态门应用的例子。通过三态门可实现用一根总线传输多个信息,但要注意的是,三态门必须分时操作,否则将会造成混乱。在图 3.4.15(a)中,若要将信息 A_1 传送

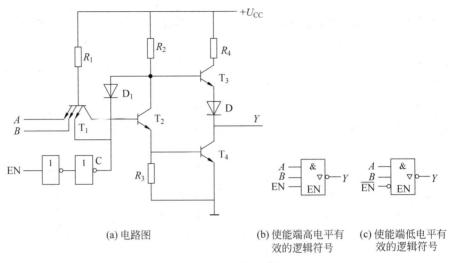

| (a) 电路图 | (b) 使能端高电平有效的逻辑符号 | (c) 使能端低电平有效的逻辑符号 |

图 3.4.14　三态与非门

到总线,使能信号 $\overline{EN}_1=0$,$\overline{EN}_2 \sim \overline{EN}_n=1$。图 3.4.15(b)则为双向传送的例子。当控制信号 $X=1$,信息 A 通过门 G_1 反相后传送到总线;控制信号 $X=0$,总线信息 B 通过门 G_2 反相后送出。

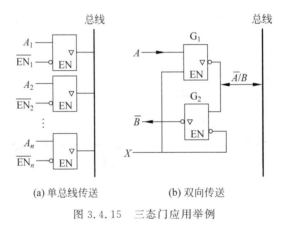

(a) 单总线传送　　　　(b) 双向传送

图 3.4.15　三态门应用举例

3.5　CMOS 集成门电路

CMOS 集成电路的许多最基本的逻辑单元都是用 P 沟道增强型 MOS 管和 N 沟道增强型 MOS 管按照互补对称形式连接起来构成的,并因此而得名。由于 CMOS 集成电路具有微功耗、抗干扰能力强、工作稳定等突出优点,无论在小规模、中规模集成电路,还是在大规模、超大规模集成电路中都有着广泛的应用。

和 TTL 反相器一样,CMOS 反相器也是 CMOS 门电路中的典型电路,其电气特性同样具有代表性。

3.5.1 CMOS 反相器

1. CMOS 反相器的工作原理

1）电路组成

CMOS 反相器的电路如图 3.5.1(a)所示。

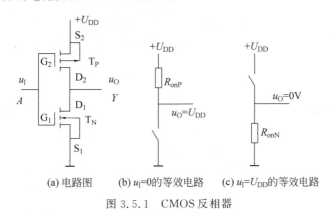

(a) 电路图　　(b) $u_I=0$的等效电路　　(c) $u_I=U_{DD}$的等效电路

图 3.5.1　CMOS 反相器

需要指出的是：

(1) CMOS 电路的高、低电平与 TTL 电路有所区别。在 CMOS 电路中，通常以电源电压 U_{DD} 为高电平，以"地"(0V)为低电平。

(2) 为使 CMOS 反相器能正常工作，要求 T_P 与 T_N 特性对称，即 $U_{TN}=|U_{TP}|$，如 $U_{TN}=2V,U_{TP}=-2V$。

(3) CMOS 电路一般满足 $U_{DD}>U_{TN}+|U_{TP}|$。

2）工作原理

(1) 当 $u_1=0V$(低电平)时，$u_{GSN}=0V<U_{TN}$，T_N 截止；$u_{GSP}=u_I-U_{DD}=-U_{DD}<U_{TP}$，$T_P$ 导通，等效电路如图 3.5.1(b)所示，$u_O=U_{DD}$(高电平)。

(2) 当 $u_1=U_{DD}$(高电平)时，$u_{GSN}=U_{DD}>U_{TN}$，T_N 导通；$u_{GSP}=u_I-U_{DD}=0V>U_{TP}$，$T_P$ 截止，等效电路如图 3.5.1(c)所示，$u_O=0V$(低电平)。

若将输入、输出信号分别用逻辑变量 A、Y 表示，有 $Y=\overline{A}$。

3）输入端保护电路

MOS 管输入电阻很大(一般为 $10^{10}\,\Omega$ 以上)，而栅、源间的等效电容极小。根据电容电压与电荷关系式 $u=q/C$ 知，即使很小的感应电荷都能在栅极上产生很高的电压，由于 MOS 管输入电阻大而无法释放电荷，栅极上的高电压很容易击穿 SiO_2 绝缘层，造成电路损坏。所以，实际生产的 CMOS 反相器在输入端都设有二极管保护电路。带有输入端保护电路的 CMOS 反相器如图 3.5.2 所示。图中 C_1、C_2 为栅极等效电容。

正常工作时，由于 u_A 只在 0V 和 U_{DD} 之间变化，保护二极管均处于截止状态，不影响电路功能。

当输入端电压高于 $0.7+U_{DD}$ 时，保护二极管 D_3 导通，则栅极电位为 $U_{DD}+0.7V$；当输入端电压低于 $-0.7V$ 时，保护二极管 D_1 导通，则栅极电位为 $-0.7V$。从而将 MOS 管栅极电位限制在 $-0.7V\sim U_{DD}+0.7V$，避免了 SiO_2 绝缘层被击穿的现象。

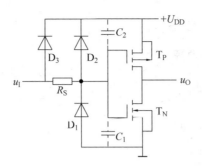

图 3.5.2 带保护电路的 CMOS 反相器

2. CMOS 反相器的电气特性

1）电压传输特性

CMOS 反相器的电压传输特性如图 3.5.3 所示。

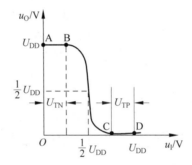

图 3.5.3 CMOS 反相器电压传输特性

（1）截止区。在 AB 段，$u_1 = u_{GSN} < U_{TN}$，T_N 截止，$R = R_{off}$；$u_1 - U_{DD} = u_{GSP} < U_{TP}$，$T_P$ 导通，$R = R_{ON}$。分压的结果使 $u_O = U_{OH} \approx U_{DD}$。

（2）导通区。在 CD 段，$u_1 = u_{GSN} > U_{TN}$，T_N 导通，$R = R_{on}$；$u_1 - U_{DD} = u_{GSP} > U_{TP}$，$T_P$ 截止，$R = R_{OFF}$。分压的结果使 $u_O = U_{OL} \approx 0\text{V}$。

（3）转折区。在 BC 段，T_N、T_P 均处于导通状态，称 BC 段为传输特性的转折区。在转折区，随着 u_1 的增加，T_N 的导通电阻相应减小，T_P 的导通电阻相应加大，输出电平逐渐下降，由于两管对称，当 $u_1 = U_{DD}/2$ 时，两管的导通电阻差不多相等；当 $u_O = U_{DD}/2$ 时，在 $u_1 = U_{DD}/2$ 附近，曲线急剧变化。将转折区中点对应的输入电压称为反相器的阈值电压 U_{TH}，由传输特性可见，$U_{TH} \approx U_{DD}/2$。

在近似分析和估算中，通常把 U_{TH} 当作输出状态的关键值。认为 $u_1 < U_{TH}$ 时，反相器是关断的（T_N 截止），$u_O = U_{OH}$；$u_1 > U_{TH}$ 时，反相器是开通的（T_N 导通），$u_O = U_{OL}$。

由于转折区曲线变化率很大，因此它更接近于理想开关的特性，其噪声容限几乎接近 $U_{DD}/2$，随着电源电压的增高，噪声容限也相应增高，这是 CMOS 电路的主要优点之一。

2）输入特性

CMOS 反相器输入端 u_1、i_1 的参考方向及对应的输入特性如图 3.5.4 所示。

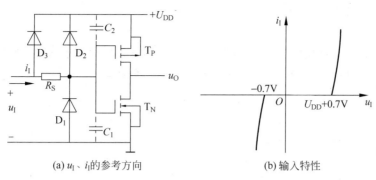

(a) u_I、i_I的参考方向　　　　　　　(b) 输入特性

图 3.5.4　CMOS 反相器输入特性

输入特性有如下特点。

(1) 正常情况下,输入端无电流,见图 3.5.4(b) 中 $-0.7V < u_I < U_{DD} + 0.7V$ 段。输入端无电流是 CMOS 电路与 TTL 电路的重要区别。

(2) 只有 $u_I > U_{DD} + 0.7V$ 时,保护电路 D_3 导通,输入端实际是二极管 D_3 的正向特性。

(3) 只有 $u_I < -0.7V$ 时,保护电路 D_1 导通,电流由地 $\rightarrow D_1 \rightarrow R_S$ 到输入端,由于电流方向与电流参考方向相反,所以是负值。

3) 输出特性

和 TTL 电路一样,CMOS 反相器的输出特性也分为高电平输出特性和低电平输出特性。在输出高电平情况下,电流由导通的 T_P 管流出,带拉电流负载,随着电流的加大,输出的高电平将会有所下降。在输出低电平情况下,电流由负载流入导通的 T_N 管,带灌电流负载,随着电流的加大,输出的低电平将会有所上升。

由于在正常情况下 CMOS 反相器的输入端没有电流,当 CMOS 反相器带同类门电路时,其扇出系数几乎可以不作考虑。

4) 平均传输延迟时间

由于 MOS 管各电极之间存在着电容效应,MOS 管由导通变为截止或由截止变为导通都要经历一段时间,使输出电压的波形将滞后于输入电压的波形,与 TTL 电路相比,CMOS 电路滞后时间更长,速度更慢。至于 t_{PHL}、t_{PLH}、t_{Pd} 的定义与 TTL 电路中的定义完全相同,这里不再赘述。

3.5.2　其他逻辑功能的 CMOS 门电路

CMOS 电路除了可以做成反相器,还可以做成各种不同逻辑功能的门电路,如与非门、或非门、与门、或门、异或门、与或非门等。分析其逻辑功能时,与 CMOS 反相器的分析方法完全类似。

应注意的是,与 CMOS 反相器相比,以上各种 CMOS 门电路一般都有多个输入端,随着输入端数量的变化,输出高、低电平将会发生偏移,带来的影响是:门电路带负载能力发生差异,电压传输特性不再对称,阈值电压也不再是 $U_{DD}/2$,降低了噪声容限。

为了解决上述问题,在一些实际生产的系列产品中,在门电路的每个输入端、输出端各增设一级反相器做缓冲级,这样,电路的输入特性、输出特性与反相器就没有区别了。下面仅从逻辑功能上对 CMOS 与非门、或非门进行简要介绍。

1. CMOS 与非门

1) 电路组成

CMOS 与非门电路如图 3.5.5(a)所示,图中两个串联的增强型 NMOS 管 T_{N1}、T_{N2} 称为驱动管,两个并联的增强型 PMOS 管 T_{P1}、T_{P2} 称为负载管。

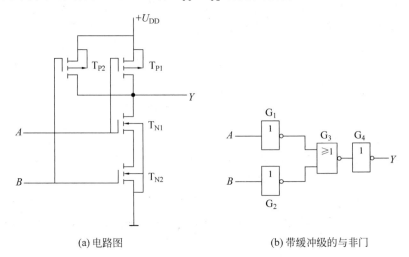

(a) 电路图　　　　　　　　(b) 带缓冲级的与非门

图 3.5.5　CMOS 与非门

2) 工作原理

(1) 当输入 $A=B=0$ 时,T_{N1}、T_{N2} 均截止,T_{P1}、T_{P2} 均导通,输出 $Y=1$。

(2) 当输入 $A=0$,$B=1$ 时,T_{N1} 截止,T_{P1} 导通,输出 $Y=1$。

(3) 当输入 $A=1$,$B=0$ 时,T_{N2} 截止,T_{P2} 导通,输出 $Y=1$。

(4) 当输入 $A=B=1$ 时,T_{N1}、T_{N2} 均导通,T_{P1}、T_{P2} 均截止,输出 $Y=0$。

由以上分析可知,如图 3.5.5(a)所示的电路输入、输出之间为与非逻辑关系,即 $Y=\overline{AB}$。

图 3.5.5(b)是带缓冲级的 CMOS 与非。为了在增加缓冲级后不至于改变与非逻辑关系,图中 G_3 需用或非门。电路的逻辑关系为 $Y=\overline{\overline{A}+\overline{B}}=\overline{\overline{\overline{AB}}}$。在增加缓冲级后,其电气特性就是反相器的电气特性。

2. CMOS 或非门

1) 电路组成

CMOS 或非门电路如图 3.5.6(a)所示。图中两个并联的增强型 NMOS 管 T_{N1}、T_{N2} 称为驱动管,两个串联的增强型 PMOS 管 T_{P1}、T_{P2} 称为负载管。

2) 工作原理

(1) 当输入 $A=B=0$ 时,T_{N1}、T_{N2} 均截止,T_{P1}、T_{P2} 均导通,输出 $Y=1$。

(2) 当输入 A、B 至少有一个是 1 时,T_{N1}、T_{N2} 中至少有一个导通,T_{P1}、T_{P2} 至少有一个截止,输出 $Y=0$。

由以上分析可知,如图 3.5.6(a)所示的电路输入、输出间为或非逻辑关系,即 $Y=\overline{A+B}$。

图 3.5.6(b)是带缓冲级的或非门。为了在增加缓冲级后不至于改变或非逻辑关系,图 3.5.6(b)中 G_3 需用与非门。电路逻辑关系为 $Y=\overline{\overline{A}\cdot\overline{B}}=\overline{\overline{\overline{A+B}}}$。

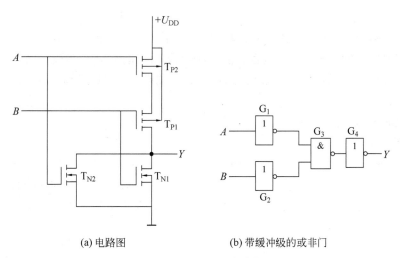

(a) 电路图　　　　　　　　(b) 带缓冲级的或非门

图 3.5.6 CMOS 或非门

3.5.3 CMOS 传输门、三态门和漏极开路门

工程上为了将门电路输出端接成线与结构,实现逻辑电平变换以及满足总线传送信息等多种要求,和 TTL 电路一样,CMOS 电路也有漏极开路门、三态门。此外,利用 PMOS 管和 NMOS 管的互补性,还可做成 CMOS 传输门。

1. CMOS 传输门

1) 电路组成

将两个源极和漏极结构完全对称、参数一致的 N 沟道增强型 MOS 管 T_N 和 P 沟道增强型 MOS 管 T_P 的源极和漏极分别相连,其源极和漏极分别作为传输门的输入和输出端,两管的栅极分别由一对互补信号 C、$\bar{C}$ 控制,这便构成了 CMOS 传输门,如图 3.5.7(a)所示。

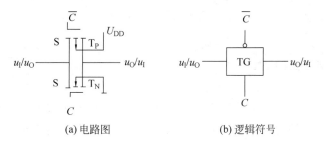

(a) 电路图　　　　　　　　(b) 逻辑符号

图 3.5.7 CMOS 传输门

2) 工作原理

设 $U_{DD}=10V$,传输的信号 u_I 在 0~10V 范围内变化,$U_{TN}=2V$,$U_{TP}=-2V$。

(1) 当 $C=0=0V$,$\bar{C}=1=10V$ 时:

① $u_{GSN}=0-u_I<U_{TN}$,T_N 截止。

② $u_{GSP}=10-u_I>U_{TP}$,T_P 截止,传输门呈高阻,信号 u_I 不能通过。

(2) 当 $C=1=10V$,$\bar{C}=0=0V$ 时:

① $0<u_I<8V$ 时,$u_{GSN}=10-u_I>2V$,T_N 导通。

② $2 < u_1 < 10V$ 时,$u_{GSP} = 0 - u_1 < -2V$,T_P 导通。

也就是说,u_1 在 0～10V 范围内变化时,T_N、T_P 中至少有一个导通,实现了对信号 u_1 的传输。可见,CMOS 传输门不仅可传输数字信号,还可传输模拟信号,故传输门又称为模拟开关。

由于 T_N、T_P 结构的对称性,源极、漏极可以互易使用,因此,传输门的输入端、输出端也可以互易使用。

2. CMOS 三态门

1) 电路组成

具有三态输出结构的 CMOS 门电路有反相驱动器、同相驱动器、与非门等多种形式,控制方法有高电平有效和低电平有效两种。图 3.5.8(a)为低电平有效的三态输出反相驱动器的电路图,$\overline{EN}$ 为控制端,即使能端,图 3.5.8(b)是对应的逻辑符号。

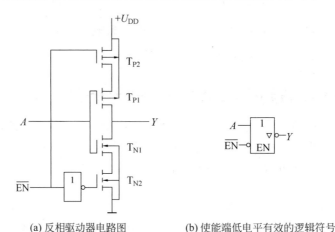

(a) 反相驱动器电路图　　　　(b) 使能端低电平有效的逻辑符号

图 3.5.8　CMOS 三态门

2) 工作原理

(1) 当 $\overline{EN} = 1$ 时,T_{P2}、T_{N2} 均截止,Y 端与电源、地均处于断开状态,Y 呈高阻。

(2) 当 $\overline{EN} = 0$ 时,T_{P2}、T_{N2} 均导通,由 T_{P1}、T_{N1} 构成反相器,即 $Y = \overline{A}$。

3. CMOS 漏极开路门(OD 门)

1) 电路组成

具有漏极开路结构的 CMOS 门电路有反相器、与非门、或非门、异或门等多种功能的电路,共同的特点是驱动管 T_N 的漏极是开路的。图 3.5.9 是漏极开路与非门的电路图及逻辑符号。

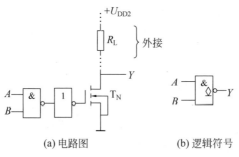

(a) 电路图　　　　　　(b) 逻辑符号

图 3.5.9　漏极开路与非门

2) 工作原理

由于驱动管 T_N 的漏极是开路的,因此工作时必须外接上拉电阻 R_L 和电源 U_{DD2}(图中虚线部分)才能正常输出高、低电平。

若设 T_N 管的导通电阻为 R_{on},截止电阻为 R_{off},则当外接电阻 R_L 满足

$$R_{on} \ll R_L \ll R_{off}$$

则 T_N 截止时 $u_O = U_{OH} \approx U_{DD2}$,$T_N$ 导通时 $u_O = U_{OL} \approx 0$。

显然,当外接电阻 R_L 和电源 U_{DD2} 后,电路的逻辑功能为 $Y = \overline{AB}$。

和 TTL 集电极开路门一样,CMOS 漏极开路门也可以实现输出电平变换、做驱动器,以及实现线与连接。

3.5.4 CMOS 门电路在使用中应注意的若干问题

1. CMOS 门电路在使用中要注意的问题

由于 CMOS 门电路输入电阻极高,在输入端很容易感应静电,形成高电压而造成器件永久性损坏。虽然 CMOS 集成门电路的输入端接有二极管保护电路,但是它所能承受的静电电压和脉冲功率仍有一定限度,在使用中必须注意如下几点:

(1) 不用的输入端不能悬空。

(2) 在存放和运输时,须用金属材料或导电材料包装。

(3) 安装、焊接时,必须保证良好的接地。

(4) 电源不能接反,否则,输入端保护二极管因过流而损坏。

(5) 在输入端可能出现较大瞬态电流的情况下(如输入端接低内阻信号源、输入端有电容等),要在输入端与信号源之间串接适当大小的电阻,实现对输入端保护电路的过流保护。

2. 输出端、输入端的正确使用

1) 输出端的正确使用

无论是 TTL 门电路还是 CMOS 门电路,输出端都不能直接接电源或接地。除 OC 门(OD 门)、三态门,各门的输出端不能并联使用。为提高带负载能力,可将两个相同门电路的输入端、输出端分别并联,当一个门使用。

2) 多余输入端的正确使用

对多余输入端的处理,以不改变电路工作状态和保证电路工作稳定可靠为原则。多余输入端不能悬空,对于 CMOS 门电路尤其如此,即使是 TTL 门电路,虽然不会因悬空造成损坏,且悬空时在逻辑上相当于接高电平,但悬空将会引入干扰信号,造成系统不稳定。对于多余输入端的处理,可采取如下方法中的一种。

(1) 对于与门、与非门,多余输入端可接正电源或高电平,保证与门、与非门是打开的;对于或门、或非门,多余输入端可接地或低电平,保证或门、或非门是打开的。

(2) 将多余输入端与有用输入端并联。

3. TTL 门电路与 CMOS 门电路的连接

在数字电路应用中,往往需要将 TTL 门和 CMOS 门混合使用,驱动门和负载门的连接如图 3.5.10 所示。由于不同类型的器件电压、电流参数各不相同,对于如图 3.5.10 所示的电路,无论是 TTL 门驱动 CMOS 门还是 CMOS 门驱动 TTL 门,都必须为负载门提供符合要求的高、低电平和驱动电流,即须同时满足下列各式:

驱动门　负载门

$$U_{OHmin} \geqslant U_{IHmin} \tag{3.5.1}$$

$$U_{OLmax} \leqslant U_{ILmax} \tag{3.5.2}$$

$$I_{OHmax} \geqslant nI_{IHmax} (n \text{ 为负载电流 } I_{IH} \text{ 的个数}) \tag{3.5.3}$$

$$I_{OLmax} \geqslant mI_{ILmax} (m \text{ 为负载电流 } I_{IL} \text{ 的个数}) \tag{3.5.4}$$

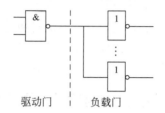

图 3.5.10　驱动门与负载门的连接

1）TTL 门驱动 CMOS 门

由于 TTL 门的 I_{OHmax} 和 I_{OLmax} 远大于 CMOS 门的 I_{IHmax} 和 I_{ILmax}，所以 TTL 门驱动 CMOS 门时，主要考虑 TTL 门的输出电平是否满足 CMOS 输入电平的要求。例如，用 74LS 系列的 TTL 电路驱动 CC4000 系列的 CMOS 电路，根据手册提供的资料：采用 5V 电源时，TTL 的 U_{OHmin} 为 2.7V，而 CMOS 的 U_{ILmin} 为 3.5V，显然不满足式（3.5.1）。正确的连接方法是在驱动门输出端与电源间接入一个上拉电阻 R_L，如图 3.5.11(a) 所示。

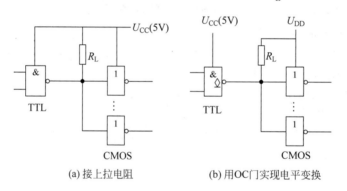

(a) 接上拉电阻　　　　　(b) 用 OC 门实现电平变换

图 3.5.11　TTL 门电路驱动 CMOS 门电路

接上拉电阻后，在驱动门输出高电平的情况下，TTL 门的 T_3、T_4 均处于截止状态，流过上拉电阻的电流几乎为 0，只要 R_L 不是十分大，输出高电平 $U_{OH} \approx U_{CC}$。

如果 TTL 和 CMOS 器件采用的电源电压不同，则驱动门可用 OC 门实现电平变换，采用 OC 门做驱动门的电路如图 3.5.11(b) 所示。

2）CMOS 门驱动 TTL 门

在采用 5V 电源时，由于 CMOS 门的 U_{OHmin} 大于 TTL 门的 U_{IHmin}，CMOS 门的 U_{OLmax} 小于 TTL 门的 U_{ILmax}，即两者电压参数符合要求，所以 CMOS 门驱动 TTL 门时，主要考虑 CMOS 门的输出电流是否满足 TTL 输入电流的要求。要提高 CMOS 门的驱动能力，可将同一芯片上的多个门并联使用，如图 3.5.12(a) 所示。也可以在 CMOS 门的输出端与 TTL 门的输入端之间加一个 CMOS 驱动器，如图 3.5.12(b) 所示。

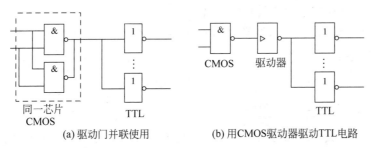

(a) 驱动门并联使用　　　　(b) 用CMOS驱动器驱动TTL电路

图 3.5.12　CMOS 门电路驱动 TTL 门电路

3) 采用 HCT 系列的 CMOS 电路与 TTL 电路连接

由于 HCT 系列的 CMOS 电路在设计时考虑了与 TTL 电路的兼容性,因此可与 TTL 电路直接相连,不需增加任何器件。

本章小结

本章主要介绍了数字电路中的基本开关元件、分立元件门电路及集成门电路,集成门电路的外特性是本章学习的重点。

(1) 半导体二极管、三极管和 MOS 管是数字电路中的基本元件,通常工作在开关状态,当处于导通状态时,相当于开关闭合,当处于截止状态时,相当于开关断开。

二极管导通的条件是 $u_{DF} > 0.7V$,截止条件是 $u_{DF} < 0.5V$;三极管饱和导通的条件是 $i_B > I_{BS}$,可靠截止的条件是 $u_{BE} \leq 0V$;MOS 管导通的条件是 $u_{GS} > U_{TN}(u_{GS} < U_{TP})$,截止的条件是 $u_{GS} < U_{TN}(u_{GS} > U_{TP})$。

(2) 分立元件门电路是与、或、非逻辑关系的电路实现,虽然分立元件门电路已被集成电路所取代,但通过它们可以具体体会到与、或、非三种基本逻辑运算是怎样与电子电路联系起来的。

(3) 集成电路是本章学习的重点。

① TTL 集成门电路是由半导体三极管构成的,由于它工作速度快,带负载和抗干扰能力较强,在数字电路中应用很广泛。

TTL 集成门电路除反相器,还有与非门、或非门、与门、或门、异或门等多种逻辑功能的门电路,TTL 反相器是 TTL 门电路的典型代表,其电气特性对于其他功能的 TTL 门电路也适用,熟悉并掌握其电气特性,关系到对门电路的正确使用。

OC 门和三态门具有特殊用途。OC 门可实现线与、做驱动器及实现电平变换;三态门有高电平、低电平、高阻 3 种状态,能满足计算机总线传递信息的需要。

② 由于 CMOS 集成电路具有功耗小、抗干扰能力强、工作稳定、电源适应范围宽等突出优点,在数字电路中,CMOS 集成门电路是又一类重要器件。缺点是速度较慢,驱动能力较差。

CMOS 集成门电路也有与非门、或非门、与门、或门、异或门等多种逻辑功能的门电路,由于多数产品在输入、输出端接有 CMOS 反相器作缓冲级,所以 CMOS 反相器的电气特性对它们也是适用的。

CMOS 电路除了有 OD 门、三态门外,还有传输门,传输门又称为模拟开关,是一种既能传送模拟信号,又能传送数字信号的电路。

(4) 在数字电路的应用中,经常会遇到 TTL 与 CMOS 电路的连接问题,如何正确连接,也是必须注意的问题。

习题

3.1 三极管开关电路如习图 3.1 所示。已知 $U_{CC}=5V,U_{BB}=-8V,R_C=1k\Omega,R_1=3.3k\Omega,R_2=10k\Omega$,三极管的电流放大系数 $\beta=20,U_{CES}=0.3V$。试确定在 $u_I=5V$ 和 0V 时三极管的工作状态,并计算输出电压 u_O 的值。

3.2 在如习图 3.2 所示的电路中,发光二极管正常发光的电流范围为 $8\sim12mA$,正向压降为 2V,TTL 与非门的输出高电平 $U_{OH}=3V$,高电平输出电流 $I_{OH}=-300\mu A$,输出低电平 $U_{OL}=0.3V$,低电平输出电流 $I_{OL}=-15mA$。要使 LED 发光,分别求出习图 3.2(a)、习图 3.2(b)的电阻 R_{L1}、R_{L2} 的取值范围。

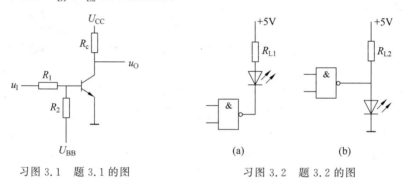

习图 3.1 题 3.1 的图   习图 3.2 题 3.2 的图

3.3 如习图 3.3 所示的电路是某 TTL 反相器的输入端等效电路,试估算 $u_I=0.3V$ 和 3.6V 时,T_1 的基极电流 i_B、输入电流 I_{IL} 和 I_{IH}。

3.4 某 TTL 电路输出端的典型电路如习图 3.4 所示,试估算当 T_4 截止、$u_O=2.8V$ 时的输出电流 i_O。

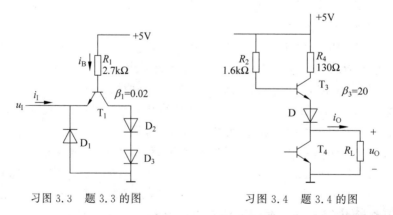

习图 3.3 题 3.3 的图   习图 3.4 题 3.4 的图

3.5 测试电路如习图 3.5 所示,电压表使用 5V 量程,表内阻为 $20k\Omega/V$。试说明 TTL 与非门输入端 A 在下列情况下,电压表所测得的输入端 B 的电压值各为多少?

（1）A 端悬空。

（2）A 端接低电平 0.3V。

（3）A 端接高电平 3.6V。

（4）A 端经 5.1kΩ 电阻接地。

（5）A 端直接接地。

3.6　TTL 门电路如习图 3.6 所示，其中 $I_{IH} = 40\mu A$，$I_{IL} = -1mA$，$I_{OL} = 10mA$，$I_{OH} = -400\mu A$，$U_{OL} = 0.2V$，$U_{OH} = 3.6V$。

（1）估算图中门 G_1 带拉电流和灌电流的具体数值。

（2）估算 G_1 的高电平、低电平扇出系数。

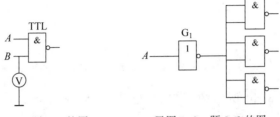

习图 3.5　题 3.5 的图　　　　习图 3.6　题 3.6 的图

3.7　分析如习图 3.7 所示的 CMOS 门电路，哪些能正常工作？哪些不能？写出能正常工作电路输出信号的逻辑表达式。

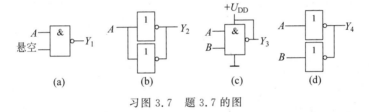

习图 3.7　题 3.7 的图

3.8　分析如习图 3.8 所示的 CMOS 门电路，哪些能正常工作？哪些不能？写出能正常工作电路输出信号的逻辑表达式。

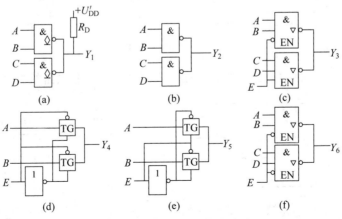

习图 3.8　题 3.8 的图

3.9　判断如习图3.9所示的 TTL 门电路输出与输入之间的逻辑关系哪些相符？哪些不相符？修改不相符的电路使之与逻辑关系式一致。

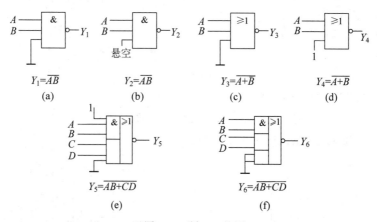

习图 3.9　题 3.9 的图

3.10　如习图 3.10 所示的 TTL 门电路中，设开门电阻 $R_{ON} = 2.5\text{k}\Omega$，关门电阻 $R_{OFF} = 0.75\text{k}\Omega$，写出各电路的逻辑表达式。

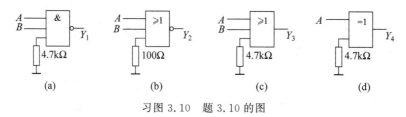

习图 3.10　题 3.10 的图

3.11　CMOS 电路如习图 3.11 所示，已知 $U_{DD} = 5\text{V}$。

(1) 写出各门的逻辑表达式。

(2) 用电压表测量各门的 B 端，电位各是多少伏？

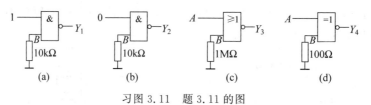

习图 3.11　题 3.11 的图

3.12　对应习图 3.12(a)中的波形，画出习图 3.12(b)中各电路的输出波形。

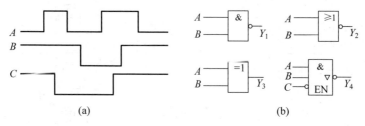

习图 3.12　题 3.12 的图

3.13　对应习图 3.13(a)中的波形,画出习图 3.13(b)中各电路的输出波形。

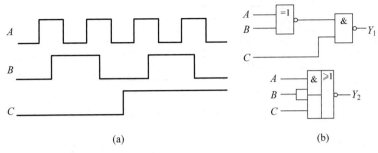

习图 3.13　题 3.13 的图

3.14　对应习图 3.14(a)中的波形,画出习图 3.14(b)中电路的输出波形。

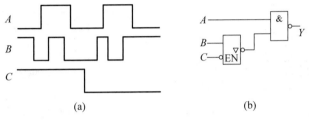

习图 3.14　题 3.14 的图

3.15　三态门电路如习图 3.15(a)所示,各输入波形如习图 3.15(b)所示,写出 Y_1、Y_2 的表达式,并画出 Y_1、Y_2 的波形。

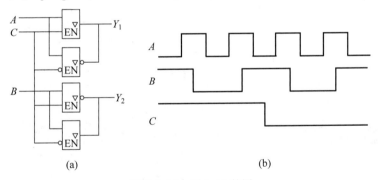

习图 3.15　题 3.15 的图

3.16　习图 3.16(a)、习图 3.16(b)、习图 3.16(c)各电路的输入波形如习图 3.16(d)所示,画出 Y_1、Y_2、Y_3 的波形。

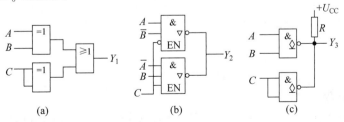

习图 3.16　题 3.16 的图

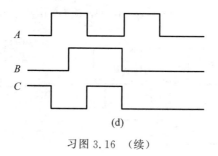

(d)

习图 3.16　(续)

　　3.17　习图 3.17(a)～习图 3.17(d)是采用二极管实现的 CMOS 门电路逻辑扩展,试写出图中各电路的逻辑表达式。

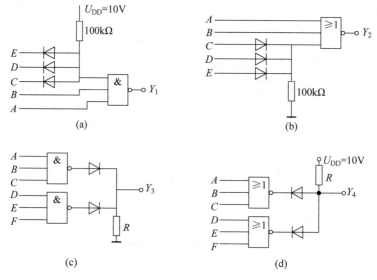

习图 3.17　题 3.17 的图

第 4 章

组合逻辑电路

本章先介绍一般组合逻辑电路的分析方法和设计方法,然后介绍几种常用组合逻辑电路的组成和工作原理,以及常用组合逻辑电路集成芯片的使用和扩展方法,最后介绍组合逻辑电路中的竞争冒险问题。

4.1　组合逻辑电路的分析与设计方法

根据逻辑功能的不同特点,数字逻辑电路可分为两大类型:组合逻辑电路和时序逻辑电路。如果任意时刻的输出状态仅取决于该时刻的输入状态,而与电路原来的状态无关,这种数字逻辑电路称为组合逻辑电路。

从电路结构看,组合逻辑电路由各种逻辑门电路组成,不含记忆元件;只有输入到输出的通路,而不存在输出到输入的反馈回路。组合逻辑电路没有记忆功能。组合逻辑电路框图如图 4.1.1 所示,每个输出变量和输入变量的关系可表示为:

$$Y_i = F_i(X_1, X_2, X_3, \cdots, X_n) \quad (i = 1, 2, \cdots, m)$$

式中,$X_1, X_2, X_3, \cdots, X_n$ 为组合逻辑电路的输入变量,$Y_1, Y_2, \cdots, Y_m$ 为组合逻辑电路的输出变量。

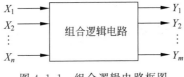

图 4.1.1　组合逻辑电路框图

4.1.1　组合逻辑电路的分析方法

所谓组合逻辑电路分析,就是根据给定的逻辑电路,找出输出变量和输入变量之间的逻辑关系,分析确定该逻辑电路的逻辑功能。组合逻辑电路的一般分析步骤如下:

(1) 按给定逻辑电路逐级写出逻辑变量的逻辑表达式。

(2) 对逻辑表达式进行化简和变换。

(3) 列出真值表。

(4) 分析给定逻辑电路的逻辑功能。

下面举例说明组合逻辑电路的分析方法。

例 4.1.1 试分析如图 4.1.2 所示逻辑电路的逻辑功能,要求写出输出表达式,列出真值表。

图 4.1.2 例 4.1.1 的图

解 (1) 按给定逻辑电路,从输入端向输出端逐级写出各级逻辑门中逻辑变量的逻辑表达式:

$$Y_1 = \overline{AB} \quad Y_2 = \overline{AY_1} = \overline{A\overline{AB}} \quad Y_3 = \overline{BY_1} = \overline{B\overline{AB}}$$

所以

$$Y = \overline{Y_2 Y_3} = \overline{\overline{A\overline{AB}} \; \overline{B\overline{AB}}}$$

(2) 对逻辑表达式进行化简,得到逻辑表达式的最简形式,以便列出真值表和分析逻辑功能。

$$Y = \overline{\overline{A\overline{AB}} \; \overline{B\overline{AB}}} = A\overline{AB} + B\overline{AB} = A(\overline{A} + \overline{B}) + B(\overline{A} + \overline{B}) = A\overline{B} + \overline{A}B$$

(3) 列出真值表。

根据逻辑表达式的最简形式列出真值表,如表 4.1.1 所示。

表 4.1.1 例 4.1.1 的真值表

A	B	Y
0	0	0
0	1	1
1	0	1
1	1	0

(4) 分析确定逻辑功能。

通过分析表 4.1.1 真值表可知,如图 4.1.2 所示逻辑电路的逻辑功能是实现二输入变量的异或逻辑运算。

例 4.1.2 分析如图 4.1.3 所示逻辑电路的逻辑功能。

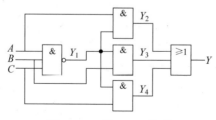

图 4.1.3 例 4.1.2 的图

解　（1）根据给定的逻辑电路图，逐级写出各级逻辑门输出变量的逻辑表达式：

$$Y_1 = \overline{ABC} \quad Y_2 = A\,Y_1 = A\overline{ABC} \quad Y_3 = B\,Y_1 = B\overline{ABC}$$

$$Y_4 = C\,Y_1 = C\overline{ABC}$$

所以

$$Y = Y_2 + Y_3 + Y_4 = A\overline{ABC} + B\overline{ABC} + C\overline{ABC}$$

（2）对逻辑表达式进行化简和变换。

为方便列真值表，可先对逻辑表达式进行简化，再进行逻辑变换，将最简形式的逻辑表达式转换成与或非形式：

$$Y = A\overline{ABC} + B\overline{ABC} + C\overline{ABC} = (A + B + C)\overline{ABC} = \overline{\overline{A}\,\overline{B}\,\overline{C} + ABC}$$

（3）列出真值表。

由逻辑表达式列出真值表，如表 4.1.2 所示。

表 4.1.2　例 4.1.2 的真值表

A	B	C	Y
0	0	0	0
0	0	1	1
0	1	0	1
0	1	1	1
1	0	0	1
1	0	1	1
1	1	0	1
1	1	1	0

（4）分析确定逻辑功能。

分析真值表可知，当 3 个输入变量的状态一致时，输出为 0；当 3 个输入变量的状态不一致时，输出才为 1。因此，此逻辑电路可以称为三输入变量的"不一致电路"。根据输出变量的输出状态，可判断 3 个输入变量的状态是否相同。

例 4.1.3　如图 4.1.4 所示为与非门组成的二输入二输出的逻辑电路，试分析其逻辑功能。

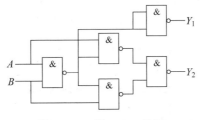

图 4.1.4　例 4.1.3 的图

解　按给定的逻辑电路图，分别写出两个输出变量的逻辑表达式：

$$Y_1 = \overline{\overline{\overline{AB}}} = AB$$

$$Y_2 = \overline{\overline{A\,\overline{AB}}\,\,\overline{B\,\overline{AB}}} = A\overline{AB} + B\overline{AB} = (A + B)(\overline{A} + \overline{B}) = A\overline{B} + \overline{A}B$$

化简和变换后得知,Y_1 为 AB 的与逻辑,Y_2 为 AB 的异或逻辑。由逻辑表达式列出真值表如表 4.1.3 所示。

表 4.1.3　例 4.1.3 的真值表

A	B	Y_1	Y_2
0	0	0	0
0	1	0	1
1	0	0	1
1	1	1	0

分析真值表可知,该电路的逻辑功能是实现二进制加法运算 $A+B$,$0+0=00$,$0+1=01$,$1+0=01$,$1+1=10$,输出 Y_1 为进位值,Y_2 为和值。该逻辑电路称为半加器,可完成一位二进制数的半加运算。

4.1.2　组合逻辑电路的设计方法

所谓组合逻辑电路设计,就是根据实际中提出的逻辑要求,求出能实现对应逻辑功能的最简单合理的逻辑电路。

组合逻辑电路设计的一般步骤如下:

(1) 逻辑抽象,即分析实际逻辑问题的因果关系,定义输入变量和输出变量,以及各逻辑变量的取值含义。

(2) 根据逻辑函数的要求列出真值表。

(3) 由真值表写出逻辑表达式。

(4) 对逻辑表达式进行化简和变换。

(5) 画出逻辑电路图。

下面举例说明组合逻辑电路的设计方法。

例 4.1.4　设计一种 3 人表决的逻辑电路,实现由 3 位老师表决决定某毕业生的毕业答辩是否合格。3 位老师中有一位是毕业生的指导老师。只有当包含指导老师在内的多数老师表决同意时,该毕业生的毕业答辩才算合格,否则为不合格。

解　(1) 逻辑抽象。设定 3 位老师的表决意见为输入变量,分别设为 A、B、C,其中 A 代表指导老师的表决意见。规定当表决意见为同意时,取值为 1,不同意则取值为 0;设定表决结果为输出变量 Y,规定当表决结果合格时,取值为 1,不合格则为 0。

(2) 列真值表。根据逻辑要求,列出输出和输入逻辑关系的真值表,如表 4.1.4 所示。

表 4.1.4　例 4.1.4 的真值表

A	B	C	Y
0	0	0	0
0	0	1	0
0	1	0	0
0	1	1	0
1	0	0	0
1	0	1	1

续表

A	B	C	Y
1	1	0	1
1	1	1	1

（3）由真值表写出输出变量的逻辑表达式。在真值表中,使 $Y=1$ 的变量取值有 3 种情况,它们分别使 3 个最小项 $A\overline{B}C$、$AB\overline{C}$ 和 ABC 的值为 1,其中任意一个最小项值为 1,都有 $Y=1$。因此,这 3 个最小项之间应为或逻辑关系。于是有

$$Y=A\overline{B}C+AB\overline{C}+ABC$$

以上逻辑表达式中只包含有使输出变量 $Y=1$ 的最小项,变量的其他取值都会使 $Y=0$,所以将使 $Y=0$ 的变量取值对应的最小项进行逻辑加,则得到逻辑函数的反函数。当真值表中 0 的个数较少时,写出函数的反函数,化简时更加容易。对于本例,若写出反函数,则有

$$\overline{Y}=\overline{A}\,\overline{B}\overline{C}+\overline{A}\,\overline{B}C+\overline{A}B\overline{C}+\overline{A}BC+AB\overline{C}$$

（4）对逻辑表达式进行化简。

用逻辑代数对于函数 Y 的逻辑表达式进行化简,有

$$Y=A\overline{B}C+AB\overline{C}+ABC=(A\overline{B}C+ABC)+(AB\overline{C}+ABC)=AB+AC$$

根据最简与或表达式可以画出对应的逻辑图,该图需由与门和或门两种门电路实现。为减少所用门电路的种类,本例的逻辑电路也可只用一种门电路即用与非门实现,这时只需将以上的最简与或式变换成与非式即可,即

$$Y=\overline{\overline{AB+AC}}=\overline{\overline{AB}\,\overline{AC}}$$

（5）画出逻辑电路图。

用与非门实现的逻辑电路图如图 4.1.5 所示。

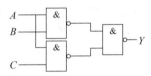

图 4.1.5　例 4.1.4 的逻辑电路图

可将该表决逻辑电路与非逻辑门的 3 个输入端 A、B、C 分别连接 3 个拨动开关,由 3 位老师进行表决同意或不同意;输出端与指示灯连接,显示答辩结果合格或不合格。

例 4.1.5　试设计一个三输入变量的奇偶校验电路,对输入的 3 位二进制数据进行奇校验。

解　（1）逻辑抽象。3 个输入变量分别表示为 A、B 和 C,各有 0 和 1 两种取值,可组合成 3 位二进制数据,共有 8 种状态;用输出变量 Y 表示奇校验结果,当全部输入变量中出现奇数个 1 时,则电路的输出变量为 $Y=1$;当输入变量中出现偶数个 1 时,则电路的输出变量为 $Y=0$。

（2）列真值表。根据输出和输入逻辑关系的要求,列出真值表如表 4.1.5 所示。

（3）根据真值表写出输出变量的逻辑表达式,有

$$Y=\overline{A}\,\overline{B}C+\overline{A}B\overline{C}+A\overline{B}\,\overline{C}+ABC$$

表 4.1.5 例 4.1.5 的真值表

A	B	C	Y
0	0	0	0
0	0	1	1
0	1	0	1
0	1	1	0
1	0	0	1
1	0	1	0
1	1	0	0
1	1	1	1

(4) 对逻辑表达式进行化简和变换。此函数用卡诺图已无法化简,可用单一门电路即异或门实现,将最简与或式进行变换,有

$$Y = \overline{A}\,\overline{B}C + \overline{A}B\overline{C} + A\overline{B}\,\overline{C} + ABC$$
$$= (\overline{A}\,\overline{B} + AB)C + (\overline{A}B + A\overline{B})\overline{C}$$
$$= (\overline{A \oplus B})C + (A \oplus B)\overline{C}$$
$$= A \oplus B \oplus C$$

根据逻辑表达式,可画出用异或门实现的逻辑图,如图 4.1.6 所示。

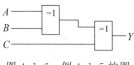

图 4.1.6 例 4.1.5 的图

例 4.1.6 设计逻辑电路。有大小两台发电机为 3 个车间供电。当只有 1 个车间开工时,只需要用 1 台小发电机开机供电,当 2 个车间同时开工时,只需要一台大发电机开机供电,当 3 个车间同时开工时,需要大小发电机一起开机供电。按上述要求,设计控制 2 台发电机供电的逻辑电路。

解 (1) 逻辑抽象。将 3 个车间的开工情况设为 3 个输入变量为 A、B 和 C,0 表示不开工,1 表示开工;小发电机的状态对应输出变量 Y_1,大发电机的状态对应输出变量 Y_2,0 表示关机,1 表示开机供电。

(2) 列真值表。根据输出和输入逻辑关系的要求,列出的真值表如表 4.1.6 所示。

表 4.1.6 例 4.1.6 的真值表

A	B	C	Y_1	Y_2
0	0	0	0	0
0	0	1	1	0
0	1	0	1	0
0	1	1	0	1
1	0	0	1	0
1	0	1	0	1
1	1	0	0	1
1	1	1	1	1

（3）由真值表写出输出变量的逻辑表达式：

$$Y_1 = \overline{A}\,\overline{B}C + \overline{A}B\overline{C} + A\overline{B}\,\overline{C} + ABC$$

$$Y_2 = \overline{A}BC + A\overline{B}C + AB\overline{C} + ABC$$

（4）Y_1 逻辑函数式与例 4.1.5 中 Y 函数逻辑关系相同，可变换为异或逻辑。Y_2 逻辑函数用卡诺图化简为与或逻辑式，得

$$Y_1 = A \oplus B \oplus C$$

$$Y_2 = BC + AC + AB$$

根据逻辑表达式，画出逻辑电路图如图 4.1.7 所示。

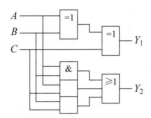

图 4.1.7　例 4.1.6 的逻辑电路图

4.2　常用的集成组合逻辑电路及其应用

用门电路实现的组合逻辑电路称为小规模集成电路（Small Scale Integration，SSI）。在实际应用中，某些具有特定逻辑功能的组合逻辑电路经常被广泛使用，如加法器、编码器、译码器、数据分配器、数据选择器、数值比较器等。为满足实际需要，目前已有按标准设计制作的常用集成电路器件，既可方便按其逻辑功能来选择使用，还可由多个集成电路芯片连接，进行逻辑功能的扩展。这些常用的集成电路器件都属于中规模集成电路（Medium Scale Integration，MSI）。

下面按逻辑功能分类，分别介绍常用组合逻辑电路的组成和工作原理，并介绍几种常用组合逻辑电路集成芯片的使用和扩展方法。

4.2.1　编码器

编码是指将 0 和 1 按一定规律编排成二进制代码，用来表示某种特定的信息。能实现编码逻辑功能的电路称为编码器。

1. 编码器的工作原理

一个编码器通常有若干信号输入端和若干编码输出端。当其中一个输入端出现有效信号，编码器按一定规律对该有效信号进行编码，并将编码信号传送到输出端。例如，一个 4 线-2 线二进制编码器可对 4 个输入端的有效信号进行二进制编码，当某个输入端出现有效电平信号 0 或 1，输出端则对应输出一个 2 位（$2^2 = 4$）二进制编码。

下面介绍编码器的组成和工作原理。

1）4 线-2 线二进制编码器

4 线-2 线二进制编码器有 4 个输入端 $I_0 \sim I_3$，设输入有效电平信号为 1，称为输入高电平有效（若输入有效电平信号为 0，则称为输入低电平有效）；有 2 个输出端 Y_1、Y_0，输出为

对应的 2 位二进制编码,其功能如表 4.2.1 所示。

表 4.2.1 4 线-2 线编码器逻辑功能表

输　　入				输　　出	
I_0	I_1	I_2	I_3	Y_1	Y_0
1	0	0	0	0	0
0	1	0	0	0	1
0	0	1	0	1	0
0	0	0	1	1	1

由逻辑功能表可写出各输出函数的逻辑表达式:

$$Y_1 = \bar{I}_0 \bar{I}_1 I_2 \bar{I}_3 + \bar{I}_0 \bar{I}_1 \bar{I}_2 I_3$$

$$Y_0 = \bar{I}_0 I_1 \bar{I}_2 \bar{I}_3 + \bar{I}_0 \bar{I}_1 \bar{I}_2 I_3$$

根据逻辑表达式画出逻辑电路,如图 4.2.1 所示。

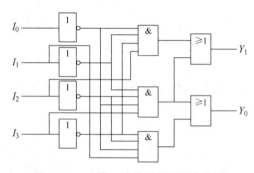

图 4.2.1 4 线-2 线编码器逻辑电路图

当输入端 $I_0 \sim I_3$ 中的某一个输入为 1,输出端 $Y_1 Y_0$ 即输出相对应的编码。例如,I_1 为 1 时,$Y_1 Y_0$ 为 01,I_3 为 1 时,$Y_1 Y_0$ 为 11,输出编码正好是出现有效信号输入端的下标所对应的二进制数。值得注意的是,编码器功能表中并没有列出全部输入状态,因此,在任何时刻只准有一个输入端出现有效信号 1,其余输入端则必须为 0,否则会引起逻辑上的混乱。另外根据如图 4.2.1 所示的逻辑电路可知,有两种输入情况的输出 $Y_1 Y_0$ 都是 0:一种是当 I_0 为 1,$I_1 \sim I_3$ 均为 0 时;另一种是当 $I_0 \sim I_3$ 全部为 0 时。前者输出为有效编码,而后者输入端没有一个有效信号,应输出无效编码。这两种情况在实际中必须加以区别。

改进后的逻辑电路如图 4.2.2 所示。在原来编码器的电路中增加了一个输出使能信号 GS,称为有效编码使能标志。只要输入端存在有效电平信号,都会使 GS=1,表示输出端的输出编码 00~11 均为有效编码;只有当 $I_0 \sim I_3$ 均为 0 时,才有 GS=0,表示输出端的 00 为无效编码。

2) 优先编码器

上面讨论的编码器对输入信号有一定的限制,即在任何时刻,输入端的有效信号只能有一个,如果有多个输入端在同一时刻出现有效电平信号时,会引起逻辑混乱。而在数字系统中,很难避免多个输入端同时出现有效电平信号的情况。例如,用计算机键盘输入信息时,常常会有多个按键被同时按下的情况发生。又如,在计算机的中断处理系统中,同一时刻可

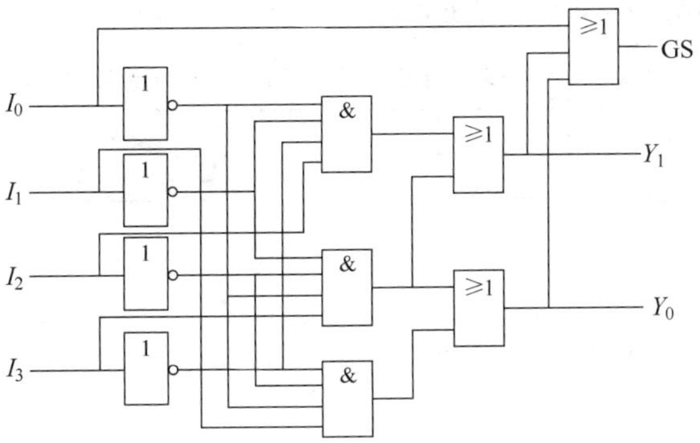

图 4.2.2 4 线-2 线编码器改进逻辑电路图

能有多个部件发出中断请求信号。因此,在有多个输入端同时出现有效电平信号的情况下,为保证编码器输出正确的逻辑信号,应该采用优先编码器。所谓优先编码器,就是预先规定了输入信号优先级的编码器。当只有一个输入端出现有效信号时,优先编码器对该信号进行正常编码;当有多个输入端同时出现有效信号时,则按规定好的优先级别,对最高优先级别的有效输入信号进行编码。4 线-2 线优先编码器的逻辑功能表如表 4.2.2 所示。

表 4.2.2 4 线-2 线优先编码器的逻辑功能表

输　　入				输　　出	
I_0	I_1	I_2	I_3	Y_1	Y_0
1	0	0	0	0	0
×	1	0	0	0	1
×	×	1	0	1	0
×	×	×	1	1	1

由表 4.2.2 可知,4 个输入端优先级别的高低次序规定为 I_3、I_2、I_1、I_0。因为 I_3 的优先级别最高,所以,只要 I_3 为 1,无论其他 3 个输入端是否出现有效电平 1,输出编码均为 I_3 的编码 11。而 I_0 的优先级别最低,当 I_0 为 1 时,则还必须在其他 3 个输入端输入无效电平,即 $I_1 \sim I_3$ 均为 0 的情况下,输出编码才为 I_0 的编码 00。由此可以得出该优先编码器的逻辑表达式为

$$Y_1 = I_2\bar{I}_3 + I_3 = I_2 + I_3$$
$$Y_0 = I_1\bar{I}_2\bar{I}_3 + I_3 = I_1\bar{I}_2 + I_3$$

在逻辑表达式中,输出信号 Y_1 和 Y_0 都与输入信号 I_0 无关。当输入 $I_1 I_2 I_3 = 000$ 时,无论 I_0 是否有效,都输出 $Y_1 Y_0 = 00$,即当输入端 $I_1 I_2 I_3$ 无有效信号时,输出端即为 I_0 的编码。为区别在输出状态为 $Y_1 Y_0 = 00$ 时,I_0 是否出现有效电平,可增加一个如上所述的有效编码使能标志 GS。

下面介绍两种常用的集成优先编码器逻辑芯片,8 线-3 线二进制优先编码器 74LS148 和 10 线-4 线二-十进制优先编码器 74LS147。

2. 集成电路编码器

1) 8 线-3 线二进制优先编码器 74LS148

为方便使用和功能扩展,74LS148 除了优先编码器的输入输出信号端,电路还设置了输

入使能端和输出使能端。74LS148 的逻辑功能如表 4.2.3 所示。

表 4.2.3 8 线-3 线优先编码器 74LS148 的逻辑功能表

输　　入									输　　出				
EI	I_0	I_1	I_2	I_3	I_4	I_5	I_6	I_7	Y_2	Y_1	Y_0	GS	EO
1	×	×	×	×	×	×	×	×	1	1	1	1	1
0	1	1	1	1	1	1	1	1	1	1	1	1	0
0	×	×	×	×	×	×	×	0	0	0	0	0	1
0	×	×	×	×	×	×	0	1	0	0	1	0	1
0	×	×	×	×	×	0	1	1	0	1	0	0	1
0	×	×	×	×	0	1	1	1	0	1	1	0	1
0	×	×	×	0	1	1	1	1	1	0	0	0	1
0	×	×	0	1	1	1	1	1	1	0	1	0	1
0	×	0	1	1	1	1	1	1	1	1	0	0	1
0	0	1	1	1	1	1	1	1	1	1	1	0	1

由 74LS148 的逻辑功能表得知,74LS148 编码器有 8 个输入端 $I_0 \sim I_7$,0 为有效输入信号,即输入低电平有效,编码优先级别由高至低分别为 $I_7 \sim I_0$。74LS148 有 3 个输出端 $Y_2 \sim Y_0$,输出对应输入信号的二进制编码的反码(反码是将原二进制编码逐位取反后所得编码)。EI 为输入使能端;EO 为输出使能端;GS 为编码器工作状态的标志输出端。

当输入使能端 EI=1 时,不论 8 个输入端为何种状态,3 个输出端均为高电平,且 GS 和 EO 端均为高电平,这时编码器处于非工作状态。只有当 EI=0 时,编码器才可以正常工作,这种情况称为使能端 EI 输入低电平有效。当 EI=0 时,且至少有一个输入端为有效信号 0 时,编码器工作状态标志输出 GS 为低电平,即当 GS=0 时,表明优先编码器处于工作状态;否则,输出 GS=1。当 8 个输入端均无有效输入信号或当只有输入端 I_0(优先级别最低)为有效输入信号时,编码输出 $Y_2 Y_1 Y_0$ 均为 111,这时可由工作状态标志 GS 的电平加以区别,当 GS=1 时,表示 8 个输入端均无低电平有效信号,此时输出编码无效;当 GS=0 时,则表示输出为有效编码。

例如,当 EI=0 时,若输入 I_5 为 0,且优先级别更高的输入 I_6 和输入 I_7 均为 1 时,$Y_2 Y_1 Y_0$ 的输出信号为 010,即为 I_5 的编码 101 的反码;若输入仅有 I_0 为 0,其余输入信号为 1,则 $Y_2 Y_1 Y_0$ 的输出信号为 111,即为 I_0 的编码 000 的反码。可见,$Y_2 Y_1 Y_0$ 输出端的信号是对应有效输入端下标的二进制编码的反码,这种情况也称为输出低电平有效。

输出使能端 EO 只有在 EI=0,且所有输入端都为 1 时,输出 EO=0;否则,输出 EO=1。因此,利用输出使能端 EO 可与另一片 74LS148 的 EI 连接,组成更多输入端的优先编码器。

根据逻辑功能表,可写出各输出端信号的逻辑表达式:

$$\overline{EO} = \overline{EI} I_0 I_1 I_2 I_3 I_4 I_5 I_6 I_7$$

$$EO = \overline{\overline{EI} I_0 I_1 I_2 I_3 I_4 I_5 I_6 I_7}$$

$$GS = EI + \overline{\overline{EI} I_0 I_1 I_2 I_3 I_4 I_5 I_6 I_7} = EI + \overline{EO} = \overline{\overline{EI} EO}$$

$$Y_2 = EI + \overline{EI}(I_0 I_1 I_2 I_3 I_4 I_5 I_6 I_7 + \overline{I}_0 I_1 I_2 I_3 I_4 I_5 I_6 I_7$$
$$+ \overline{I}_1 I_2 I_3 I_4 I_5 I_6 I_7 + \overline{I}_2 I_3 I_4 I_5 I_6 I_7 + \overline{I}_3 I_4 I_5 I_6 I_7)$$

利用逻辑代数法 $A+\bar{A}B=A+B$ 和 $A+\bar{A}=1$ 的关系,经过化简和变换得

$$Y_2 = \mathrm{EI} + I_4 I_5 I_6 I_7$$

$$= \overline{\overline{\mathrm{EI}\bar{I}_4} + \overline{\mathrm{EI}\bar{I}_5} + \overline{\mathrm{EI}\bar{I}_6} + \overline{\mathrm{EI}\bar{I}_7}}$$

同样按上述方法可得出 Y_1 和 Y_0 的逻辑表达式

$$Y_1 = \overline{\overline{\mathrm{EI}\bar{I}_2 I_4 I_5} + \overline{\mathrm{EI}\bar{I}_3 I_4 I_5} + \overline{\mathrm{EI}\bar{I}_6} + \overline{\mathrm{EI}\bar{I}_7}}$$

$$Y_0 = \overline{\overline{\mathrm{EI}\bar{I}_1 I_2 I_4 I_6} + \overline{\mathrm{EI}\bar{I}_3 I_4 I_6} + \overline{\mathrm{EI}\bar{I}_5 I_6} + \overline{\mathrm{EI}\bar{I}_7}}$$

根据以上逻辑表达式画出优先编码器 74LS148 的逻辑电路如图 4.2.3(a)所示。74LS148 的逻辑符号如图 4.2.3(b)所示,图中信号端有圆圈表示该信号是低电平有效,无圆圈则表示该信号是高电平有效。74LS148 集成芯片的外部引脚图如图 4.2.3(c)所示。

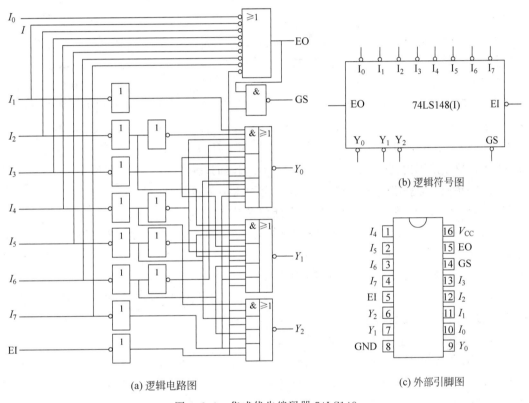

(a) 逻辑电路图

(b) 逻辑符号图

(c) 外部引脚图

图 4.2.3　集成优先编码器 74LS148

前面提到,可利用 74LS148 的输出使能端 EO 和输入使能端 EI,对多个集成芯片进行扩展级联,以组成有更多输入输出端的优先编码器。下面使用两片 8 线-3 线二进制优先编码器 74LS148 组合成 16 线-4 线的二进制优先编码器,如图 4.2.4 所示,其工作原理介绍如下。

将用作低位芯片的 74LS148(Ⅰ)的输入使能端 EI 与用作高位芯片的 74LS148(Ⅱ)的输出使能端 EO 连接,因此,74LS148(Ⅱ)的输出使能信号 EO_2 为 74LS148(Ⅰ)的输入使能信号 EI_1。当 74LS148(Ⅱ)的输出使能端 $\mathrm{EI}_2=1$ 时,其输出使能端 $\mathrm{EO}_2=1$,从而使 $\mathrm{EI}_1=1$,这时 74LS148(Ⅰ) 和 74LS148(Ⅱ)均为禁止编码状态,两片 74LS148 的输出端状态

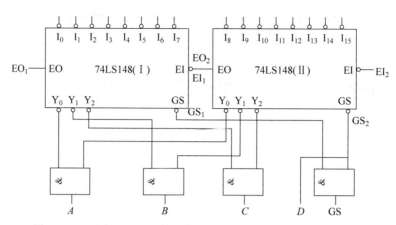

图 4.2.4 两片 74LS148 扩展为 16 线-4 线优先编码器的逻辑电路

$Y_2Y_1Y_0$ 为 111。由电路图可知,工作状态标志 $GS = GS_1 \cdot GS_2 = 1$,表示此时整个电路的输出代码为无效编码。此时组合编码器的 4 位输出端 $DCBA$ 应为 1111。

当 $EI_2 = 0$ 时,高位芯片 74LS148(Ⅱ)被允许编码。但若输入端 $I_8 \sim I_{15}$ 没有出现有效电平信号,即高 8 位输入均无编码请求,则 $EO_2 = 0$,从而使 $EI_1 = 0$,允许低位芯片 74LS148(Ⅰ)编码。这时高位芯片 74LS148(Ⅱ)的 $Y_2Y_1Y_0 = 111$,使 C、B、A 对应的与门都打开,C、B、A 的状态取决于低位芯片 74LS148(Ⅰ)的 $Y_2Y_1Y_0$,而 $D = GS_2$,总是等于 1,所以输出代码在 1111~1000 范围内变化,分别对应为 $I_0 \sim I_7$ 编码的反码。

当 $EI_2 = 0$ 且存在有效输入信号(至少一个输入为低电平)时,$EO_2 = 1$,从而 $EI_1 = 1$,高位芯片 74LS148(Ⅱ)为编码状态,并禁止低位芯片 74LS148(Ⅰ)编码,其输出 $Y_2Y_1Y_0 = 111$,使 C、B、A 对应的与门都打开。显然,高位芯片 74LS148(Ⅱ)的编码级别优先于低位芯片 74LS148(Ⅰ)。此时 $D = GS_2 = 0$,C、B、A 取决于高位 74LS148(Ⅱ)的 $Y_2Y_1Y_0$,输出在 0111~0000 范围内变化,分别对应为 $I_8 \sim I_{15}$ 编码的反码。

可见,高位芯片 74LS148(Ⅱ)中输入端信号 I_{15} 的优先级别最高。整个电路实现了 16 位输入的优先编码,编码优先级别从 $I_{15} \sim I_0$ 依次递减。

2) 10 线-4 线二-十进制优先编码器 74LS147

二-十进制编码器与二进制编码器没有本质的区别,不同的是,二-十进制编码器对输入的有效信号按 BCD 码的编码规则输出编码,因此,有 4 位输出。10 线-4 线集成二-十进制优先编码器 74LS147 的逻辑功能如表 4.2.4 所示。

表 4.2.4　10 线-4 线二-十进制 BCD 码优先编码器 74LS147 的逻辑功能表

输　　　入									输　　出			
I_1	I_2	I_3	I_4	I_5	I_6	I_7	I_8	I_9	Y_3	Y_2	Y_1	Y_0
1	1	1	1	1	1	1	1	1	1	1	1	1
×	×	×	×	×	×	×	×	0	0	1	1	0
×	×	×	×	×	×	×	0	1	0	1	1	1
×	×	×	×	×	×	0	1	1	1	0	0	0
×	×	×	×	×	0	1	1	1	1	0	0	1
×	×	×	×	0	1	1	1	1	1	0	1	0

输 入									输 出			
$\times$	$\times$	$\times$	0	1	1	1	1	1	1	0	1	1
$\times$	$\times$	0	1	1	1	1	1	1	1	1	0	0
$\times$	0	1	1	1	1	1	1	1	1	1	0	1
0	1	1	1	1	1	1	1	1	1	1	1	0

10 线-4 线二-十进制优先编码器应有 10 个输入信号端 $I_0 \sim I_9$,但根据优先编码的逻辑功能,最低位输入端的 I_0 可以省略,故 74LS147 有 9 个输入端 $I_1 \sim I_9$,输入为低电平有效,编码优先级别由高至低为 $I_9 \sim I_0$。74LS147 有 4 个输出信号端 $Y_3 \sim Y_0$,输出为对应输入信号的 8421BCD 码的反码。例如,当输入端 I_6 出现有效低电平 0,$I_7 \sim I_9$ 均为高电平 1时,输出端信号为 $Y_3 Y_2 Y_1 Y_0 = 1001$,对应 I_6 的编码 0110 的反码。类似于 74LS148,可写出输出端 Y_3、Y_2、Y_1、Y_0 的表达式。

4.2.2 译码器

译码是编码的逆过程。译码是将含有特定含义的二进制编码"翻译"成对应的控制信号,或者变换成另一种形式的编码。实现译码的电路称为译码器。

1. 地址译码器

能将二进制代码转换成对应的唯一一个有效控制信号的译码器,常称为地址译码器。计算机系统中常用地址译码器对存储器单元的地址进行译码,每个地址代码对应一个有效控制信号,用来选中唯一对应的存储器单元。类似于在一幢大楼内,每个门牌号码可对应找到一个宿舍单元。

1) 二进制译码器

常用的集成电路译码器型号有 3 线-8 线译码器 74LS138,双 2 线-4 线译码器 74LS139和 4 线-16 线译码器 74LS146 等。这些地址译码器的基本工作原理完全相同,下面以74LS138 为例进行介绍。

常用的集成地址译码器 74LS138 为 3 线-8 线地址译码器,其逻辑功能表如表 4.2.5 所示,逻辑电路如图 4.2.5(a)所示,图 4.2.5(b)为其外部引脚图,图 4.2.5(c)为其逻辑符号,由逻辑电路图可知,74LS138 译码器有 3 个输入端 A_2、A_1、A_0,输入 3 位二进制代码,共有 8 种输入代码 $000 \sim 111$,每输入一个代码,译码器对应的 8 个输出端 $Y_0 \sim Y_7$ 中,有一个唯一有效信号输出,74LS138 输出信号为低电平有效。另外,74LS138 译码器还设置了 G_1、G_{2A} 和 G_{2B} 3 个使能输入端,可满足扩展功能的需要。由逻辑功能表可知,只有当 G_1 为 1,且 G_{2A} 和 G_{2B} 均为 0 时,译码器才处于工作状态,其输出表达式为

$$\overline{Y}_0 = \overline{A}_2 \overline{A}_1 \overline{A}_0, \quad Y_0 = \overline{\overline{A}_2 \overline{A}_1 \overline{A}_0}$$

$$\overline{Y}_1 = \overline{A}_2 \overline{A}_1 A_0, \quad Y_1 = \overline{\overline{A}_2 \overline{A}_1 A_0}$$

$$\overline{Y}_2 = \overline{A}_2 A_1 \overline{A}_0, \quad Y_2 = \overline{\overline{A}_2 A_1 \overline{A}_0}$$

$$\overline{Y}_3 = \overline{A}_2 A_1 A_0, \quad Y_3 = \overline{\overline{A}_2 A_1 A_0}$$

$$\overline{Y}_4 = A_2\overline{A}_1\overline{A}_0, \quad Y_4 = \overline{A_2\overline{A}_1\overline{A}_0}$$

$$\overline{Y}_5 = A_2\overline{A}_1A_0, \quad Y_5 = \overline{A_2\overline{A}_1A_0}$$

$$\overline{Y}_6 = A_2A_1\overline{A}_0, \quad Y_6 = \overline{A_2A_1\overline{A}_0}$$

$$\overline{Y}_7 = A_2A_1A_0, \quad Y_7 = \overline{A_2A_1A_0}$$

表 4.2.5　8 线-3 线地址译码器 74LS138 的逻辑功能表

输		入				输		出					
G_1	G_{2A}	G_{2B}	A_2	A_1	A_0	Y_0	Y_1	Y_2	Y_3	Y_4	Y_5	Y_6	Y_7
×	1	×	×	×	×	1	1	1	1	1	1	1	1
×	×	1	×	×	×	1	1	1	1	1	1	1	1
0	×	×	×	×	×	1	1	1	1	1	1	1	1
1	0	0	0	0	0	0	1	1	1	1	1	1	1
1	0	0	0	0	1	1	0	1	1	1	1	1	1
1	0	0	0	1	0	1	1	0	1	1	1	1	1
1	0	0	0	1	1	1	1	1	0	1	1	1	1
1	0	0	1	0	0	1	1	1	1	0	1	1	1
1	0	0	1	0	1	1	1	1	1	1	0	1	1
1	0	0	1	1	0	1	1	1	1	1	1	0	1
1	0	0	1	1	1	1	1	1	1	1	1	1	0

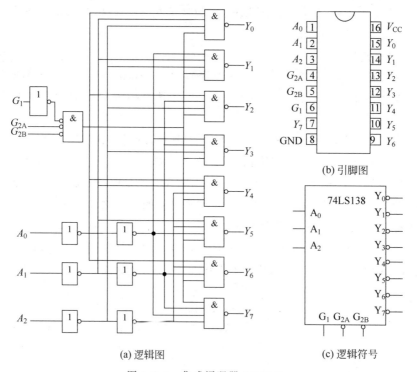

(a) 逻辑图　　(b) 引脚图　　(c) 逻辑符号

图 4.2.5　集成译码器 74LS138

利用 G_1、G_{2A} 和 G_{2B} 这 3 个使能输入端可以将 2 个 3 线-8 线译码器 74LS138 级连,组成一个 4 线-16 线的地址译码器,如图 4.2.6 所示。

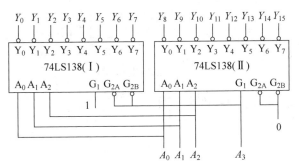

图 4.2.6 3 线-8 线译码器 74LS138 的扩展电路

在如图 4.2.6 所示的电路中,当输入的 4 位代码信号 $A_3A_2A_1A_0$ 的变化范围为 0000～0111 时,74LS138(Ⅰ)的使能输入端 $G_1=1$,$G_{2A}=G_{2B}=0$,允许 74LS138(Ⅰ)进行译码,对应于每一个代码,该片的 8 个输出端中,分别有一个低电平输出;而 74LS138(Ⅱ)的使能输入端 $G_1=0$,不允许其译码,输出端保持高电平。当输入的 4 位代码信号 $A_3A_2A_1A_0$ 的变化范围为 1000～1111 时,74LS138(Ⅱ)的使能输入端 $G_1=1$,$G_{2A}=G_{2B}=0$,允许 74LS138(Ⅱ)进行译码,对应于每一个代码,该片的 8 个输出端中,分别有一个低电平输出;而 74LS138(Ⅰ)的使能输入端 $G_1=0$,不允许其译码,输出端保持无效电平。因此,如图 4.2.6 所示的电路构成了 4 线-16 线译码器。用同样的方法,用 4 片 74LS138 可构成 5 线-32 线译码器。

地址译码器还可以作为函数发生器。若将译码器输入端 A_2、A_1、A_0 的代码视为函数的 3 个输入变量,则译码器的每一个输出端都与变量最小项中的一个相对应,即 $Y_0=\overline{\overline{A}_2\overline{A}_1\overline{A}_0}=\overline{m}_0$,$Y_1=\overline{\overline{A}_2\overline{A}_1A_0}=\overline{m}_1$,以此类推,所以,3 线-8 线译码器能用于产生三变量函数的全部最小项,而任一逻辑函数都能用最小项的形式表示。根据这一特点,利用译码器能够方便地实现 3 个或 2 个输入变量的逻辑函数。

例 4.2.1 用一个 3 线-8 线译码器 74LS138 实现函数 $Y=CBA+\overline{C}B+CB\overline{A}$。

解 第一步,将函数 Y 转换成最小项表达式。

$$Y=\overline{C}B\overline{A}+\overline{C}BA+CB\overline{A}+CBA$$

将输入变量 C、B、A 与译码器输入端 A_2、A_1、A_0 一一对应,并利用摩根定理对逻辑表达式进行变换,可得

$$Y=\overline{A}_2A_1\overline{A}_0+\overline{A}_2A_1A_0+A_2A_1\overline{A}_0+A_2A_1A_0$$
$$=\overline{\overline{\overline{A}_2A_1\overline{A}_0}\ \overline{\overline{A}_2A_1A_0}\ \overline{A_2A_1\overline{A}_0}\ \overline{A_2A_1A_0}}$$
$$=\overline{Y_2Y_3Y_6Y_7}$$

第二步,将 74LS138 的 3 个使能端处于允许译码的状态,即 G_1 接高电平,G_{2A} 和 G_{2B} 接地。

第三步,将 3 线-8 线译码器输出端 Y_2、Y_3、Y_6、Y_7 接入一个与非门,输入端 A_2、A_1、A_0 分别接入输入信号 C、B、A,即可实现题目所要求的组合逻辑函数的电路,如图 4.2.7 所示。

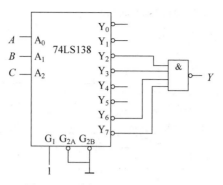

图 4.2.7 例 4.2.1 的逻辑电路图

例 4.2.2 用 74LS138 译码器实现真值表给定的逻辑功能。

解 根据一位减法器能进行被减数 A_i 和减数 B_i 及从低位借位信号 C_{i-1} 的减法运算,设求差结果为 S_i,本位向高位的借位信号为 C_i,设计过程如下:

(1) 根据减法器的逻辑功能,列出真值表如表 4.2.6 所示。

表 4.2.6 真值表

A_i	B_i	C_{i-1}	S_i	C_i
0	0	0	0	0
0	0	1	1	1
0	1	0	1	1
0	1	1	0	1
1	0	0	1	0
1	0	1	0	0
1	1	0	0	0
1	1	1	1	1

(2) 根据真值表 4.2.6 写逻辑表达式并进行转换。

$$S_i = \overline{A}_i\overline{B}_iC_{i-1} + \overline{A}_iB_i\overline{C}_{i-1} + A_i\overline{B}_i\overline{C}_{i-1} + A_iB_iC_{i-1}$$
$$= \overline{\overline{\overline{A}_i\overline{B}_iC_{i-1}}\;\overline{\overline{A}_iB_i\overline{C}_{i-1}}\;\overline{A_i\overline{B}_i\overline{C}_{i-1}}\;\overline{A_iB_iC_{i-1}}}$$
$$= \overline{Y_1Y_2Y_4Y_7}$$

同理

$$C_i = \overline{A}_i\overline{B}_iC_{i-1} + \overline{A}_iB_i\overline{C}_{i-1} + \overline{A}_iB_iC_{i-1} + A_iB_iC_{i-1}$$
$$= \overline{Y_1Y_2Y_3Y_7}$$

(3) 画出一位减法器的逻辑电路如图 4.2.8 所示。

在实际应用中,采用中规模集成电路器件实现逻辑函数具有电路的体积小、连线少、可靠性高、设计工作量小等优点。用集成电路芯片设计逻辑函数时,不追求逻辑表达式的最简形式,而是将逻辑表达式转换成与集成电路芯片函数相同的形式,然后找出使两者相等的条件,经过简单连线及增加适当门电路,即可得到待求逻辑函数。

2) 二-十进制译码器

二-十进制译码器的逻辑功能是将 8421BCD 码 0000～1001 转换为对应的 10 个输出信

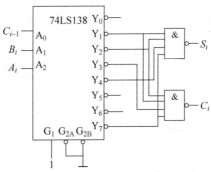

图 4.2.8 例 4.2.2 的逻辑电路图

号的电路。这种译码器应有 4 个输入端,输入为 8421BCD 码;有 10 个输出端,每个输出端的有效电平信号与一个 BCD 码对应。由于二-十进制译码器在工作原理上与二进制译码器基本相同,这里不再赘述。

2. 数字显示器

1) LED 数码显示器

LED 数码显示器按显示方式分为分段式、点阵式和重叠式,按发光材料分为半导体显示器、荧光数码显示器、液晶显示器和气体放电显示器。目前工程上应用较多的是半导体发光二极管分段式显示器,通常称为七段发光二极管显示器。

图 4.2.9 为七段发光二极管共阴极显示器和共阳极显示器的符号和电路图。在图 4.2.9(b)中,共阴极显示器将各字段发光二极管的阴极端连在一起,引出作为公共端 COM。当公共端 COM 接低电平,对应各字段发光二极管的阳极输入端 $a \sim g$ 接相应高电平时,则对应字段的发光二极管会发光显示。而共阳极显示器将各字段发光二极管的阳极端连在一起,引出作为公共端 COM,如图 4.2.9(c)所示。当公共端接高电平,对应各字段发光二极管的阴极输入端 $a \sim g$ 接相应低电平时,对应字段的发光二极管可发光显示。

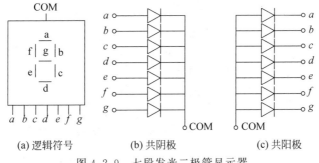

| (a) 逻辑符号 | (b) 共阴极 | (c) 共阳极 |

图 4.2.9 七段发光二极管显示器

2) 显示译码器

显示译码器的功能是将输入的一组代码(通常是 BCD 码)转换成数码显示器显示某一数字所需代码的译码器,也称为代码转换器。和地址译码器相比,两者没有本质区别,显示译码器只是对应一组输入代码,有多个输出信号有效。

当需要数码显示器显示一位十进制数字时,先必须用显示译码器将 4 位 BCD 码翻译成对应的字形码(也称为字段码)后,再将显示译码器输出的字形码与数码显示器的字段输入

端 $a \sim g$ 相连,数码显示器便可显示出对应的十进制数字字形。如果是驱动共阴极数码显示器,需要输出高电平有效的显示译码器;而驱动共阳极数码显示器,则需要输出低电平有效的显示译码器。

74LS48 为常用的集成七段显示译码器,表 4.2.7 为 74LS48 七段显示译码器逻辑功能表,74LS48 的外部引脚图如图 4.2.10 所示。

表 4.2.7　74LS48 七段发光二极管显示译码器逻辑功能表

十进制或功能	输　入						BI/RBO	输　　出							字形
	LT	RBI	A_3	A_2	A_1	A_0		a	b	c	d	e	f	g	
0	1	1	0	0	0	0	1	1	1	1	1	1	1	0	0
1	1	×	0	0	0	1	1	0	1	1	0	0	0	0	1
2	1	×	0	0	1	0	1	1	1	0	1	1	0	1	2
3	1	×	0	0	1	1	1	1	1	1	1	0	0	1	3
4	1	×	0	1	0	0	1	0	1	1	0	0	1	1	4
5	1	×	0	1	0	1	1	1	0	1	1	0	1	1	5
6	1	×	0	1	1	0	1	0	0	1	1	1	1	1	6
7	1	×	0	1	1	1	1	1	1	1	0	0	0	0	7
8	1	×	1	0	0	0	1	1	1	1	1	1	1	1	8
9	1	×	1	0	0	1	1	1	1	1	1	0	1	1	9
灭灯	×	×	×	×	×	×	0	0	0	0	0	0	0	0	
动态灭零	1	0	0	0	0	0	0	0	0	0	0	0	0	0	
试灯	0	×	×	×	×	×	1	1	1	1	1	1	1	1	8

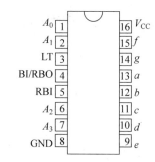

图 4.2.10　74LS48 显示译码器引脚图

74LS48 七段显示译码器输入为 8421BCD 码,输出为对应七段共阴极显示器的字形码,即输出高电平有效。从逻辑功能表中可看出,对输入代码 0000 的译码条件是 LT 和 RBI 同时等于 1,而对其他输入代码的译码条件则仅要求 LT=1。这时,显示译码器各段 $a \sim g$ 输出的电平由输入端 DCBA 输入的 8421BCD 码决定。74LS48 集成七段显示译码器还设有多个辅助输入、输出控制端,以增强器件的逻辑扩展功能。以下对辅助控制信号分别进行说明。

(1) 灭灯输入 BI/RBO。

BI/RBO 是特殊控制端,有时作为输入,有时作为输出。当 BI/RBO 作为输入使用,且 BI=0 时,无论其他输入端是什么电平,所有各段输出 $a \sim g$ 均为 0,所以字形熄灭。

（2）试灯输入 LT。

当 LT＝0 时，BI/RBO 是输出端，且为 1，此时无论其他输入端是什么状态，所有各段输出 $a\sim g$ 均为 1，全部字段点亮，显示字形"8"。该输入端常用于检查 74LS48 及数码显示器的好坏。

（3）动态灭零输入 RBI。

当 LT＝1，RBI＝0，且输入代码 DCBA＝0000 时，各段输出 $a\sim g$ 均为低电平，与输入代码相对应的字形"0"熄灭，故称"灭零"。利用 LT＝1，RBI＝0 可以实现某一位数码显示器的"消隐"。

（4）动态灭灯输出 RBO。

当输入满足"灭零"条件时，BI/RBO 作为输出使用，且为 0；不满足"灭零"条件时，BI/RBO 为 1。该端可用于在显示多位数字时，多个译码器及多位数码显示器之间的连接，消去高位零。

例如，如图 4.2.11 所示的多位显示电路，由 7 个译码器 74LS48 驱动 7 位数码显示器，从左到右显示从高到低的 7 位十进制数字。

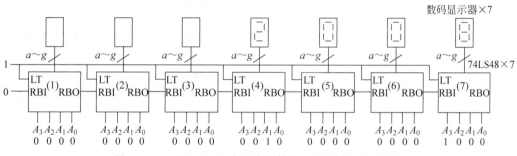

图 4.2.11　用 74LS48 实现多位数字显示的译码显示电路

图 4.2.11 中各片 74LS48 的 LT 均接高电平 1，高位 74LS48 的 RBO 都与相邻低位 74LS48 的 RBI 相连，只有最高位即左边第一片 74LS48 的 RBI＝0。按图 4.2.11 所示各位的输入数据，由于左边第一片 74LS48 的 RBI＝0，且输入 BCD 码为 $A_3A_2A_1A_0$＝0000，所以第一片 74LS48 满足灭零条件，零字形熄灭不显示，同时输出端 RBO＝0；由于第一片 74LS48 的 RBO 与相邻第二片 74LS48 的 RBI 相连，使第二片 74LS48 也满足灭零条件，零字形也熄灭不显示，并且输出端 RBO＝0；同理，第三片的零字形也熄灭不显示。由于第四片 74LS48 译码器的输入信号 $A_3A_2A_1A_0\neq0000$，所以能正常译码，并使 RBO＝1，按表 4.2.7 中输入 8421 BCD 码为 $A_3A_2A_1A_0$＝0010，对应输出数字 2 的字形码，使数码显示器显示数字 2；至此，其余低位 74LS48 译码器都有 RBI＝1，虽然第五、第六片 74LS48 输入的数据信号都为 0，即 $A_3A_2A_1A_0$＝0000，但因不满足灭零条件，74LS48 译码器对数字 0 进行译码输出，显示器将显示数字 0。若左边高位第一片 74LS48 的输入代码不是 0000，而是任何其他 BCD 码，则该片也将正常译码并驱动显示，同时使 RBO＝1。这样，第二片、第三片也就丧失了灭零条件。所以，电路只对全零高位灭零，非零数字后的低位零仍然正常显示。

4.2.3　数据分配器

在数据传送过程中，有时需要将公共数据线上的数据分配到不同的数据通道上，实现这种逻辑功能的电路称为数据分配器,也称多路分配器。图 4.2.12 给出了 4 路数据分配器的逻辑功能示意图。

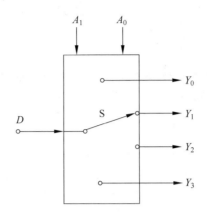

图 4.2.12 4 路数据分配器的逻辑功能示意图

在图 4.2.12 中,S 相当于一个由输入信号 A_1、A_0 控制的单刀多掷数字开关,输入数据 D 在输入信号 A_1、A_0 控制下,可分别传送到 $Y_0 \sim Y_3$ 不同数据通道上。例如,$A_1A_0=01$,开关 S 合向 Y_1,输入数据 D 则被传送到 Y_1 通道上。实际使用中,可用译码器来实现数据分配的逻辑功能。例如,用 3 线-8 线译码器 74LS138 实现 8 路数据分配的逻辑功能。用 74LS138 作 8 路数据分配器的逻辑原理图如图 4.2.13 所示。

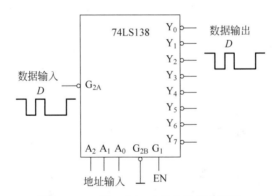

图 4.2.13 用 74LS138 作为数据分配器

由图 4.2.13 可以看出,74LS138 的 3 个地址译码输入端 $A_2A_1A_0$ 用作数据分配器的通道选择,8 个通道输出端 $Y_0 \sim Y_7$ 用作 8 路数据输出。3 个输入控制端中的 G_{2A} 用作数据 D 的输入端,G_{2B} 直接接地,处于有效状态,G_1 用作使能端,当 $G_1=0$ 时,输出保持无效高电平状态,当 $G_1=1$ 时,则允许 74LS138 实现数据分配。例如,当需要将输入数据 D 转送至输出端 Y_2,则地址输入应为 $A_2A_1A_0=010$,由图 4.2.13 和表 4.2.5 可得

$$Y_2 = \overline{(G_1\overline{G}_{2A}\overline{G}_{2B})\overline{A}_2A_1\overline{A}_0} = G_{2A} = D$$

因此,当地址 $A_2A_1A_0=010$ 时,只有输出端 Y_2 得到与输入数据 D 相同的数据波形,其余输出端均为高电平。将 74LS138 译码器用作数据分配器的逻辑功能表如表 4.2.8 所示。

表 4.2.8　74LS138 译码器作为数据分配器的逻辑功能表

输　　　入						输　　　出							
G_1	G_{2A}	G_{2B}	A_2	A_1	A_0	Y_0	Y_1	Y_2	Y_3	Y_4	Y_5	Y_6	Y_7
0	0	$\times$	$\times$	$\times$	$\times$	1	1	1	1	1	1	1	1
1	0	D	0	0	0	D	1	1	1	1	1	1	1
1	0	D	0	0	1	1	D	1	1	1	1	1	1
1	0	D	0	1	0	1	1	D	1	1	1	1	1
1	0	D	0	1	1	1	1	1	D	1	1	1	1
1	0	D	1	0	0	1	1	1	1	D	1	1	1
1	0	D	1	0	1	1	1	1	1	1	D	1	1
1	0	D	1	1	0	1	1	1	1	1	1	D	1
1	0	D	1	1	1	1	1	1	1	1	1	1	D

4.2.4　数据选择器

数据选择是指从多个通道中选择出其中一个通道的数据,并将其传送到公共数据通道上。实现数据选择功能的逻辑电路称为数据选择器。4 选 1 数据选择器的逻辑功能示意图如图 4.2.14 所示,其中 S 的作用相当于一个多输入单输出的单刀多掷数字开关,在选择控制变量 A_1、A_0 的作用下,选出输入数据 $D_0 \sim D_3$ 中的某一个并从 Y 端输出。数据选择器种类很多,常用的有 4 选 1、8 选 1 数据选择器,其原理基本相同。下面以集成 8 选 1 数据选择器 74LS151 为例进行介绍。

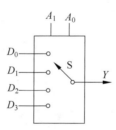

图 4.2.14　4 选 1 数据选择器逻辑功能示意图

1. 74LS151 集成电路数据选择器

74LS151 是一种常用的集成电路数据选择器,有 3 个选择地址输入端 A_2、A_1、A_0,用于选择 8 个输入数据源 $D_0 \sim D_7$ 中的一个数据。具有两个互补输出端,即同相输出端 Y 和反相输出端 W。一个输入使能信号输入端 G 为低电平有效。其逻辑功能表如表 4.2.9 所示,其逻辑电路、逻辑符号和外部引脚图分别如图 4.2.15(a)、(b)、(c)所示。

表 4.2.9　数据选择器 74LS151 的逻辑功能表

输　　　入				输　　　出	
使能 G	选择地址			Y	W
	A_2	A_1	A_0		
1	$\times$	$\times$	$\times$	0	1
0	0	0	0	D_0	$\overline{D}_0$

续表

输　　入				输　　出	
使能 G	选择地址			Y	W
	A_2	A_1	A_0		
0	0	0	1	D_1	$\overline{D}_1$
0	0	1	0	D_2	$\overline{D}_2$
0	0	1	1	D_3	$\overline{D}_3$
0	1	0	0	D_4	$\overline{D}_4$
0	1	0	1	D_5	$\overline{D}_5$
0	1	1	0	D_6	$\overline{D}_6$
0	1	1	1	D_7	$\overline{D}_7$

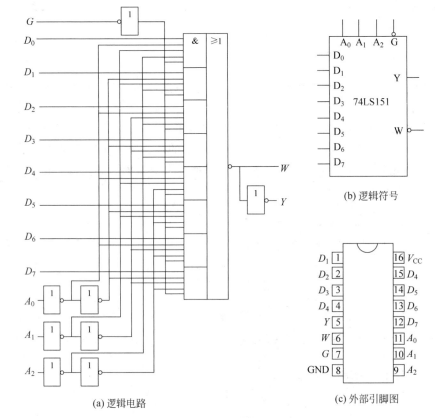

(a) 逻辑电路　　　　(b) 逻辑符号　　　　(c) 外部引脚图

图 4.2.15　74LS151 常用集成电路数据选择器

由图 4.2.15(a)可知,该逻辑电路的基本结构为与或非形式。根据表 4.2.9 中 74LS151 的逻辑功能,在输入使能信号有效,即 $G=0$ 的情况下,输出端 Y 的表达式为

$$Y = \overline{A}_2\overline{A}_1\overline{A}_0 D_0 + \overline{A}_2\overline{A}_1 A_0 D_1 + \overline{A}_2 A_1 \overline{A}_0 D_2 + \overline{A}_2 A_1 A_0 D_3 +$$
$$A_2 \overline{A}_1 \overline{A}_0 D_4 + A_2 \overline{A}_1 A_0 D_5 + A_2 A_1 \overline{A}_0 D_6 + A_2 A_1 A_0 D_7$$
$$= \sum_{i=0}^{7} m_i D_i \tag{4.2.1}$$

式(4.2.1)中,m_i 是按 $A_2 A_1 A_0$ 排序的关于 $A_2 A_1 A_0$ 的最小项。例如,当 $A_2 A_1 A_0 = 011$

时,根据最小项性质,只有 $m_3=1$,其余最小项都为 0,所以 $Y=D_3$,即选择数据 D_3 并将其传送到输出端 Y。

2. 数据选择器的应用

74LS151 为 8 选 1 数据选择器,除可完成数据选择的逻辑功能,还可实现逻辑函数的设计。

例 4.2.3 试用 8 选 1 数据选择器 74LS151 实现表 4.2.10 所示逻辑功能的 3 输入变量的逻辑函数。

表 4.2.10 例 4.2.3 的真值表

C	B	A	Y
0	0	0	0
0	0	1	0
0	1	0	0
0	1	1	1
1	0	0	1
1	0	1	0
1	1	0	1
1	1	1	1

解 根据表 4.2.10 写出该逻辑函数的最小项表达式

$$Y=\overline{C}BA+C\overline{B}\,\overline{A}+CB\overline{A}+CBA$$

对照 74LS151 数据选择器的逻辑表达式(4.2.1),将上式转换成与 74LS151 选择器对应的形式:令 3 输入变量 $A=A_0$,$B=A_1$,$C=A_2$,则有

$$Y=\overline{A}_2A_1A_0+A_2\overline{A}_1\overline{A}_0+A_2A_1\overline{A}_0+A_2A_1A_0=m_3+m_4+m_6+m_7 \quad (4.2.2)$$

比较式(4.2.2)与式(4.2.1),要使两者相等,只需在式(4.2.1)中保留 m_3、m_4、m_6、m_7,为此可令式(4.2.1)中 $D_3=D_4=D_6=D_7=1$,$D_0=D_1=D_2=D_5=0$。由此画出的逻辑电路如图 4.2.16 所示。

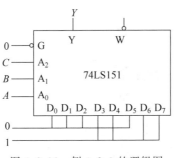

图 4.2.16 例 4.2.3 的逻辑图

例 4.2.4 试用 8 选 1 数据选择器 74LS151 产生一个 4 输入变量的逻辑函数

$$Y=\overline{D}\,\overline{C}B+\overline{D}CB+CBA+\overline{D}\,\overline{C}B\overline{A}+D\overline{C}\,\overline{B}A$$

解 将上式变换成 74LS151 数据选择器的逻辑表达式(4.2.1)的形式,令 $D=A_2$、$C=A_1$、$B=A_0$,则有

$$Y=\overline{A}_2\overline{A}_1A_0 \cdot 1+\overline{A}_2A_1\overline{A}_0 \cdot 1+(A_2+\overline{A}_2)A_1\overline{A}_0 \cdot A+\overline{A}_2\overline{A}_1A_0 \cdot \overline{A}+A_2\overline{A}_1\overline{A}_0 \cdot A$$

$$=m_0 \cdot 1+m_2 \cdot 1+m_2 \cdot A+m_6 \cdot A+m_1 \cdot \overline{A}+m_4 \cdot A$$

$$=m_0 \cdot 1 + m_1 \cdot \overline{A} + m_2 \cdot (1+A) + m_4 \cdot A + m_6 \cdot A \qquad (4.2.3)$$

比较式(4.2.1)和式(4.2.3)，要使两者相等，只需在式(4.2.1)中令

$$D_0 = D_2 = 1, \quad D_1 = \overline{A}, \quad D_4 = D_6 = A, \quad D_3 = D_5 = D_7 = 0$$

由此可画出用74LS151实现的逻辑函数电路，如图4.2.17所示。

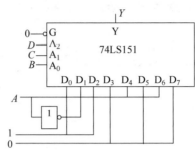

图 4.2.17　例 4.2.4 的图

4.2.5　数值比较器

在数字系统中，用来比较两个二进制数大小及是否相等的电路称为数值比较器。

1. 1 位数值比较器

1位数值比较器是多位比较器的基础，可以实现两个1位二进制数的比较，1位数值比较器的真值表如表4.2.11所示。

表 4.2.11　1 位数值比较器的真值表

输　　入		输　　出		
A	B	$F_{A>B}$	$F_{A<B}$	$F_{A=B}$
0	0	0	0	1
0	1	0	1	0
1	0	1	0	0
1	1	0	0	1

由表4.2.11可得到如下逻辑表达式：

$$\left.\begin{array}{l} F_{A>B} = A\overline{B} \\[2mm] F_{A<B} = \overline{A}B \\[2mm] F_{A=B} = \overline{A}\,\overline{B} + AB = \overline{\overline{A}B + A\overline{B}} \end{array}\right\} \qquad (4.2.4)$$

由逻辑表达式画出如图4.2.18所示的逻辑电路图。

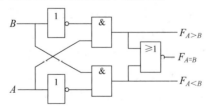

图 4.2.18　1 位数值比较器逻辑图

2. 多位数值比较器

1) 多位数值比较的基本原理

两个多位二进制数进行比较时,总是从高位到低位逐位进行比较以确定其大小。比如一个 4 位数值比较器,对两个 4 位二进制数 A 和 B 进行比较时,先从 A 的最高位 A_3 和 B 的最高位 B_3 开始比较,如果不相等,则最高位的比较结果即可作为两数的比较结果,如若 $A_3=0$,$B_3=1$,即 $A_3<B_3$,则比较结果为 $A<B$;若 $A_3=1$,$B_3=0$,即 $A_3>B_3$,则比较结果为 $A>B$。若最高位相等,即 $A_3=B_3$,则再比较次高位 A_2 和 B_2;以此类推,直至比较到最低位 A_0 和 B_0,便可得到 3 种比较结果 $A>B$ 或 $A<B$ 或 $A=B$ 之一。

2) 集成 4 位数值比较器 74LS85

74LS85 是一个集成 4 位数值比较器,其逻辑功能如表 4.2.12 所示。其中,两个输入变量 A 和 B 各为 4 位二进制数 $A_3A_2A_1A_0$ 和 $B_3B_2B_1B_0$。74LS85 有 3 个输出变量 $F_{A>B}$、$F_{A<B}$ 和 $F_{A=B}$,且输出高电平有效,用于输出 3 种比较结果之一。当 $F_{A>B}=1$ 时,则表示 $A>B$,另外两个输出变量则应为 $F_{A<B}=F_{A=B}=0$;当 $F_{A<B}=1$ 时,则表示 $A<B$,此时有 $F_{A>B}=F_{A=B}=0$;当 $F_{A=B}=1$ 时,则表示 $A=B$,此时有 $F_{A>B}=F_{A<B}=0$。

表 4.2.12 集成 4 位数值比较器 74LS85 的逻辑功能表

数 码 输 入				级 联 输 入			输 出 结 果		
A_3B_3	A_2B_2	A_1B_1	A_0B_0	$I_{A>B}$	$I_{A<B}$	$I_{A=B}$	$F_{A>B}$	$F_{A<B}$	$F_{A=B}$
$A_3>B_3$	$\times$	$\times$	$\times$	$\times$	$\times$	$\times$	1	0	0
$A_3<B_3$	$\times$	$\times$	$\times$	$\times$	$\times$	$\times$	0	1	0
$A_3=B_3$	$A_2>B_2$	$\times$	$\times$	$\times$	$\times$	$\times$	1	0	0
$A_3=B_3$	$A_2<B_2$	$\times$	$\times$	$\times$	$\times$	$\times$	0	1	0
$A_3=B_3$	$A_2=B_2$	$A_1>B_1$	$\times$	$\times$	$\times$	$\times$	1	0	0
$A_3=B_3$	$A_2=B_2$	$A_1<B_1$	$\times$	$\times$	$\times$	$\times$	0	1	0
$A_3=B_3$	$A_2=B_2$	$A_1=B_1$	$A_0>B_0$	$\times$	$\times$	$\times$	1	0	0
$A_3=B_3$	$A_2=B_2$	$A_1=B_1$	$A_0<B_0$	$\times$	$\times$	$\times$	0	1	0
$A_3=B_3$	$A_2=B_2$	$A_1=B_1$	$A_0=B_0$	1	0	0	1	0	0
$A_3=B_3$	$A_2=B_2$	$A_1=B_1$	$A_0=B_0$	0	1	0	0	1	0
$A_3=B_3$	$A_2=B_2$	$A_1=B_1$	$A_0=B_0$	0	0	1	0	0	1

另外,74LS85 还有 3 个级联输入端 $I_{A>B}$、$I_{A<B}$、$I_{A=B}$,当多片 74LS85 数值比较器级联时,用来传送由低位芯片送来的更低位数的比较结果,这样,由多片级联,可组成更多位数的数值比较器。当一片 74LS85 的 4 位输入数据为 $A\neq B$ 时,输出的比较结果由 A 和 B 的比较结果决定;而当 74LS85 的 4 位输入数据为 $A=B$ 时,输出的比较结果则取决于级联输入端的信号,当 $I_{A>B}=1$ 时,输出变量为 $F_{A>B}=1$,$F_{A<B}=F_{A=B}=0$;当 $I_{A<B}=1$ 时,输出变量为 $F_{A<B}=1$,$F_{A>B}=F_{A=B}=0$;当 $I_{A=B}=1$ 时,输出变量为 $F_{A=B}=1$,$F_{A<B}=F_{A>B}=0$。

根据式(4.2.4)和表 4.2.12 可以推出各输出变量的逻辑关系表达式为

$$F_{A>B}=A_3\bar{B}_3+\overline{A_3\oplus B_3}A_2\bar{B}_2+\overline{A_3\oplus B_3}\,\overline{A_2\oplus B_2}A_1\bar{B}_1$$
$$+\overline{A_3\oplus B_3}\,\overline{A_2\oplus B_2}\,\overline{A_1\oplus B_1}A_0\bar{B}_0+\overline{A_3\oplus B_3}\,\overline{A_2\oplus B_2}\,\overline{A_1\oplus B_1}\,\overline{A_0\oplus B_0}I_{A>B}$$

$$F_{A=B} = \overline{A_3 \oplus B_3} \, \overline{A_2 \oplus B_2} \, \overline{A_1 \oplus B_1} \, \overline{A_0 \oplus B_0} I_{A=B}$$

$$F_{A<B} = \overline{A}_3 B_3 + \overline{A_3 \oplus B_3} \overline{A}_2 B_2 + \overline{A_3 \oplus B_3} \, \overline{A_2 \oplus B_2} \overline{A}_1 B_1 +$$

$$\overline{A_3 \oplus B_3} \, \overline{A_2 \oplus B_2} \, \overline{A_1 \oplus B_1} \overline{A}_0 B_0 + \overline{A_3 \oplus B_3} \, \overline{A_2 \oplus B_2} \, \overline{A_1 \oplus B_1} \, \overline{A_0 \oplus B_0} I_{A<B}$$

集成数值比较器 74LS85 的逻辑电路、逻辑符号和外部引脚图如图 4.2.19 所示。

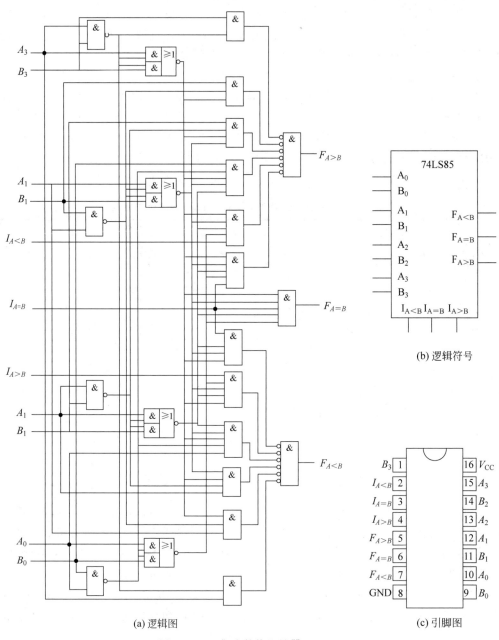

(a) 逻辑图

(b) 逻辑符号

(c) 引脚图

图 4.2.19　集成数值比较器 74LS85

3）数值比较器的扩展

扩展数值比较器的数值位数，包括串联扩展和并联扩展两种方式。

串联扩展方式是将低位比较器芯片的输出端 $F_{A>B}$、$F_{A<B}$、$F_{A=B}$ 分别连接到高位比较器芯片的级联输入端 $I_{A>B}$、$I_{A<B}$、$I_{A=B}$，最低位比较器芯片的级联输入端则设置为 $I_{A>B}=I_{A<B}=0$，$I_{A=B}=1$。低位比较器芯片的比较结果只是作为高位比较器的输入条件，而最高位比较器输出端的信号 $F_{A>B}$、$F_{A<B}$、$F_{A=B}$ 才是扩展后多位数值比较器的比较结果。

如用串联扩展方式将 2 片 74LS85 扩展成 8 位数值比较器，如图 4.2.20 所示。左边 74LS85(C_0)作为低 4 位数值比较器芯片，将其级联输入端的状态分别设置为 $I_{A>B}=I_{A<B}=0$，$I_{A=B}=1$，而将其输出端 $F_{A>B}$、$F_{A<B}$、$F_{A=B}$ 分别接到右边高 4 位数值比较器芯片 74LS85(C_1)的级联输入端 $I_{A>B}$、$I_{A<B}$、$I_{A=B}$。74LS85(C_1)的 $F_{A>B}$、$F_{A<B}$、$F_{A=B}$ 即为 8 位数值比较器比较结果的输出端。对于两个 8 位数来说，若高 4 位数值不相同，则比较结果由高 4 位比较器的比较结果确定；若高 4 位数值相同，则比较结果由低 4 位比较器的比较结果确定。

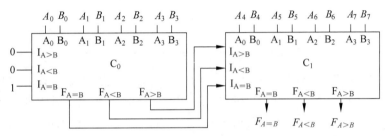

图 4.2.20 数值比较器串联扩展方式的级联逻辑电路

用串联方式扩展数值比较器时，要逐级进位比较，工作速度比较慢。当级联芯片较多，且要求工作速度较快时，可采用并联扩展方式。

并联扩展方式是将多个比较器芯片的输出端 $F_{A>B}$ 和 $F_{A<B}$ 按预定的高低位分别连接到上一级比较器芯片的输入端 A_i 和 B_i，而各个比较器芯片的级联输入端全部设置为 $I_{A>B}=I_{A<B}=0$，$I_{A=B}=1$。

图 4.2.21 所示为 5 片 74LS85 扩展成 16 位数值比较器的逻辑电路图。

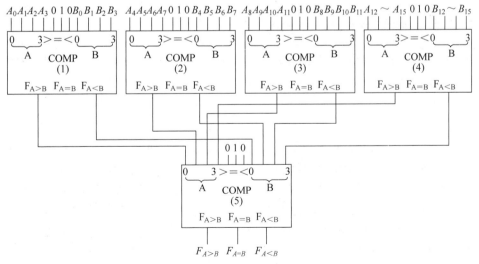

图 4.2.21 数值比较器并联扩展方式的逻辑电路

例 4.2.5 试用数值比较器实现表 4.2.13 所示逻辑功能的逻辑函数。

表 4.2.13　例 4.2.5 逻辑函数的真值表

A_3	A_2	A_1	A_0	F_1	F_2	F_3
0	0	0	0	0	1	0
0	0	0	1	0	1	0
0	0	1	0	0	1	0
0	0	1	1	0	1	0
0	1	0	0	0	1	0
0	1	0	1	0	1	0
0	1	1	0	1	0	0
0	1	1	1	0	0	1
1	0	0	0	0	0	1
1	0	0	1	0	0	1
1	0	1	0	0	0	1
1	0	1	1	0	0	1
1	1	0	0	0	0	1

解 由表 4.2.13 可看出,当 $A_3A_2A_1A_0 > 0110$ 时,$F_3 = 1$;当 $A_3A_2A_1A_0 < 0110$ 时,$F_2 = 1$;当 $A_3A_2A_1A_0 = 0110$ 时,$F_1 = 1$。因此,可用一片 74LS85 比较器实现上述逻辑功能,将输入数据 $A_3A_2A_1A_0$ 与 0110 比较,级联输入 $I_{A>B}$、$I_{A<B}$、$I_{A=B}$ 分别接 $I_{A>B} = I_{A<B} = 0$,$I_{A=B} = 1$,逻辑图如图 4.2.22 所示。

图 4.2.22　例 4.2.5 的逻辑电路

4.2.6　加法器

计算机完成各种复杂运算的基础是二进制数的加法运算。完成二进制数加法运算的逻辑电路则称为加法器。

1. 半加器

将 2 个 1 位二进制数相加时,如果只考虑本位的加数和被加数,而不考虑从低位来的进位,则称为半加运算。实现半加运算的逻辑电路称为半加器。半加器的逻辑关系可用表 4.2.14 表示,其中输入变量 A 和 B 分别是 1 位二进制数的被加数与加数,输出变量 S 和 C 表示和数与进位数。需要指出的是,表中的 0、1 是以数的形式出现的,满足数的运算规则,所以 S、C 的结果是由数的运算规则得到的,一旦列出真值表后,真值表的形式与逻辑关系列出的真值表完全一样,所以由真值表写逻辑式时,不再存在这一区别。由真值表可得出逻辑表达式为

$$S = A\bar{B} + \bar{A}B = A \oplus B$$

$$C = AB$$

　　根据逻辑表达式,可由一个异或门和一个与门组成一个1位二进制数的半加器,逻辑电路图如图4.2.23(a)所示。半加器的逻辑符号如图4.2.23(b)所示,其中,A_i和B_i表示第i位上的加数与被加数,S_i表示第i位上的和数,C_i则表示第i位向相邻高位进位的进位数。

表 4.2.14　半加器的真值表

A	B	S	C
0	0	0	0
0	1	1	0
1	0	1	0
1	1	0	1

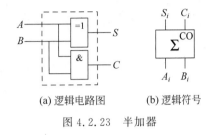

(a) 逻辑电路图　　　(b) 逻辑符号

图 4.2.23　半加器

2. 全加器

　　当进行多位二进制相加时,各位二进制数的加法运算既要考虑本位上的加数和被加数,还要考虑由低位进位的进位数。将本位上的加数和被加数及低位进位的进位数一起相加,称为全加运算。实现全加运算的逻辑电路称为全加器。1位全加器能完成本位上加数和被加数及低位进位数的加法运算,并根据求和结果给出本位和数及向高位的进位数。

　　根据全加器的逻辑功能,可列出真值表,如表4.2.15所示。其中输入变量A_i和B_i分别表示第i位上的加数与被加数,C_{i-1}表示相邻低位的进位数;输出变量S_i表示第i位上和数(称为全加和),C_i表示向相邻高位进位的进位数。由真值表写出表达式并加以化简和转换,可得

$$S_i = \overline{A}_i \overline{B}_i C_{i-1} + \overline{A}_i B_i \overline{C}_{i-1} + A_i \overline{B}_i \overline{C}_{i-1} + A_i B_i C_{i-1}$$
$$= C_{i-1}(\overline{A}_i \overline{B}_i + A_i B_i) + \overline{C}_{i-1}(\overline{A}_i B_i + A_i \overline{B}_i)$$
$$= C_{i-1}(\overline{A_i \oplus B_i}) + \overline{C}_{i-1}(A_i \oplus B_i)$$
$$= A_i \oplus B_i \oplus C_{i-1}$$
$$C_i = \overline{A}_i B_i C_{i-1} + A_i \overline{B}_i C_{i-1} + A_i B_i \overline{C}_{i-1} + A_i B_i C_{i-1}$$
$$= C_{i-1}(\overline{A}_i B_i + A_i \overline{B}_i) + A_i B_i(\overline{C}_{i-1} + C_{i-1})$$
$$= (A_i \oplus B_i)C_{i-1} + A_i B_i$$

表 4.2.15　全加器的真值表

A_i	B_i	C_{i-1}	S_i	C_i
0	0	0	0	0
0	0	1	1	0
0	1	0	1	0
0	1	1	0	1
1	0	0	1	0
1	0	1	0	1
1	1	0	0	1
1	1	1	1	1

用两个半加器加一个或门,便可实现一个 1 位全加器的逻辑功能,其逻辑电路图如图 4.2.24(a)所示,全加器的逻辑符号如图 4.2.24(b)所示。

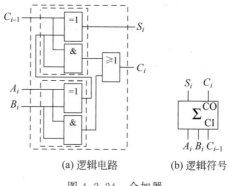

(a) 逻辑电路　　　　(b) 逻辑符号

图 4.2.24　全加器

3. 多位加法器

在实际应用中,经常需要进行多位二进制数的加法运算,这时可使用多位加法器。多位加法器的逻辑电路实际上是由多个 1 位全加器组成。多位加法器按进位运算方式可分为串行加法器和并行加法器。

串行加法器是从最低位数开始逐位相加,当高位数进行相加时,要加入相邻低位相加后得出的进位数,直至加到最高位,最后得到和数。串行加法器由多个全加器串行进位的方式组成,低位全加器的进位输出端与相邻高位全加器的进位输入端相连。如图 4.2.25 所示电路为 4 个全加器组成的 4 位二进制串行加法器的逻辑电路。串行加法器的连线简单,但最大的缺点是速度比较慢。在如图 4.2.25 所示电路中,最低位的进位端直接接地 $C_{-1}=0$,其余高位的加法运算都必须等相邻低位进位之后才能进行。因此做一次 4 位加法运算通常需要等待 4 个全加器的传输时间。为提高运算速度,可采用并行加法器。

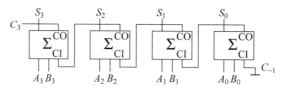

图 4.2.25　4 位二进制串行加法器

并行加法器是指 2 个多位二进制数的各位可以并行相加的运算电路。并行进位又称超前进位。实现超前进位加法的逻辑电路中,每位的进位只由加数和被加数决定,而与低位的进位数无关,这样,各位数相加可同时进行。因此,并行加法器比串行加法器的速度快。下面介绍超前进位的原理。

根据 1 位全加器的逻辑表达式

$$S_i = A_i \oplus B_i \oplus C_{i-1} \tag{4.2.5}$$

$$C_i = (A_i \oplus B_i)C_{i-1} + A_iB_i \tag{4.2.6}$$

可以先定义以下两个中间变量 G_i 和 P_i

$$G_i = A_iB_i \tag{4.2.7}$$

$$P_i = A_i \oplus B_i \tag{4.2.8}$$

由式(4.2.7)、式(4.2.8)可知，G_i 和 P_i 这两个变量只与本位的加数、被加数有关，与低位的进位 C_{i-1} 无关。

将式(4.2.7)和式(4.2.8)代入式(4.2.5)式(4.2.6)，得

$$S_i = P_i \oplus C_{i-1} \tag{4.2.9}$$

$$C_i = G_i + P_i C_{i-1} \tag{4.2.10}$$

将式(4.2.10)展开，得到 4 位加法器各位上进位信号的逻辑表达式

$$\begin{cases}
C_0 = G_0 + P_0 C_{-1} \\
C_1 = G_1 + P_1 C_0 = G_1 + P_1 G_0 + P_1 P_0 C_{-1} \\
C_2 = G_2 + P_2 C_1 = G_2 + P_2 G_1 + P_2 P_1 G_0 + P_2 P_1 P_0 C_{-1} \\
C_3 = G_3 + P_3 C_2 = G_3 + P_3 G_2 + P_3 P_2 G_1 + P_3 P_2 P_1 G_0 + P_3 P_2 P_1 P_0 C_{-1}
\end{cases} \tag{4.2.11}$$

由式(4.2.11)可知，各位上的进位信号只与变量 G_i、P_i 和 C_{-1} 有关，而 C_{-1} 是最低位的进位信号，其值始终为 0。所以各位上的进位信号只与加数和被加数有关，它们都可以并行产生。因为超前进位加法器各位加法运算同时进行，这大大提高了运算速度。

具有超前进位功能的集成 4 位二进制加法器 74LS283 的逻辑电路图、外部引脚图和逻辑符号如图 4.2.26 所示。虽然并行加法器比串行加法器的速度快，但并行加法器比串行加法器的逻辑电路要复杂。在实际应用中，可根据需要将两种进位方法结合起来使用。

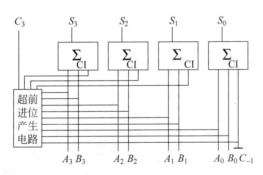

(a) 逻辑电路

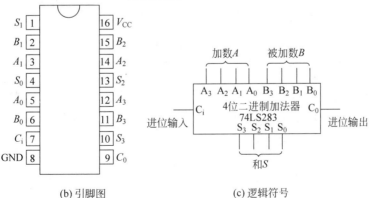

(b) 引脚图   (c) 逻辑符号

图 4.2.26 集成 4 位二进制加法器 74LS283

例 4.2.6 试用 4 位二进制加法器 74LS283 实现一位 8421BCD 码到余 3BCD 码的转换电路。

解 从余 3BCD 码和 8421BCD 码的编码规则可以知道,余 3BCD 码的码值比 8421BCD 码的相应码值多 3,因此只要将 8421BCD 码值加上 3,即加上 0011,即得到相应的余 3 码,也就实现了转换,相应的逻辑电路如图 4.2.27 所示。

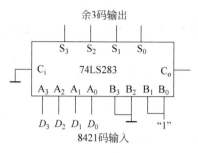

图 4.2.27 例 4.2.6 的电路

例 4.2.7 试用两片 74LS283 加法器和适当逻辑门设计构成一个一位 8421 码加法电路。

解 (1)分析 74LS283 是一片四位二进制加法器,其运算规则遵循二进制加法规则,运算结果是二进制数;而 8421BCD 码加法,应该遵循十进制加法规则,运算结果应该是 8421BCD 码表示的十进制数。

因此,运算按两步进行:第一步,两个数在 74LS283 中做二进制运算;第二步,将运算结果修正成 8421BCD 码。

(2)根据二进制和 8421BCD 十进制数表示的对应关系,可以列出对应的真值表,如表 4.2.16 所示。

表 4.2.16 例 4.2.7 的真值表

十进制数	二 进 制 数					8421BCD 码				
	C_b	B_3	B_2	B_1	B_0	C_d	D_3	D_2	D_1	D_0
0	0	0	0	0	0	0	0	0	0	0
1	0	0	0	0	1	0	0	0	0	1
2	0	0	0	1	0	0	0	0	1	0
3	0	0	0	1	1	0	0	0	1	1
4	0	0	1	0	0	0	0	1	0	0
5	0	0	1	0	1	0	0	1	0	1
6	0	0	1	1	0	0	0	1	1	0
7	0	0	1	1	1	0	0	1	1	1
8	0	1	0	0	0	0	1	0	0	0
9	0	1	0	0	1	0	1	0	0	1
10	0	1	0	1	0	1	0	0	0	0
11	0	1	0	1	1	1	0	0	0	1
12	0	1	1	0	0	1	0	0	1	0

续表

十进制数	二进制数					8421BCD 码				
	C_b	B_3	B_2	B_1	B_0	C_d	D_3	D_2	D_1	D_0
13	0	1	1	0	1	1	0	0	1	1
14	0	1	1	1	0	1	0	1	0	0
15	0	1	1	1	1	1	0	1	0	1
16	1	0	0	0	0	1	0	1	1	0
17	1	0	0	0	1	1	0	1	1	1
18	1	0	0	1	0	1	1	0	0	0
19	1	0	0	1	1	1	1	0	0	1
20	1	0	1	0	0	×	×	×	×	×
21	1	0	1	0	1	×	×	×	×	×
22	1	0	1	1	0	×	×	×	×	×
23	1	0	1	1	1	×	×	×	×	×
24	1	1	0	0	0	×	×	×	×	×
25	1	1	0	0	1	×	×	×	×	×
26	1	1	0	1	0	×	×	×	×	×
27	1	1	0	1	1	×	×	×	×	×
28	1	1	1	0	0	×	×	×	×	×
29	1	1	1	0	1	×	×	×	×	×
30	1	1	1	1	0	×	×	×	×	×
31	1	1	1	1	1	×	×	×	×	×

在表 4.2.16 中，$B_3 \sim B_0$ 为二进制数，C_b 是二进制向高位的进位，$D_3 \sim D_0$ 是十进制数的 8421BCD 编码值，C_d 是十进制数向高位的进位，"×"表示无关项。

分析表 4.2.16 可知，在 $C_d = 0$ 时，二进制运算结果和 8421BCD 码运算结果没有区别，即当运算结果小于 9 时，不需要做任何修正；但当结果大于"1001"（即 9）时，需要修正。为什么呢？因为 8421BCD 码的 C_d 按照"逢十进一"的原则进位，而四位二进制向更高位进位时，C_b 是到了十六才进位，即相当于"逢十六进一"，两个进位上相差"6"，即"0110"。所以，对于 8421BCD 码采用二进制运算器运算时，如运算后结果超过"1001"（9），需要对结果做加"0110"（6）修正。

因此，该电路需要做两次加法，当第一次运算结果小于"1001"时，第二次运算加上"0000"；当第一次运算结果超过"1001"时，第二次运算加上"0110"即可。

从真值表中可以明确看到，当运算结果小于"1001"时，总有 $C_d = 0$，而当运算结果超过"1001"时，总有 $C_d = 1$。所以，可以用 C_d 作为控制信号，决定第二次运算是加上"0000"还是加上"0110"。

根据真值表，可以写出 C_d 的逻辑关系，化简后为

$$C_d = B_3 B_1 + B_3 B_2 + C_b = \overline{\overline{B_3 B_1} \ \overline{B_3 B_2} \ \overline{C_b}}$$

由此可得到用两片 74LS283 构成的 8421BCD 码运算电路，如图 4.2.28 所示。

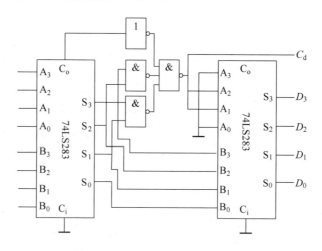

图 4.2.28 例 4.2.7 的图

4.3 组合逻辑电路中的竞争冒险

前面分析组合逻辑电路时,只讨论了逻辑电路输出与输入稳定状态之间的逻辑关系,并没有考虑各级门电路的延迟时间和信号变化的暂态过程对逻辑电路的影响。实际上,逻辑信号从输入到输出的传输过程中,不同通路上的逻辑门可能有不同的级数,而且不同逻辑门电路可能有不同的延迟时间。因此,在组合电路中,当输入信号改变状态时,输出端可能出现干扰脉冲的现象,使逻辑电路产生错误输出,通常把这种现象称为竞争冒险。

4.3.1 产生竞争冒险的原因

下面以图 4.3.1(a)所示的 TTL 与门电路为例,分析组合电路中产生竞争冒险的原因。

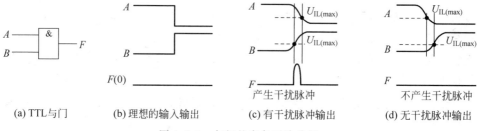

| (a) TTL 与门 | (b) 理想的输入输出 | (c) 有干扰脉冲输出 | (d) 无干扰脉冲输出 |

图 4.3.1 与门的竞争冒险分析

图 4.3.1(a)所示为二输入的与门电路。当输入信号 A 和 B 的状态同时向相反方向变化(即一个由 0 到 1 跳变,另一个由 1 到 0 跳变)时,若在理想情况下(不考虑传输时间),输出端信号 F 恒为 0,如图 4.3.1(b)所示;若考虑逻辑门电路的传输延迟时间,当 A 和 B 同时向相反方向变化时,输出端有可能产生干扰脉冲,如图 4.3.1(c)、(d)所示。在图 4.3.1(c)中,信号 B 先由低电平上升到低电平的门限值 $U_{\mathrm{IL(max)}}$ 时,信号 A 还没有下降到 $U_{\mathrm{IL(max)}}$,即从信号 B 上升至 $U_{\mathrm{IL(max)}}$ 之后到信号 A 下降至 $U_{\mathrm{IL(max)}}$ 之前的这一段极短时间内,信号 A 和 B 均为高电平,所以输出端产生一个很窄的高电平干扰脉冲,使 $F=1$,输出信号出现逻辑错误。在图 4.3.1(d)中,信号 A 先由高电平下降到 $U_{\mathrm{IL(max)}}$ 时,信号 B 仍处于

低电平,然后再上升到高电平,因此,输出端不会产生干扰脉冲。

可见,在任何一个逻辑门电路中,只要有两个输入信号同时向相反方向变化(由 01 变为 10 或相反)时,其输出端就可能产生干扰脉冲,即电路存在竞争冒险。将逻辑门电路的两个输入信号同时向相反的逻辑电平跳变的现象称为竞争。应当指出,电路存在竞争冒险时不一定产生干扰脉冲,如图 4.3.1(d)所示。但在实际的数字电路中,如果有两个输入信号 A 和 B 是经过不同的传输途径到达的,事先很难准确知道 A 和 B 变化信号到达的先后顺序及它们上升时间和下降时间上的差异。因此,只能说电路有产生干扰脉冲的可能性。

4.3.2 检查竞争冒险的方法

对于单个输入变量改变状态的简单情况,可通过逻辑代数或卡诺图的方法进行判断。用逻辑代数检查竞争冒险的方法是,如果输出端的逻辑函数在一定条件下能简化成 $F=A \cdot \overline{A}$ 或者 $F=A+\overline{A}$ 的形式,则可判断电路中存在竞争冒险;用卡诺图检查竞争冒险的方法是,写出函数的与或表达式,画出函数的卡诺图,若卡诺图中的乘积项有相切(不是相交)的最小项,则存在竞争冒险。

例 4.3.1 判断如图 4.3.2 所示电路是否存在竞争冒险。

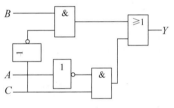

图 4.3.2 例 4.3.1 的图

解 (1)逻辑代数法。

如图 4.3.2 所示电路的逻辑函数为 $Y=\overline{A}C+B\overline{C}$。当 $A=0$、$B=1$ 时,有 $Y=C+\overline{C}$,故电路存在竞争冒险现象。

(2)卡诺图法。

如图 4.3.2 所示电路的逻辑函数为 $Y=\overline{A}C+B\overline{C}$,对应的卡诺图如图 4.3.3 所示。

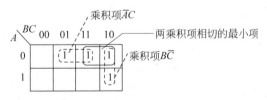

图 4.3.3 例 4.3.1 的卡诺图

由图 4.3.3 可知,函数的乘积项包含的最小项 $\overline{A}BC$ 和 $\overline{A}B\overline{C}$ 相切,所以电路存在竞争冒险现象。

若将函数包含的相切最小项 $\overline{A}BC$ 和 $\overline{A}B\overline{C}$ 作适当变换,即 $\overline{A}BC+\overline{A}B\overline{C}=\overline{A}B(C+\overline{C})$,可得到如下结论:

① 当上式等号右边括号前的乘积项 $\overline{A}B=1$,即 $A=0$、$B=1$ 时,若 C 发生跳变,则电路或门的输入为 $C+\overline{C}$,即可能产生干扰脉冲。

② 若在逻辑函数中增加乘积项 $\overline{A}B$,则电路不会产生干扰脉冲。这种方法即为通过增加冗余项消除竞争冒险的方法。例如,为消除竞争冒险,可将如图 4.3.2 所示电路对应的函数增加冗余项 $\overline{A}B$,即 $Y = \overline{A}C + B\overline{C} + \overline{A}B$,增加冗余项后,函数的逻辑关系不变,逻辑图如图 4.3.4 所示。当 $A = 0$、$B = 1$ 时,由于或门有一个输入端为 1,在此期间 $Y = 1$,无论 C 的状态如何变化,Y 都不会有负脉冲输出,从而消除了因 C 变化产生的竞争冒险。

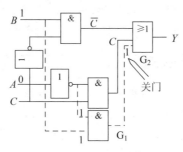

图 4.3.4 增加冗余项消除竞争冒险

应当指出的是,在实际工程中,很多情况下存在两个或两个以上输入变量同时改变状态的情况,这就很难用上面两种方法检查电路中产生竞争冒险的各种情况了,因此需要通过实验的方法加以解决。

4.3.3 消除竞争冒险的方法

1. 增加冗余项,消掉互补变量

如例 4.3.1 中介绍的方法。

2. 增加选通脉冲

在可能产生竞争冒险的门电路的输入端增加一个选通脉冲,等输入信号变化后进入稳态,再用选通脉冲将门打开,输出逻辑信号。

3. 输出端接滤波电容

由于竞争冒险产生的干扰脉冲都是窄脉冲,可以在输出端接一个 4~20pF 的滤波电容,起到消除干扰脉冲的作用。

本章小结

组合逻辑电路的特点是在任意时刻的输出状态仅取决于该时刻的输入状态,而与原来的电路状态无关。从结构上看,电路没有存储元件和反馈通道,从特性上看,电路没有记忆能力。

组合逻辑电路的分析是根据给定的逻辑电路,确定其逻辑功能。组合逻辑电路的分析方法是,从逻辑电路的输入变量端到输出变量端,逐级写出逻辑表达式,经过化简或变换后,列出真值表,再分析出电路的逻辑功能。

组合逻辑电路的设计是根据逻辑功能的要求,设计合理的逻辑电路。组合逻辑电路的设计方法是,按逻辑功能的要求进行逻辑抽象,并列出真值表,再写出逻辑表达式,经过化简或变换后,绘出逻辑电路图。

常用的集成组合逻辑电路有编码器、译码器、数据分配器、数据选择器和数值比较器、加法器等。它们均属于中规模集成电路,其分析方法和设计方法与一般组合逻辑电路的分析方法和设计方法完全相同。多数中规模集成组合逻辑电路芯片除了输入信号端和输出信号端,还设置了使能控制端或信号扩展端,为集成组合逻辑电路的灵活使用和功能扩展提供了方便。

用小规模集成门电路设计逻辑函数与用中规模集成组合逻辑电路设计逻辑函数有很大区别。前者是先将逻辑表达式化简成最简形式,然后用数量、种类和输入端最少的门电路组成逻辑电路;后者是将逻辑表达式转换成与所用集成电路器件函数相同的形式,并找出使两者相等的条件,然后用集成电路器件和少量门电路,经过简单连线和赋值,即可得到待求逻辑函数。

组合逻辑电路的竞争冒险是当电路状态发生改变时,由于电路中信号的路径和延迟时间不同,使输出状态出现短时间的错误脉冲。了解检查和消除竞争冒险的方法,有利于完善电路设计。

习题

4.1 逻辑电路如习图 4.1(a)、(b)所示,分别写出各逻辑电路的逻辑表达式,并化简成最简与或表达式,然后分析说明各逻辑电路的逻辑功能。

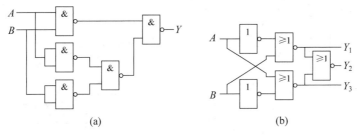

(a)　　　　　　　(b)

习图 4.1　题 4.1 的图

4.2 试分析如习图 4.2 所示的组合逻辑电路。

(1) 写出输出函数 Y_1 和 Y_2 的逻辑表达式。

(2) 将逻辑表达式化为最简与或表达式。

(3) 列出真值表,说明其逻辑功能。

4.3 逐级写出如习图 4.3 所示逻辑电路的逻辑表达式,并化简得到输出函数 Y 的最简逻辑表达式,列出真值表,分析其逻辑功能。

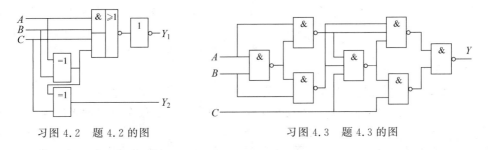

习图 4.2　题 4.2 的图　　　　　　习图 4.3　题 4.3 的图

4.4　组合逻辑电路如习图 4.4(a)所示,输入端时序图如习图 4.4(b)所示,试写出逻辑关系,并画出输出端时序图。

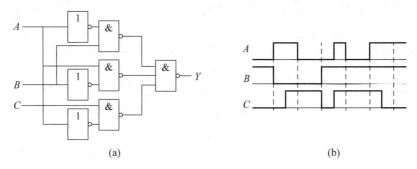

(a)　　　　　　　　　　　　　(b)

习图 4.4　题 4.4 的图

4.5　组合逻辑电路如习图 4.5(a)所示,输入端时序图如习图 4.5(b)所示,试写出逻辑关系,并画出输出端 Y_1、Y_2 的时序图。

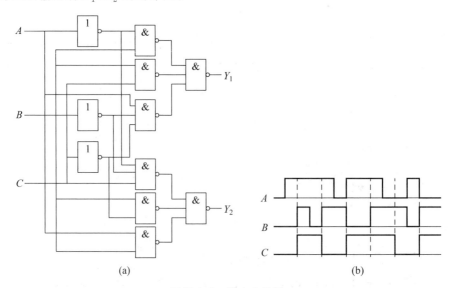

(a)　　　　　　　　　　　　　(b)

习图 4.5　题 4.5 的图

4.6　设计一个 3 人表决电路,当多数表决同意,则提案通过,否则提案不能通过。要求根据各逻辑变量的取值约定,写出真值表,列出最简逻辑表达式,再转换成与非-与非式,并画出用与非门组成的逻辑电路。

4.7　一个运算电路中的输入变量为一个 2 位二进制数 A_1A_0,要求输出的多位二进制数为输入变量的平方再加 5,试用与非门设计此电路。

4.8　设计一位十进制数的四舍五入电路(采用 8421BCD 码)。要求只设定一个输出,并画出用最简与非门实现的逻辑电路图。

4.9　某煤厂从煤仓到选煤间再到洗煤间用 3 条传送带运煤,3 条传送带分别用 3 台电动机(A、B、C)带动,顺煤流方向为 $C \rightarrow B \rightarrow A$。为避免电动机停车时出现煤的堆积,要求 3 台电动机要顺煤流方向依次停车,即 A 停则 B 必须停,B 停则 C 必须停,否则立即发出报警信号。设计报警信号的逻辑电路。

4.10 设计组合逻辑电路,将 4 位二进制码转换成 8421BCD 码。

4.11 分析习图 4.6 所示组合电路,写出逻辑关系,列出真值表,指出该电路的逻辑功能。

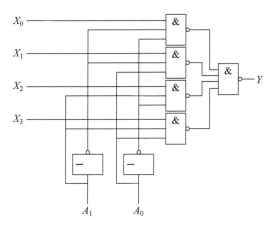

习图 4.6 题 4.11 的图

4.12 试用 74LS148 扩展为 16 线-4 线编码器。

4.13 分析如习图 4.7 所示电路,写出 Y_1 和 Y_2 的逻辑表达式,列出真值表,说明该逻辑电路的逻辑功能。

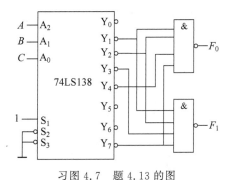

习图 4.7 题 4.13 的图

4.14 试用 74LS138 配合适当门电路组合,实现以下逻辑函数,写出逻辑表达式并画出其逻辑电路。

(1) $Y = AB + BC$。

(2) $Y = \overline{A}\,\overline{B} + AB\overline{C}$。

(3) $Y = \overline{B} + \overline{C}$。

4.15 试用 74LS138 配合适当门电路设计一个电动机的故障报警电路。正常工作时,由 3 个输入信号 A、B、C 控制电机的运行状态,$A = 1$ 时电机正转,$B = 1$ 时电机反转,$C = 1$ 时电机停转,其他均为故障状态。

4.16 试用一片 74LS138 辅以与非门设计一个 BCD 码素数检测电路,要求输入大于 1 的素数时电路输出为 1,否则输出为 0。

4.17 试用 74LS138 扩展为 4 线-16 线译码器。

4.18 使用共阴极 LED 显示器,写出显示数字"3"和"4"字形时所需的各字段电平。

4.19 使用共阳极 LED 显示器,写出显示数字"3"和"4"字形时所需的各字段电平。

4.20 用 8 选 1 数据选择器 74LS151 配合门电路实现以下逻辑函数:

$$Y(A,B,C,D)=m_3+m_6+m_7+m_9+m_{11}+m_{12}+m_{13}+m_{14}$$

4.21 设计一位 8421BCD 码的判奇电路,当输入码为奇数时,输出为 1,否则为 0。要求使用两种方法实现:

(1) 用最简与非门实现,画出逻辑电路图。

(2) 用一片 8 选 1 数据选择器 74LS151 加若干门电路实现,画出电路图。

4.22 试用 8 选 1 数据选择器 74LS151 实现以下组合逻辑函数:

(1) $Y=A\bar{B}\bar{C}+A\bar{B}C+\bar{A}BC+\bar{A}\,\bar{B}C$。

(2) $Y=AB+BC+AC$。

4.23 试用 74LS151 设计一个一位二进制数的全加器。

4.24 设 A、B 分别为 4 位二进制数,试用二进制加法器 74LS283 实现一个 $Y=2(A+B)$ 的运算电路。

4.25 判断下面的逻辑函数对应的逻辑电路是否存在竞争冒险,如果存在,采用增加逻辑冗余项的方法消除它。

(1) $Y=AB+\bar{A}C+\bar{B}C$

(2) $Y=A\bar{B}+\bar{A}C+B\bar{C}$

第 5 章

触 发 器

本章讨论的触发器是双稳态触发器,简称触发器。首先介绍触发器的特点,其次介绍各种不同结构触发器的工作原理及特点,重点讨论触发器的逻辑功能、触发方式和应用触发器的一些实际问题。

5.1 触发器的特点

在数字系统中,二进制信息除了参加算术和逻辑运算,有时还需要将这些信息暂时保存起来。触发器是用来保存二进制信息的基本单元电路,在数字电路中被广泛采用。

触发器有两个稳定状态,即 0 状态和 1 状态。在控制信号的作用下,它既可以被置成 0 状态,也可以被置成 1 状态;在控制信号不起作用时,触发器的状态保持不变,因而具有记忆功能。

触发器有两个输出端,即 Q 和 $\bar{Q}$ 端,正常情况下它们以互补的形式出现。当 $Q=0(\bar{Q}=1)$ 时,触发器的状态定义为 0 状态;当 $Q=1(\bar{Q}=0)$ 时,触发器的状态定义为 1 状态。当 $Q=\bar{Q}=1$ 或 $Q=\bar{Q}=0$ 时,触发器的状态既不是"1"状态,也不是"0"状态。

触发器在接收信号前的状态定义为现态,用 Q^n 表示,接收信号后的状态定义为次态,用 Q^{n+1} 表示。使触发器输出状态改变的输入信号称为触发信号,触发信号的形式称为触发方式,根据触发信号的不同形式可分为电平触发方式、脉冲触发方式和边沿触发方式,触发器输出状态的改变称为翻转。不同的触发器具有不同的逻辑功能,在电路结构和触发方式方面也有不同的种类。根据电路功能,触发器可分为 RS 触发器、JK 触发器、D 触发器等。根据电路结构,触发器可分为基本 RS 触发器、同步触发器、主从触发器和边沿触发器。

5.2 RS 触发器

5.2.1 基本 RS 触发器

基本 RS 触发器是触发器中结构最简单的一种触发器,其主要功能有两个,即清 0 或置 1,因而又称为清 0、置 1 触发器。

1. 电路结构

基本 RS 触发器由两个与非门交叉相连构成,如图 5.2.1(a)所示,图 5.2.1(b)为逻辑符号。两个门的输出端分别称为 Q 和 $\bar{Q}$，正常工作时，Q 和 $\bar{Q}$ 是互为取非的关系。基本 RS 触发器有两个输入端：$\bar{S}$ 端和 $\bar{R}$ 端，$\bar{S}$ 端称为置 1 端，$\bar{R}$ 端称为置 0 端。

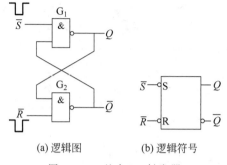

(a) 逻辑图   (b) 逻辑符号

图 5.2.1 基本 RS 触发器

2. 工作原理

根据输入信号 $\bar{R}$、$\bar{S}$ 不同状态的组合，触发器的输出与输入之间的关系有 4 种情况，现进行如下分析。

1) $\bar{R}=1, \bar{S}=0$

因为门 G_1 有一个输入端是 0，所以输出端 $Q=1$；门 G_2 的两个输入端全是 1，则输出 $\bar{Q}=0$。可见，当 $\bar{R}=1, \bar{S}=0$ 时，触发器被置于 1 态，称触发器置 1(或称置位)。当置 1 端 $\bar{S}$ 由 0 返回 1 时，门 G_1 的输出端 Q 仍然为 1，这是因为 $\bar{Q}=0$，使门 G_1 的输入端中仍有一个为 0，可见当 $\bar{R}=1, \bar{S}=1$ 时，不改变触发器的状态，即当去掉置 1 输入信号 $\bar{S}=0$ 后，触发器保持原状态不变，触发器具有记忆功能。

2) $\bar{R}=0, \bar{S}=1$

因为门 G_2 有一个输入端是 0，所以输出端 $\bar{Q}=1$；门 G_1 的两个输入端全是 1，则输出端 $Q=0$。可见，当 $\bar{R}=0, \bar{S}=1$ 时，触发器置 0(或称复位)。当置 0 端再返回 1 时，门 G_2 的输出 $\bar{Q}$ 仍为 1，因为 $Q=0$ 使门 G_2 的输入端中仍有一个为 0，这时触发器保持原状态不变。

3) $R=1, \bar{S}=1$

前面的分析表明，在置 1 信号($\bar{R}=1, \bar{S}=0$)作用之后，$\bar{S}$ 返回 1 时，$\bar{R}=1, \bar{S}=1$，触发器保持 1 态不变；在置 0 信号($\bar{R}=0, \bar{S}=1$)的作用之后，$\bar{R}$ 返回到 1 时，即 $\bar{R}=1, \bar{S}=1$，触发器保持原来的 0 态不变。

4) $\bar{R}=0, \bar{S}=0$

在此条件下，两个与非门的输出端 Q 和 $\bar{Q}$ 全为 1，这违背了 Q 和 $\bar{Q}$ 互补的条件，而在两个输入信号都同时撤去(回到 1)后，由于两个门传输时间的差异，触发器的状态将不能确定是 1 还是 0，因此称这种情况为不定状态，应当避免。

3. 特性表和波形图

综上所述，基本 RS 触发器输入输出关系可以用特性表来表示，如表 5.2.1 所示，表中"×"表示触发器输出的不确定状态，可当作无关项处理。由于置 1 信号 $\bar{S}=0$ 和置 0 信号 $\bar{R}=0$ 都是低电平，即引起触发器状态改变的触发信号是电平信号的形式，这种触发方式称为电平触发方式,分高电平触发和低电平触发两种。逻辑符号如图 5.2.1(b)所示,$\overline{S}$ 端和 $\overline{R}$ 端的小圆圈表示是低电平触发,如果没有小圆圈,则表示是高电平触发。

表 5.2.1　基本 RS 触发器的特性表

$\overline{R}$	$\overline{S}$	Q^n	Q^{n+1}
0	0	0	$\times$
0	0	1	$\times$
0	1	0	0
0	1	1	0
1	0	0	1
1	0	1	1
1	1	0	0
1	1	1	1

　　基本 RS 触发器的输入、输出关系也可以用波形图来表示,如图 5.2.2 所示。图中实线波形忽略了门的传播延迟时间,只反映输入、输出之间的逻辑关系。当触发器置 0 端和置 1 端同时加上宽度相等的负脉冲时(假设正跳和负跳时间均为 0),在两个负脉冲作用期间,门 1 和门 2 的输出都是 1;而当两个负脉冲同时消失时,若门 1 的传播延迟时间 t_{pd1} 较门 2 的传播延迟时间 t_{pd2} 小,触发器将建立稳定 0 态;若 $t_{pd2} < t_{pd1}$,触发器将建立稳定 1 态。通常,两个门之间的传播延迟时间 t_{pd1} 和 t_{pd2} 的大小关系是不知道的,因而,两个宽度相等的负脉冲从 $\overline{S}$ 和 $\overline{R}$ 端同时消失后,触发器的状态是不确定的,图 5.2.2 中虚线表示不确定状态。

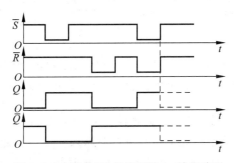

图 5.2.2　基本 RS 触发器输入、输出波形

　　基本 RS 触发器除了可用与非门构成,还可用其他逻辑门实现,图 5.2.3(a)是利用或非门构成的基本 RS 触发器的逻辑图,其逻辑功能与与非门基本 RS 触发器触发相同,即具有置 0、置 1 和保持功能,但触发电平与与非门基本 RS 触发器不同,是高电平触发,因此逻辑符号中 R、S 输入端没有小圆圈,如图 5.2.3(b)所示。对于图 5.2.3 所示电路逻辑功能分析,读者可自行分析。

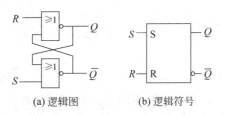

(a) 逻辑图　　　　　　(b) 逻辑符号

图 5.2.3　用或非门构成的基本 RS 触发器

4. 基本 RS 触发器的应用举例

在数字系统中,操作人员用机械开关对电路发出命令信号。机械开关包含一个可动的弹簧片和一个或几个固定的触点。当开关改变位置时,弹簧片不能立即与触点稳定接触,存在跳动过程,会使电压或电流波形产生"毛刺",如图 5.2.4(a)和图 5.2.4(b)所示。在电子电路中,一般不允许出现这种现象。如果用开关的输出直接驱动逻辑门,经过逻辑门整形后,输出会有一串脉冲干扰信号导致电路工作出错。

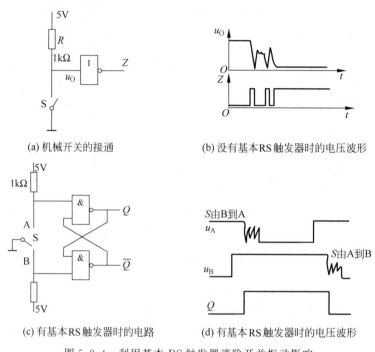

(a) 机械开关的接通   (b) 没有基本 RS 触发器时的电压波形

(c) 有基本 RS 触发器时的电路   (d) 有基本 RS 触发器时的电压波形

图 5.2.4   利用基本 RS 触发器消除开关振动影响

利用基本 RS 触发器的记忆作用可以消除上述开关振动所产生的影响,开关与触发器的连接方法如图 5.2.4(c)所示。设单刀双掷开关原来与 B 点接通,这时触发器的状态为 0。当开关由 B 拨向 A 时,其中有一短暂的浮空时间,这时触发器的 R、S 均为 1,Q 仍为 0。中间触点与 A 接触时,A 点的电平由于振动而产生"毛刺"。但是,B 点已经为高电平,A 点一旦出现低电平,触发器的状态翻转为 1,即使 A 点再出现高电平,也不会再改变触发器的状态,所以 Q 端的电压波形不会出现"毛刺"现象,如图 5.2.4(d)所示。

5.2.2   同步 RS 触发器

前面介绍的基本 RS 触发器的触发翻转过程直接由输入信号控制,而在数字系统中,常常要求触发器按各自输入信号所决定的状态在规定的时刻触发翻转,为此,在基本 RS 触发器中增加了时钟脉冲控制信号,构成同步 RS 触发器。

1. 电路结构

如图 5.2.5(a)所示为同步 RS 触发器的电路结构,它在基本 RS 触发器的基础上增加两个与非门和一个时钟脉冲输入端 CP。同步 RS 触发器的触发方式为脉冲触发方式,分为正脉冲触发和负脉冲触发两种,其逻辑符号如图 5.2.5(b)所示。

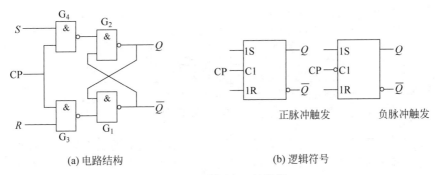

(a) 电路结构　　　　　　　　　(b) 逻辑符号

图 5.2.5　同步 RS 触发器

2. 工作原理

由图 5.2.5(a)可知,输入信号 R、S 要经过门 G_3、门 G_4 两个引导门的传递,这两个门同时受 CP 信号控制。

当 CP=0 时,无论输入端 S 和 R 取何值,门 G_3 和门 G_4 的输出端始终为 1,所以,由门 G_1 和门 G_2 组成的基本 RS 触发器处于保持状态。

当时钟脉冲到达时 CP 端变为 1,R 和 S 端的信息通过引导门反相之后,作用到基本 RS 触发器的输入端。在 CP=1 的时间内,当 $S=1$,$R=0$ 时,触发器置 1;当 $S=0$,$R=1$ 时,触发器置 0;若两个输入皆为 0($S=R=0$)时,触发器输出端保持不变,若两个输入皆为 1($S=R=1$)时,则基本 RS 触发器的两个输入端全为 0,两个输出端全为 1,时钟脉冲结束时,触发器的状态是不确定的,至于进入 1 状态还是 0 状态,取决于 G_1 和 G_2 传输时间的差异。

3. 特性表和特性方程

触发器现态 Q^n 和次态 Q^{n+1} 之间的转换关系可用触发器的特性表来表示,如表 5.2.2 所示。表中"×"表示 $S=R=1$ 时,触发器为不确定状态,为避免触发器的不确定状态,S、R 的取值不能同时为 1,这就是 RS 触发器的约束条件。由特性表可得到 Q^{n+1} 的卡诺图,如图 5.2.6 所示,化简后的表达式为

$$\begin{cases} Q^{n+1} = S + \bar{R}Q^n \\ SR = 0 \end{cases} \qquad (5.2.1)$$

式(5.2.1)称为同步 RS 触发器特性方程。

表 5.2.2　同步 RS 触发器的特性表

S	R	Q^n	Q^{n+1}
0	0	0	0
0	0	1	1
0	1	0	0
0	1	1	0
1	0	0	1
1	0	1	1
1	1	0	×
1	1	1	×

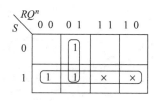

图 5.2.6　Q^{n+1} 的卡诺图

触发器的功能还可以用状态转换图表示,同步 RS 触发器的状态转换图如图 5.2.7 所示。图中两个圆圈内标的 1 和 0,表示触发器的两个状态,带箭头的弧线表示状态转换的方向,箭头指向触发器次态,箭尾为触发器现态,弧线旁边标出了状态转换的条件。

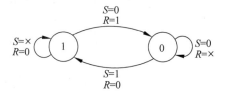

图 5.2.7　RS 触发器的状态转换图

根据上述分析,同步 RS 触发器具有如下特点。

同步 RS 触发器的翻转是在时钟脉冲的控制下进行的,触发方式属于脉冲触发方式。在正脉冲触发方式下,当 CP＝1 时,接收输入信号,允许触发器翻转;当 CP＝0 时,封锁输入信号,禁止触发器翻转。

由于触发器在 CP 为高电平时翻转,在 CP 为 1 的时间间隔内,R、S 的状态变化就会引起触发器状态的变化。因此,这种触发器的触发翻转只能控制在一个时间间隔内,而不是控制在某一时刻进行。

例 5.2.1　如图 5.2.5 所示的同步 RS 触发器的 CP、S、R 的波形如图 5.2.8 所示,试画出 Q 和 $\bar{Q}$ 的波形,设初始状态 $Q＝0$,$\bar{Q}＝1$。

解　在第 1 个和第 2 个 CP＝1 的作用时间内,$R＝0$、$S＝1$ 没有改变,因此在第 1 个 CP＝1 的起点至第 2 个 CP＝0 的终点时间内,输出 $Q＝1$,$\bar{Q}＝0$。在第 3 个和第 4 个 CP＝1 的作用时间内,R、S 都发生了变化,因而输出也随之变化,输出 Q 和 $\bar{Q}$ 的波形如图 5.2.8 所示。

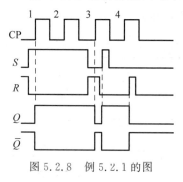

图 5.2.8　例 5.2.1 的图

5.2.3　主从 RS 触发器

由于同步 RS 触发器的翻转时刻只能控制在一段时间内,而不是控制在某一时刻进行,因此这种工作方式的触发器在应用中受到一定限制。要使触发器的翻转能控制在某一时刻,可采用主从 RS 触发器。

1. 电路结构

主从 RS 触发器由两级同步 RS 触发器构成,其中一级接收输入信号,其状态直接由输入信号决定,称为主触发器;还有一级的输入与主触发器的输出连接,其状态由主触发器的状态决定,称为从触发器,从触发器的状态即整个触发器的状态。主从 RS 触发器的逻辑图和逻辑符号如图 5.2.9 所示,两个触发器的逻辑功能和同步 RS 触发器的逻辑功能完全相同,时钟为互补时钟。

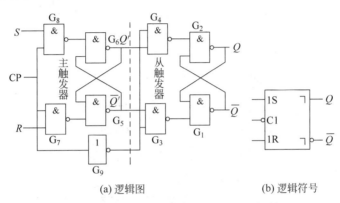

(a) 逻辑图   (b) 逻辑符号

图 5.2.9 主从 RS 触发器的逻辑图和逻辑符号

2. 工作原理

(1) 当 CP=1 时,主触发器的输入门 G_7 和门 G_8 打开,主触发器根据 R、S 的状态触发翻转。对于从触发器,CP 经门 G_9 反相后加于它的输入门为逻辑 0 电平,门 G_3 和门 G_4 封锁,其状态不受主触发器输出的影响,或者说这时保持状态不变。

(2) CP 由 1 变 0 后,情况则相反,门 G_7 和门 G_8 被封锁,输入信号 R、S 不影响主触发器的状态。而这时从触发器的门 G_3 和门 G_4 打开,从触发器可以触发翻转,其状态为主触发器的状态,从触发器的翻转是在 CP 由 1 变 0 时刻(CP 的负跳沿)发生的。

(3) CP 达到 0 电平后,主触发器被封锁,其状态不受 R、S 的影响,触发器的状态也不可能再改变。

从工作原理看,主从触发器具有如下特点。

(1) 由两个同步 RS 触发器即主触发器和从触发器组成,它们受互补时钟脉冲控制。

(2) 触发器在时钟脉冲作用期间(本例为 CP 高电平)接收输入信号,只在时钟脉冲的跳变沿到来前一瞬间(本例为负跳沿,在逻辑符号中,时钟脉冲输入端 CP 带有小圆圈),由主触发器的状态,即 R、S 的状态,决定触发器的状态,故属于边沿触发方式。在时钟脉冲跳变后(本例为负跳变)封锁输入信号,触发器的状态保持不变。

(3) 对于负跳沿触发的触发器,输入信号应在 CP 正跳沿前加入,并在 CP 正跳沿后的高电平期间保持不变,为主触发器触发翻转做好准备,若输入信号在 CP 高电平期间发生改变,将可能使主触发器发生多次翻转。

3. 特性表和特性方程

由以上分析可知,主从 RS 触发器与同步 RS 触发器从逻辑功能方面看是相同的,两者的差异仅仅是触发器状态转换的时间不同,因此,两者具有相同的特性表和特性方程。

5.2.4　集成 RS 触发器

TTL 集成主从 RS 触发器 74LS71 的逻辑符号和引脚分布如图 5.2.10 所示。该触发器有 3 个 S 端和 3 个 R 端,分别为与逻辑关系,即 $1R = R_1 \cdot R_2 \cdot R_3$,$1S = S_1 \cdot S_2 \cdot S_3$,使用中如有多余的输入端,要将它们接至高电平。触发器带有置 0 端 $\overline{R}_D$ 和置 1 端 $\overline{S}_D$,它们的有效电平均为低电平。74LS71 的功能如表 5.2.3 所示。

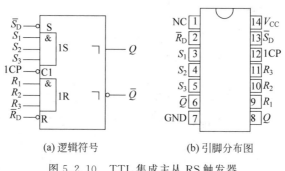

(a) 逻辑符号　　　　　(b) 引脚分布图

图 5.2.10　TTL 集成主从 RS 触发器

表 5.2.3　TTL 集成主从 RS 触发器功能表

		输　　入			输　　出	
预置 $\overline{S}_D$	置 0 $\overline{R}_D$	时钟 CP	1S	1R	Q^{n+1}	$\overline{Q}^{n+1}$
0	1	×	×	×	1	0
1	0	×	×	×	0	1
1	1	⌐_	0	0	Q^n	$\overline{Q}^n$
1	1	⌐_	1	0	1	0
1	1	⌐_	0	1	0	1
1	1	⌐_	1	1	不定	不定

由表 5.2.3 可知,触发器具有置 1、置 0 功能,当置 1 端加低电平,置 0 端加高电平时,触发器置 1,反之触发器置 0。置 1 和置 0 与 CP 无关,这种方式称为直接置 1(或异步置 1)和直接置 0(或异步清 0),$\overline{R}_D$、$\overline{S}_D$ 称为异步输入端,不受时钟控制。而 R、S 称为同步输入端,正常工作时,置 1 端和置 0 端必须都加高电平,且在时钟脉冲作用下,R、S 输入端才起作用。

5.3　JK 触发器

由于主从 RS 触发器输入信号 R、S 的取值不能同时为 1,这一因素限制了 RS 触发器的实际应用。JK 触发器的输入信号 J、K 的取值不受限制,从而解决了这一问题。

5.3.1　主从 JK 触发器

1. 电路结构

主从 JK 触发器是在主从 RS 触发器的基础上稍加改动而产生的,负跳沿主从 JK 触发器的逻辑图和逻辑符号如图 5.3.1 所示。在图 5.3.1 中,主 RS 触发器的 R 端和 S 端分别增加一个 2 输入的与门 G_{10} 和 G_{11}，与门 G_{10} 的 2 个输入端一个作为信号输入端 J，另一个接触发器输出端 $\bar{Q}$，而与门 G_{11} 的 2 个输入端一个作为信号输入端 K，另一个接触发器输出端 Q。无论触发器处于 0 状态还是 1 状态，门 G_{10} 和 G_{11} 总有一个输出 0，这样就避免了 RS 触发器中 R、S 同时为 1 的情况，所以，J、K 的取值不再受限制。

2. 特性方程

由图 5.3.1 可得

$$S = J\bar{Q}^n$$

$$R = KQ^n$$

将上式代入 RS 触发器的特性方程即式(5.2.1)，可得到 JK 触发器的特性方程

$$Q^{n+1} = J\bar{Q}^n + \overline{KQ^n}Q^n = J\bar{Q}^n + \bar{K}Q^n \qquad (5.3.1)$$

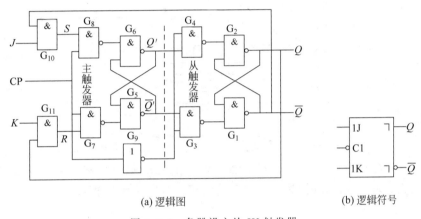

(a) 逻辑图   (b) 逻辑符号

图 5.3.1 负跳沿主从 JK 触发器

3. 逻辑功能

由式(5.3.1)可知，当 $J = K = 1$ 时，$Q^{n+1} = \bar{Q}^n$，即每输入一个时钟脉冲，触发器翻转一次，触发器的这种工作状态称为计数状态，由触发器翻转的次数可以计算出输入时钟脉冲的个数。当 $J = K = 0$ 时，$Q^{n+1} = Q^n$，触发器状态保持不变。当 $J \neq K$ 时，$Q^{n+1} = J$。可见，JK 触发器具有置 0、置 1 保持和翻转的功能，是功能最全、使用最多的一种触发器。JK 触发器的特性如表 5.3.1 所示，状态转换图如图 5.3.2 所示。

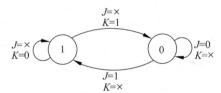

图 5.3.2 JK 触发器状态转换图

表 5.3.1 JK 触发器特性表

J	K	Q^n	Q^{n+1}	功 能
0	0	0	0	保持
0	0	1	1	

续表

J	K	Q^n	Q^{n+1}	功 能
0	1	0	0	置0
0	1	1	0	
1	0	0	1	置1
1	0	1	1	
1	1	0	1	翻转
1	1	1	0	

例 5.3.1　设负跳沿触发的主从 JK 触发器的时钟脉冲和 J、K 信号的波形如图 5.3.3 所示,画出输出端 Q 的波形。设触发器的初始状态为 0。

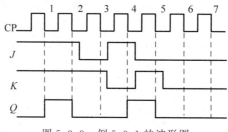

图 5.3.3　例 5.3.1 的波形图

解　根据式(5.3.1)或表 5.3.1 或图 5.3.2,可画出 Q 端的波形,如图 5.3.3 所示。

从图 5.3.3 可以看出,触发器的触发翻转发生在时钟脉冲的下跳沿,如在第 1、2、3、4、5 个 CP 脉冲下跳沿,Q 端的状态改变一次;判断触发器次态的依据是下跳沿前一瞬间输入端的状态。

4. 主从 JK 触发器的一次变化现象

由图 5.3.1 可知,由于输出端和输入端之间存在反馈连接,若触发器处于 0 态(相当于 $K=0$),当 CP=1 时,主触发器只能接受 J 端的信号,一旦主触发器进入 1 态,即使 J 由 1 变为 0,由于门 G_{10}、门 G_{11} 的输出均为 0,主触发器保持 1 态,不可能回到 0 态。若触发器处于 1 态,$\bar{Q}=0$(相当于 $J=0$),当 CP=1 时,主触发器只能接受 K 端的信号,一旦主触发器进入 0 态,即使 K 由 1 变为 0,或由 0 变为 1,都不能改变主触发器的 0 态。所以在 CP=1 期间,主触发器状态只能改变 1 次,在 CP 的下跳沿,从触发器与主触发器状态取得一致,而与 J、K 取值无关。这种情况称为主从结构 JK 触发器的一次变化现象。

例 5.3.2　负跳沿触发的主从 JK 触发器的时钟信号 CP 和输入信号 J、K 的波形如图 5.3.4 所示,在信号 J 的波形图上用虚线标出干扰信号,画出在干扰信号影响下 Q 端的输出波形。设触发器的初始状态为 1。

解　(1) 第一个 CP 的高电平期间,$J=0$,$K=1$,因此 CP 的负跳到来触发器应翻转为 0。

(2) 第二个 CP 的高电平期间,由图 5.3.1 分析可知,干扰信号出现前,主触发器和从触发器的状态是 $Q'=0$、$\bar{Q}'=1$ 和 $Q=0$、$\bar{Q}=1$。当干扰信号出现时,J 由 0 变为 1,门 G_{10} 的两个输入端都为 1,其输出为 1,使门 G_8 输出变为 0,因而使 $Q'=1$、$\bar{Q}'=0$,由于干扰信号的产生使主触发器的状态由 0 变为 1。

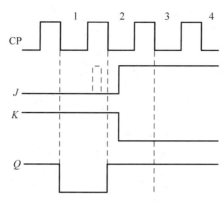

图 5.3.4 例 5.3.2 的波形图

干扰信号消失后,主触发器的状态是否能恢复到原来的状态呢?由于 $\overline{Q}'=0$,已将门 G_6 封锁,门 G_8 的输出变化不会影响 Q' 的状态,也就是 J 端的干扰信号的消失不会使 Q' 恢复到 0。因此第 2 个 CP 的负跳沿到来后,触发器的状态为 $Q=Q'=1$。如果 J 端没有正跳变的干扰信号产生,根据 $J=0$, $K=1$ 的条件,触发器的正常状态应为 $Q=0$。由此得知,当 $Q=0$ 时,在 CP=1 期间,J 由 0 变为 1,主触发器的状态只能根据输入信号改变一次,即一次变化现象。并非在所有条件下都会出现一次变化现象。根据电路的对称性,不难理解,当满足条件 $Q=1$ 时,在 CP=1 期间,信号 K 由 0 变 1,也会产生一次变化现象。只有在这两种条件下主从触发器会产生一次变化现象。

(3) 对应于第 3 个、第 4 个 CP 的输入条件都是 $J=1$, $K=0$,所以 $Q=1$。

由以上分析可知,JK 主从触发器具有如下特点。

(1) 触发器在时钟脉冲作用期间(本例为 CP 高电平)接收输入信号,在时钟脉冲的跳变沿(本例为负跳沿,在逻辑符号中,时钟脉冲输入端 CP 带有小圆圈)触发翻转,在时钟脉冲跳变后(本例为负跳变)封锁输入信号。

(2) 在 CP=1 期间,只要 J、K 状态保持不变,触发器的次态取决于时钟 CP 下降沿到来前一瞬间 J、K 的取值。

(3) 主触发器的状态只能根据输入信号改变一次。

主从触发器在使用过程中,为避免出现一次变化现象,对于负跳沿触发的触发器,输入信号应在 CP 正跳沿前加入,满足建立时间 t_{set},并保证在时钟脉冲的持续期内输入信号保持不变,时钟脉冲作用后,输入信号不需要保持一段时间,因而保持时间为零。

5.3.2 边沿 JK 触发器

负跳沿触发的主从 JK 触发器工作时,必须在正跳沿前加入输入信号。如果在 CP 高电平期间输入端出现干扰信号,或改变 J、K 的状态,就有可能使触发器的状态出错。而边沿触发器允许在 CP 触发沿来到前一瞬间加入输入信号。这样,输入端受干扰的时间大大缩短,受干扰的可能性也就降低了。

1. 电路结构

边沿 JK 触发器有多种结构,共同特点是在时钟的跳变沿到来时,根据输入信号 J、K 的状态决定触发器的状态。图 5.3.5(a)是利用门电路的传输延迟时间构成的下降沿触发的边沿 JK 触发器,图中的与非门 G_3、G_4 的传输时间比其他 6 个门组成的触发器的传输时间要长得多(由制造工艺保证)。图 5.3.5(b)是下降沿触发的边沿 JK 触发器的逻辑符号。

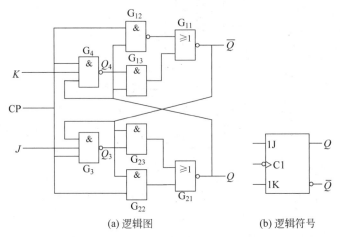

(a) 逻辑图　　　　(b) 逻辑符号

图 5.3.5　下降沿触发的边沿 JK 触发器

2. 工作原理

(1) CP=0 时,触发器处于一个稳态。

CP 为 0 时,门 G_4、G_3 被封锁,不论 J、K 为何状态,Q_3、Q_4 均为 1;另外,门 G_{12}、G_{22} 也被 CP 封锁,因而由与门和或非门组成的触发器处于一个稳定状态,使输出 Q、$\bar{Q}$ 状态不变。

(2) CP 由 0 变 1 时,触发器不翻转,为接收输入信号做准备。

设触发器原状态为 $Q=0$、$\bar{Q}=1$。当 CP 由 0 变 1 时,有两个信号通道影响触发器的输出状态,一个是门 G_{12}、G_{22} 打开,直接影响触发器的输出,另一个是门 G_4、G_3 打开,再经门 G_{13}、G_{23} 影响触发器的状态。前一个通道只经一级与门,而后一个通道则要经一级与非门和一级与门,显然 CP 的跳变经前者影响输出比经后者要快得多。在 CP 由 0 变 1 时,门 G_{22} 的输入信号 $\bar{Q}=1$、CP=1,其输出首先由 0 变 1,这时无论门 G_{23} 为何种状态(即无论 J、K 为何状态)都使 Q 仍为 0。由于 $Q=0$ 同时连接门 G_{12} 和门 G_{13} 的输入端,因此它们的输出均为 0,使门 G_{11} 的输出 $\bar{Q}=1$,触发器的状态不变。CP 由 0 变 1 后,门 G_4、G_3 打开,为接收输入信号 J、K 做好了准备。

(3) CP 由 1 变 0 时触发器翻转。

设输入信号 $J=1$、$K=0$,则 $Q_3=0$、$Q_4=1$,门 G_{13}、G_{23} 的输出均为 0,门 G_{22} 的输出为 1。当 CP 负跳沿到来时,门 G_{22} 的输出由 1 变 0,由于 G_3、G_4 传输时间较长,在 G_3、G_4 改变状态之前的一段时间里,门 G_{22}、G_{23} 各有一个输入端为 0,所以门 G_{21} 输出为 1,即 $Q=1$,并经过门 G_{13} 使 $\bar{Q}=0$,触发器翻转。CP 一旦处于 0 电平,则将触发器封锁,回到(1)所分析的情况。

由以上分析可知,该触发器为边沿触发器,其特点是:触发器是在时钟脉冲跳变前一瞬间接受输入信号,跳变时触发翻转(本例为负跳沿,在逻辑符号中,时钟脉冲输入端 C1 带有小圆圈),跳变后输入即被封锁,换句话说,接收输入信号、触发翻转、封锁输入在同一时刻完成,显然触发方式属于边沿触发。因此,边沿触发器的次态取决于触发跳变沿到来前一瞬间输入端的状态。

3. 特性表和特性方程

边沿 JK 触发器与主从 JK 触发器从逻辑功能方面看是相同的,因此,两者有相同的特性表和特性方程。由于边沿 JK 触发器没有一次变化现象,工作更可靠,因此应用范围更加广泛。

4. 集成 JK 触发器

集成 JK 触发器的产品较多,如 74LS76 为常用的 TTL 双 JK 触发器。该器件内含两个相同的 JK 触发器,它们都带有异步置 1 和清 0 输入端 $\overline{R}_D$ 和 $\overline{S}_D$,属于负跳沿触发的触发器。如果在一片集成器件中有多个触发器,通常在符号前面(或后面)加上数字,以示不同触发器的输入、输出信号,比如 1CP、1J、1K 同属一个触发器,2CP、2J、2K 则属另一个触发器。76 型号的产品种类较多,比如还有主从 TTL 的 7476、74H76、负跳沿触发的高速 CMOS 双 JK 触发器 HC76 等,它们的功能基本相同,只是主从触发器与边沿触发器在接收信号的时间上有所不同。

例 5.3.3　设负跳沿边沿 JK 触发器的起始状态为 0,各输入端的波形如图 5.3.6 所示,试画出输出波形。

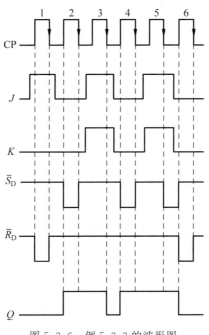

图 5.3.6　例 5.3.3 的波形图

解　本例有异步置 1 信号 $\overline{S}_D$ 和异步清 0 信号 $\overline{R}_D$,所以,要考虑置 1 和清 0 功能。负跳沿边沿 JK 触发器是在 CP 脉冲负跳沿发生转换,当 CP 脉冲负跳沿与输入信号的变化发生在同一时刻时,其输出状态应由跳变前一刻的输入端状态决定。

(1) 第 1 个 CP 正跳时,异步清 0 信号到来($\overline{R}_D=0$),此时,不管 J、K 信号如何,触发器输出端 Q 清 0。此后,由于 CP 负跳沿与 $\overline{R}_D$ 信号跳变(由 0 跳变 1)发生在同一时刻,所以 $\overline{R}_D$ 应取 0,输出端 Q 仍维持 0 态。

（2）第 2 个 CP 正跳时，异步置 1 信号到来（$\overline{S}_D=0$），此时，不管 J、K 信号如何，触发器输出端 Q 置 1。此后，由于 CP 负跳沿与 S_D 信号跳变（由 0 跳变 1）发生在同一时刻，所以 $\overline{S}_D$ 应取 0，输出端 Q 仍维持 1 态。

（3）第 3 个 CP 负跳时，$\overline{R}_D=\overline{S}_D=0$，$J=K=1$，所以输出端 Q 由 1 变为 0。

（4）第 4 个 CP 的情况与第 2 个 CP 相同，CP 负跳后，输出端 Q 为 1 态。

（5）第 5 个 CP 负跳与 $\overline{S}_D$ 跳变（由 1 跳变 0）发生在同一时刻，输出端 Q 本应由 $\overline{S}_D=1$，$J=K=1$ 决定，但随后 $\overline{S}_D=0$，所以输出端 Q 仍维持 1 态不变。

（6）第 6 个 CP 的情况与第 1 个 CP 相同，CP 负跳后，输出端 Q 为 0 态。

由上述分析得到的输出波形如图 5.3.6 所示。

5.4 其他功能触发器

5.4.1 D 触发器

D 触发器的结构有多种，下面介绍维持阻塞型 D 触发器，它是一种边沿触发器。

1. 电路结构

图 5.4.1 是边沿 D 触发器的逻辑图和逻辑符号。该触发器由 6 个与非门组成，其中门 G_1、G_2 构成基本 RS 触发器。

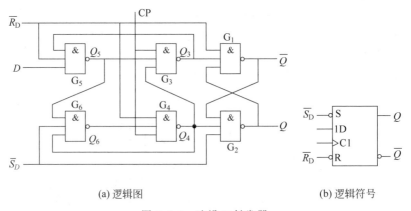

(a) 逻辑图　　　　　　　　　　　　　(b) 逻辑符号

图 5.4.1　边沿 D 触发器

D 为同步输入端，受时钟的控制。$\overline{S}_D$ 和 $\overline{R}_D$ 为异步置 1 和置 0 端，不受时钟的控制，均为低电平有效。在集成电路触发器中，如集成 RS 触发器、集成 JK 触发器、集成 D 触发器等，一般都设有 $\overline{S}_D$ 和 $\overline{R}_D$ 端，分析触发器工作原理时，设它们均已加入了高电平，且不影响触发器的逻辑功能。

2. 工作原理

（1）当 CP=0 时，门 G_4、门 G_3 被封锁，其输出 $Q_3=Q_4=1$，触发器的状态不变。同时，由于 Q_3 至门 G_5 和 Q_4 至门 G_6 的反馈信号将这两个门打开，因此可接收输入信号 D，$Q_5=\overline{D}$，$Q_6=D$。

（2）当 CP 由 0 变 1 时触发器翻转，这时门 G_4、门 G_3 已打开，它们的输出 Q_3 和 Q_4 的

状态由门 G_5、门 G_6 的输出状态决定,即 $Q_3 = \overline{Q}_5 = D$,$Q_4 = \overline{Q}_6 = \overline{D}$。由基本 RS 触发器的逻辑功能可知 $Q = D$。

(3) 触发器翻转后,在 CP=1 时,输入信号被封锁。门 G_4、门 G_3 打开后,它们的输出 Q_3 和 Q_4 的状态是互补的,即必定有一个是 0,若 $Q_3 = 0$,则经门 G_3 输出至门 G_5 输入的反馈线将门 G_5 封锁,即封锁了 D 通往基本 RS 触发器的路径。若 $Q_4 = 0$,将门 G_3 和门 G_6 封锁,D 端通往基本 RS 触发器的路径也被封锁。

由工作原理知,该触发器是在 CP 正跳沿前接受输入信号 D,正跳沿到来时触发器的状态即为 D 的状态,正跳沿后输入信号 D 被封锁,触发器状态保持不变。所以它是一种正跳沿触发的 D 触发器。

3. 特性表和特性方程

D 触发器的特性方程为

$$Q^{n+1} = D \tag{5.4.1}$$

D 触发器的特性表如表 5.4.1 所示,状态图如图 5.4.2 所示。

表 5.4.1　D 触发器的特性表

D	Q^n	Q^{n+1}	功　能
0	0	0	清 0
0	1	0	
1	0	1	置 1
1	1	1	

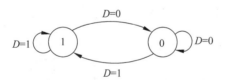

图 5.4.2　D 触发器的状态转换图

例 5.4.1　在如图 5.4.1 所示的边沿 D 触发器中,CP、D、$\overline{S}_D$、$\overline{R}_D$ 的波形如图 5.4.3 所示,试画出输出端 Q 的波形,设触发器的初始状态为 0。

解　由于如图 5.4.2 所示的边沿 D 触发器是正跳沿 D 触发器,所以在时钟的正跳沿接收输入信号 D,可触发翻转,正跳沿后输入即被封锁,输出保持不变;又因为 $\overline{S}_D$、$\overline{R}_D$ 波形中有置 1、清 0 信号,且不受时钟控制,所以一旦出现置 1 或清 0 的信号,触发器即刻被置 1 或清 0。若没有置 1 或清 0 的信号,当时钟的正跳沿到来时,触发器的状态即为时钟脉冲正跳沿到来前瞬间 D 的状态。输出端 Q 的波形如图 5.4.3 所示。

4. 集成 D 触发器

集成 D 触发器的定型产品种类比较多,例如,74HC74 集成触发器,是带有异步置 1、清 0 输入 $\overline{S}_D$、$\overline{R}_D$ 的双 D 触发器,它是一种正跳沿触发的边沿触发器。

5.4.2　T 触发器和 T′触发器

1. T 触发器

T 触发器的逻辑功能是,当时钟有效时,若触发器的输入端信号 $T = 0$,触发器状态保持

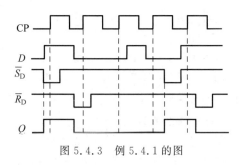

图 5.4.3　例 5.4.1 的图

不变;输入端信号 $T=1$,触发器状态翻转。

根据 T 触发器的功能,T 触发器的特性表如表 5.4.2 所示。由特性表可得到其特性方程为

$$Q^{n+1} = T\overline{Q}^n + \overline{T}Q^n \tag{5.4.2}$$

表 5.4.2　T 触发器的特性表

T	Q^n	Q^{n+1}	功　　能
0	0	0	保持
0	1	1	
1	0	1	翻转
1	1	0	

事实上,只要将 JK 触发器的 J、K 端连接在一起作为 T 端,就构成了 T 触发器,因此不必专门设计定型的 T 触发器产品。T 触发器的逻辑符号如图 5.4.4 所示。

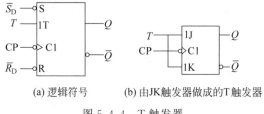

(a) 逻辑符号　　　　(b) 由JK触发器做成的T触发器

图 5.4.4　T 触发器

2. T' 触发器

T' 触发器的逻辑功能是,每来一个时钟脉冲,触发器的状态翻转一次。

根据 T' 触发器的功能,T' 触发器的特性表如表 5.4.3 所示。由特性表可得到其特性方程为

$$Q^{n+1} = \overline{Q}^n \tag{5.4.3}$$

表 5.4.3　T' 触发器的特性表

Q^n	Q^{n+1}	功　　能
0	1	翻转
1	0	

由于功能单一,所以 T' 触发器也没有专门产品,可由其他触发器构成。T' 触发器的逻辑符号如图 5.4.5 所示。

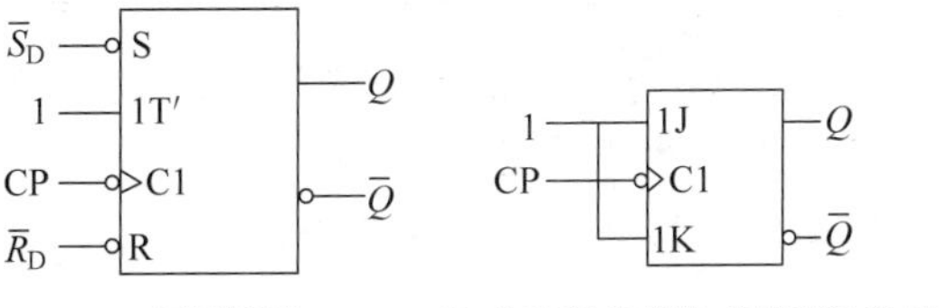

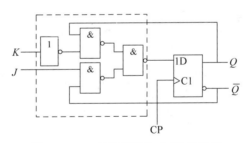

(a) 逻辑符号   (b) 由JK触发器做成的T'触发器

图 5.4.5   T'触发器

5.5   触发器功能的转换

前面对触发器的各种逻辑功能和结构形式进行了讨论。对于同一种逻辑功能的触发器可以用不同结构的电路来实现,例如,主从 JK 触发器和边沿 JK 触发器,两者逻辑功能相同,电路的结构形式不同。反过来,用同一种电路结构形式可以构成不同逻辑功能的触发器,也就是说,逻辑功能和电路结构是两个不同的概念。

由一种逻辑功能的触发器转换成另一种功能的触发器,即为触发器逻辑功能的转换。在 5.4.2 节介绍 T、T'触发器时已经实现了触发器逻辑功能的转换,即由 JK 触发器转换成 T、T'触发器。同样,也可以将 JK 触发器转换成 D 触发器,反之亦可。

例如,利用边沿 D 触发器转换成边沿 JK 触发器,只需对照 D 触发器和 JK 触发器的特性方程,便可得到转换逻辑的逻辑表达式,即

$$D = J\overline{Q}^n + \overline{K}Q^n = \overline{\overline{J\overline{Q}^n} \cdot \overline{\overline{K}Q^n}}$$

由 D 触发器转换成的 JK 触发器的逻辑图如图 5.5.1 所示。图中虚线部分为转换逻辑。

图 5.5.1   D 触发器转换成 JK 触发器

本章小结

(1) 触发器和门电路不同,对于以前所述的各种门电路,输出仅与输入信号有关,没有记忆功能。对于触发器,其输出不仅与输入信号有关,还与电路的状态有关,具有记忆功能,它能够长期保持一个二进制状态(只要不断掉电源),直到输入信号引导它转换到另一个状态为止。

(2) 按电路结构分类有基本 RS 触发器、同步触发器、主从触发器和边沿触发器。它们

的触发翻转方式不同,基本 RS 触发器属于电平触发,同步触发器属于脉冲触发,主从触发器和边沿触发器属于脉冲边沿触发,可以是正跳沿触发,也可以是负跳沿触发。主从触发器和边沿触发器的翻转虽然都发生在脉冲跳变时,但加入输入信号的时间有所不同,对于主从触发器,如果是负跳变触发,输入信号必须在正跳变前加入,而边沿触发器可以在触发沿到来前(只要满足建立时间)加入。

(3) 按功能分类有 RS 触发器、JK 触发器、D 触发器、T 触发器和 T′ 触发器。RS 触发器具有约束条件 $RS = 0$,T 触发器、T′ 触发器和 D 触发器的功能比较简单,JK 触发器的逻辑功能最为灵活,它可以作 RS 触发器使用,也可以方便地转换成 T 触发器、T′ 触发器和 D 触发器。在分析触发器的特性时,一般可用特性表、特性方程和状态图来描述其逻辑功能,这 3 种方法本质上是相通的。

(4) 电路结构和触发方式与功能没有必然的联系。如 JK 触发器既有主从式的,也有边沿式的。主从式触发器和边沿触发器都有 RS、JK、D 功能触发器。

(5) 本章讨论的触发器有一个共同的特点就是触发器的输出有两个稳定的状态,因此这类触发器统称为双稳态触发器。

习题

5.1 试画出由与非门组成的基本 RS 触发器输出端 Q、$\overline{Q}$ 的波形,输入端 R、S 的波形如习图 5.1 所示。

5.2 将习图 5.2 所示的波形加在以下触发器上,试画出触发器输出端 Q 的波形(设初态为 0):

(1) 正脉冲时钟 RS 触发器。

(2) 负跳沿主从 RS 触发器。

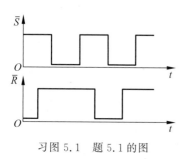

习图 5.1 题 5.1 的图

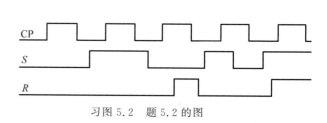

习图 5.2 题 5.2 的图

5.3 将如习图 5.3 所示的波形加在以下 3 种触发器上,试画出输出端 Q 的波形(设初态为 0):

(1) 正跳沿 JK 触发器。

(2) 负跳沿 JK 触发器。

(3) 负跳沿主从 JK 触发器。

5.4 将如习图 5.4 所示的波形加在以下触发器上,试画出触发器输出端 Q 的波形(设初态为 0):

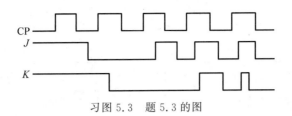

习图 5.3　题 5.3 的图

（1）正跳沿 D 触发器。

（2）负跳沿 D 触发器。

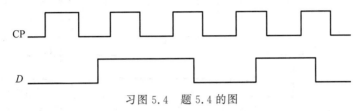

习图 5.4　题 5.4 的图

5.5　将如习图 5.5 所示的波形加在以下触发器上,试画出输出端 Q 的波形(设初态为 0)：

（1）正跳沿 T 触发器。

（2）负跳沿 T 触发器。

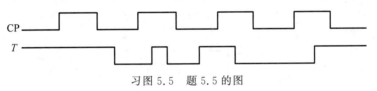

习图 5.5　题 5.5 的图

5.6　设习图 5.6 所示触发器初态均为 0,试画出在 CP 作用下每个触发器 Q 端的波形图。

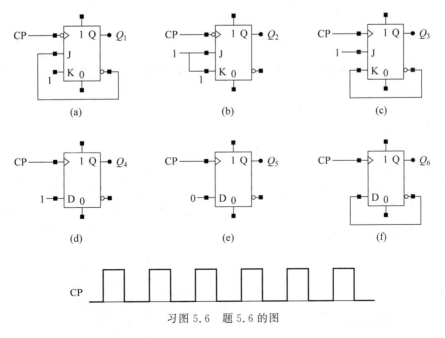

习图 5.6　题 5.6 的图

5.7　触发器电路如习图 5.7(a)所示,试根据如习图 5.7(b)所示的输入波形画出 Q_1、Q_2 端的波形。

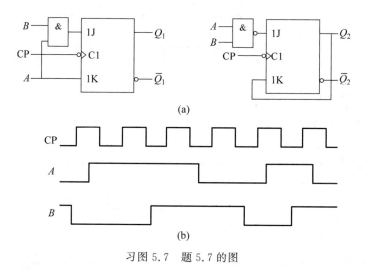

(a)

(b)

习图 5.7　题 5.7 的图

5.8　触发器电路如习图 5.8(a)所示,试根据如习图 5.8(b)所示的输入波形画出 Q_1、Q_2 端的波形(设初态为 0)。

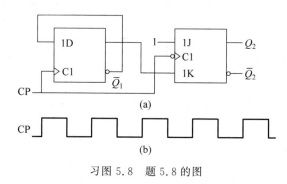

习图 5.8　题 5.8 的图

5.9　触发器组成的电路如习图 5.9 所示,试根据 $\bar{R}_D$ 和 CP 波形画出 Q_1 和 Q_2 端的波形。

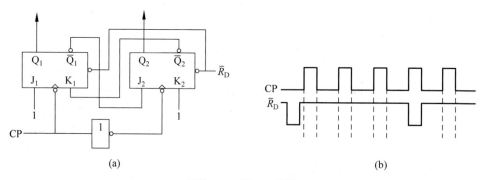

习图 5.9　题 5.9 的图

5.10　电路如习图 5.10 所示,试问该电路可完成何种功能。

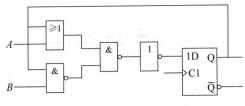

习图 5.10　题 5.10 的图

5.11　试将 JK 触发器转换成 D 触发器。

第 6 章

时序逻辑电路

时序逻辑电路是数字电路中另一种类型的电路。本章首先叙述时序逻辑电路的基本概念,即电路的特点和分析方法,然后以一种常用的时序逻辑电路——计数器为例,详细讨论时序逻辑电路的分析和设计方法,最后介绍在计算机和其他数字系统中广泛应用的另一种时序逻辑电路——寄存器。

6.1 时序逻辑电路的特点与分析方法

数字电路可分为组合逻辑电路和时序逻辑电路两大类,分别简称为组合电路和时序电路。在组合逻辑电路中,在任一时刻的输出信号仅与当时的输入信号有关,输出与输入之间有严格的函数关系,用一组方程式就可以描述组合逻辑函数的特性;而时序逻辑电路在任一时刻的输出信号不仅与当时的输入信号有关,而且还与电路原来的状态有关。从结构上看,组合逻辑电路仅由若干逻辑门组成,没有存储电路,因而无记忆能力;一般情况下,时序逻辑电路包含组合电路和含有由触发器构成的存储电路。在某些情况下,可以没有组合电路,但存储电路必不可少。时序电路具有记忆能力。

6.1.1 时序逻辑电路的特点

1. 结构特点

时序电路的基本结构框图如图 6.1.1 所示,从总体上看,它由输入逻辑组合电路、输出逻辑组合电路和存储电路 3 部分组成,其中 $\boldsymbol{X}(X_1, X_2, \cdots, X_i)$ 是时序逻辑电路的输入信号,$Q(Q_1, Q_2, \cdots, Q_r)$ 是存储电路的输出信号,它被反馈到组合电路的输入端,与输入信号共同决定时序逻辑电路的输出状态。$\boldsymbol{Z}(Z_1, Z_2, \cdots, Z_j)$ 是时序逻辑电路的输出信号,$\boldsymbol{Y}(Y_1, Y_2, \cdots, Y_r)$ 是存储电路的输入信号。这些信号之间的逻辑关系可以用下面 3 个矢量函数表示,即

$$\boldsymbol{Z} = F_1(\boldsymbol{X}, \boldsymbol{Q}^n) \tag{6.1.1}$$

$$\boldsymbol{Y} = F_2(\boldsymbol{X}, \boldsymbol{Q}^n) \tag{6.1.2}$$

$$\boldsymbol{Q}^{n+1} = F_3(\boldsymbol{Y}, \boldsymbol{Q}^n) \tag{6.1.3}$$

其中,式(6.1.1)是输出方程,式(6.1.2)是存储电路的驱动方程(或称激励方程)。由于本章所用存储电路由触发器构成,即 $Q_1, Q_2, \cdots, Q_r$ 表示的是各个触发器的状态,所以式(6.1.3)是存

储电路的状态方程,也就是时序逻辑电路的状态方程。Q^{n+1} 是次态,Q^n 是现态。

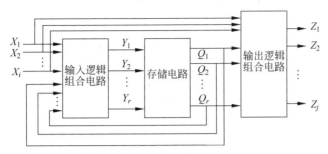

图 6.1.1 时序电路的结构框图

综上所述,时序逻辑电路具有如下结构特点。

(1) 时序电路由组合电路和存储电路组成,在某些情况下,可以没有组合电路,但存储电路是必不可少的。

(2) 在存储电路的输出和输入之间存在反馈连接。因而电路的工作状态与时间因素相关,即时序电路的输出由电路的输入和原来的状态共同决定。图 6.1.1 是时序电路的一般结构框图,在某些情况下,时序电路可以没有输入变量 X 和输出变量 Y。

2. 时序电路的分类

时序电路通常分为同步时序电路和异步时序电路两大类。在同步时序电路中,存储电路状态的更新是与时钟脉冲同步进行的,即所有触发器受同一时钟控制,在时钟脉冲的特定时刻(正跳沿或负跳沿)更新触发器的状态;在异步时序电路中,电路无公共的时钟脉冲,即所有触发器不受同一时钟控制,触发器状态的改变不在同一时刻进行。

3. 时序逻辑电路功能的描述方法

描述时序逻辑电路功能的方法有逻辑方程、状态图、状态表、时序图和卡诺图等,这些方法在本质上是相通的,可以互相转换。

1) 逻辑方程

从理论上讲,根据时序电路的结构图,写出时序电路的输出方程、驱动方程和状态方程就可以描述时序电路的逻辑功能。需要注意的是,对许多时序逻辑电路而言,通过这 3 个逻辑方程式还不能直观地看出时序电路的逻辑功能到底是什么。此外,设计时序逻辑电路时,根据给出的逻辑要求往往很难直接写出电路的驱动方程、状态方程和输出方程。因此,还需要用到下面几种方法之一。

2) 状态图

反映时序逻辑电路状态转换规律及相应输入、输出取值关系的图形称为状态图,如图 6.1.2 所示。在状态图中,圆圈及圆内的字母或数字表示电路的各个状态,连线及箭头表示状态转换的方向(由现态到次态),当箭头的起点和终点都在同一个圆圈上时,表示状态不变。标在连线一侧的数字表示状态转换前输入信号的取值和输出值。通常将输入信号的取值写在斜线上方,将输出值写在斜线下方。它清楚地表明,在该输入取值作用下,将产生相应的输出值,同时,电路将发生如箭头所指的状态转换。

3) 状态表

反映时序逻辑电路的输出 Z、次态 Q^{n+1} 与电路的输入 X、现态 Q^n 间对应取值关系的

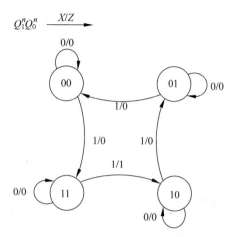

图 6.1.2　时序电路的状态图

表格称为状态表。如图 6.1.2 所示的状态图所描述的时序电路特性可用状态表表示,如表 6.1.1 所示,状态表由 3 部分组成,第一部分是现态和输入的组合;第二部分是每一个状态与输入的组合所导致的次态;第三部分是现态的输出。

表 6.1.1　图 6.1.2 状态图的状态表

现　　态		输　入	次　　态		输　出
Q_1^n	Q_0^n	X	Q_1^{n+1}	Q_0^{n+1}	Z
0	0	0	0	0	0
0	0	1	1	1	0
0	1	0	0	1	0
0	1	1	0	0	0
1	0	0	1	0	0
1	0	1	0	1	0
1	1	0	1	1	0
1	1	1	1	0	1

4) 时序图

时序图即时序电路的工作波形图。它能直观地描述时序电路的输入信号、时钟信号、输出信号及电路的状态转换等在时间上的对应关系。

5) 卡诺图

状态表中,次态、输出变量与现态和输入变量的逻辑关系可以用卡诺图表示出来,由卡诺图可求出电路的状态方程和输出方程,进而求出驱动方程。

上面介绍的描述时序电路逻辑功能的 5 种方法可以互相转换。在介绍时序逻辑电路的分析和设计方法时,将具体讲述以上 5 种描述方法的应用。

6.1.2　时序逻辑电路的一般分析方法

时序逻辑电路的分析就是根据给定的时序逻辑电路图,通过分析,求出它的输出 Z 的变化规律,以及电路状态 Q 的转换规律,进而说明该时序电路的逻辑功能和工作特性。

1. 分析时序逻辑电路的一般步骤

（1）根据给定的时序电路图写出下列各逻辑方程式：

① 时钟方程。即各触发器的时钟信号 CP 的逻辑表达式，对于同步时序逻辑电路，此方程可省。

② 输出方程。即电路输出信号的逻辑表达式。输出信号是送到本电路以外的信号，通常由输入信号及部分触发器的输出端通过适当组合形成。

③ 驱动方程。即各触发器的同步输入端的逻辑表达式。

（2）求状态方程。

将驱动方程代入相应触发器的特性方程，求得各触发器的次态方程，也就是时序逻辑电路的状态方程。

（3）根据状态方程和输出方程，列出该时序电路的状态表，画出状态图或时序图。

（4）用文字描述给定时序逻辑电路的逻辑功能。

需要说明的是，上述步骤不是必须执行的固定程序，在实际应用中可根据具体情况加以取舍。

2. 时序逻辑电路的分析举例

例 6.1.1　试分析如图 6.1.3 所示时序电路的逻辑功能。

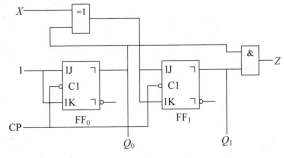

图 6.1.3　例 6.1.1 的图

解　分析过程如下：

（1）写出各逻辑方程式。

这是一个同步时序电路，各触发器时钟脉冲信号 CP 相同，因而各触发器的 CP 逻辑表达式可以不写。

输出方程为

$$Z = Q_1^n Q_0^n$$

驱动方程为

$$J_0 = 1 \qquad K_0 = 1$$

$$J_1 = X \oplus Q_0^n \quad K_1 = X \oplus Q_0^n$$

（2）将驱动方程代入相应触发器的特性方程求状态方程。

$$Q_0^{n+1} = J_0 \bar{Q}_0^n + \bar{K}_0 Q_0^n = \bar{Q}_0^n$$

$$Q_1^{n+1} = J_1 \bar{Q}_1^n + \bar{K}_1 Q_1^n$$

$$= (X \oplus Q_0^n) \bar{Q}_1^n + \overline{X \oplus Q_0^n} Q_1^n$$

$$= X \oplus Q_0^n \oplus Q_1^n$$

（3）列状态表、画状态图和时序图。

列状态表是分析时序逻辑电路的关键一步，其具体做法是：先填入输入和现态的所有组合状态（本例中为 X、Q_1^n、Q_0^n），然后根据输出方程及状态方程，逐行填入当前输出 Z 的相应值，以及次态 $Q^{n+1}(Q_1^{n+1}$、$Q_0^{n+1})$ 的相应值。按照此做法，可列出例 6.1.1 的状态表，如表 6.1.2 所示。

表 6.1.2　例 6.1.1 的状态表

现态		输入	次态		输出
X	Q_1^n	Q_0^n	Q_1^{n+1}	Q_0^{n+1}	Z
0	0	0	0	1	0
0	0	1	1	0	0
0	1	0	1	1	0
0	1	1	0	0	1
1	0	0	1	1	0
1	0	1	0	0	0
1	1	0	0	1	0
1	1	1	1	0	1

由表 6.1.2 可见，电路状态变化的规律是：若输入信号 $X=0$，当现态 $Q_1^n Q_0^n = 00$ 时，则当前输出 $Z=0$，在一个 CP 脉冲作用后，电路转向次态 $Q_1^{n+1} Q_0^{n+1} = 01$；当 $Q_1^n Q_0^n = 01$ 时，则当前输出 $Z=0$，在一个 CP 脉冲作用后，$Q_1^{n+1} Q_0^{n+1} = 10$；当 $Q_1^n Q_0^n = 10$ 时，则当前输出 $Z=0$，在一个 CP 脉冲作用后，$Q_1^{n+1} Q_0^{n+1} = 11$；当 $Q_1^n Q_0^n = 11$ 时，则当前输出 $Z=1$，在一个 CP 脉冲作用后，$Q_1^{n+1} Q_0^{n+1} = 00$。

若输入信号 $X=1$，电路状态转换的方向与上述方向相反。因此，就可以分析出电路的基本功能了。事实上，由状态方程和输出方程也可得到电路的状态图或时序图，同样可由它们分析出电路的功能。这里也将电路的状态图、时序图画出，分别如图 6.1.4 和图 6.1.5 所示。

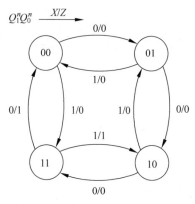

图 6.1.4　例 6.1.1 电路的状态图

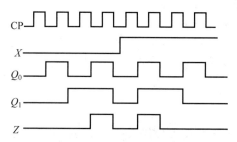

图 6.1.5　例 6.1.1 电路的时序图

（4）逻辑功能分析。

若将电路的状态变化和输出信号看成计数功能，则此电路是一个可控计数器。当 $X=0$

进行 2 位二进制数加法计数,在时钟脉冲作用下,$Q_1^n Q_0^n$ 的数值从 00 到 11 递增,每经过 4 个时钟脉冲作用后,电路的状态循环一次。同时在输出端 Z 输出一个进位脉冲,因此,Z 是进位信号。当 $X=1$ 时,电路进行 2 位二进制数减 1 计数,Z 是借位信号。有关计数器的详细内容将在 6.2 节和 6.3 节介绍。

6.2　计数器分析

计数器的基本功能是统计时钟脉冲的个数,即实现计数操作,也可用于分频、定时、产生节拍脉冲等。例如,计算机中的时序发生器、分频器、指令计数器等部分都要使用计数器。

计数器的种类很多。按进位体制的不同,可分为二进制计数器、十进制计数器和 N 进制计数器;按计数过程中数字增减趋势的不同,可分为加法计数器、减法计数器和可逆计数器;按时钟脉冲输入方式的不同,可分为同步计数器和异步计数器。

二进制计数器:指若计数状态为 N,触发器个数为 n,则 $N=2^n$。例如,在 4 位触发器构成的二进制计数器中,$N=2^4=16$。

十进制计数器:指若计数状态 $N=10$,则为十进制计数器。

N 进制计数器:指 N 为除了 $N=2^n$ 和 $N=10$ 以外的正整数。显然,二进制、十进制计数器是 N 进制计数器的特例。

加法计数器是指计数器在时钟脉冲作用下,所表现出的状态若看成二进制数,则是依次递增的。如状态依次为 000→001→010…,减法计数器则相反。可逆计数器则通过不同的控制信号,在时钟作用下既可加计数,也可减计数。

同步计数器和异步计数器的定义与同步时序电路和异步时序电路相同。

从本质上讲,计数器是时序电路的一个特例,所以对时序电路的分析方法对计数器完全适用。计数器分析时的重要特点是:其状态至少有一个单闭环,称为有效循环,有效循环中的状态称为有效状态,其余状态称为无效状态。有效循环一次所需要的时钟脉冲的个数称为计数器的模值 M,由 n 个触发器构成的计数器,其模值 M 一般应满足 $2^{n-1}<M\leqslant 2^n$。对每个无效状态而言,若经过 1 个或数个时钟脉冲后的状态能回到有效循环的状态中,这类计数器具有自启动能力;反之,若经过 1 个或数个时钟脉冲后的状态无法回到有效循环的状态中,这类计数器无自启动能力。

6.2.1　异步计数器

一个 3 位二进制加法计数序列如表 6.2.1 所示。由表 6.2.1 可知,最低位 Q_0 随着每次时钟脉冲的出现都会改变状态,而其他位在相邻低位由 1 变 0 时,发生翻转。3 位二进制加法计数规律是:最低位在每来一个 CP 时翻转一次;低位由 1→0(负跳沿)时,相邻高位状态发生变化。用 3 个正跳沿触发的 D 触发器 FF_2、FF_1 和 FF_0 组成的 3 位二进制加法计数器如图 6.2.1 所示。图 6.2.1 中各个触发器的 $\overline{Q}$ 输出端与该触发器的 D 输入端相连(即 $D_i=\overline{Q}_i$);同时,各 $\overline{Q}$ 端又与相邻高 1 位触发器的时钟脉冲输入端相连;计数脉冲 CP 加至触发器 FF_0 的时钟脉冲输入端。所以每当输入一个计数脉冲,最低位触发器 FF_0 就翻转一次。当 Q_0 由 1 变 0,$\overline{Q}_0$ 由 0 变 1(Q_0 的进位信号)时,FF_1 翻转。当 Q_1 由 1 变 0,$\overline{Q}_1$ 由 0

变 $1(Q_1$ 的进位信号)时,FF_2 翻转,这样电路实现了 3 位二进制加法计数功能。由于电路中各触发器的时钟脉冲不同,因而这是一个异步时序电路。由序列表 6.2.1 不难得到其状态图和时序图,它们分别如图 6.2.2 和图 6.2.3 所示。在图 6.2.3 中虚线是考虑触发器的传输延迟时间 t_{pd} 后的波形。

表 6.2.1 3 位二进制加法计数序列

CP	Q_2^n	Q_1^n	Q_0^n
0	0	0	0
1	0	0	1
2	0	1	0
3	0	1	1
4	1	0	0
5	1	0	1
6	1	1	0
7	1	1	1
8	0	0	0

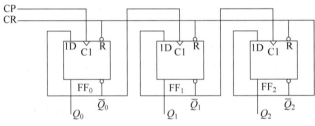

图 6.2.1 3 位二进制加法计数器

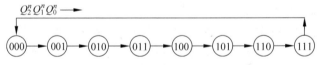

图 6.2.2 3 位二进制加法计数器状态图

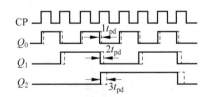

图 6.2.3 3 位二进制加法计数器时序图

从图 6.2.3 中可以清楚地看到,Q_0、Q_1、Q_2 的周期分别是计数脉冲(CP)周期的 2 倍、4 倍、8 倍,也就是说,Q_0、Q_1、Q_2 分别对 CP 波形进行了 2 分频、4 分频、8 分频,因而计数器也可作为分频器。

值得注意的是,在考虑各触发器的传输延迟时间时,由图 6.2.3 中的虚线波形可知,对于一个 n 位的二进制异步计数器来说,从一个计数脉冲(本例为正跳沿起作用)到来,到 n

个触发器都翻转稳定,需要经历的最长时间是 nt_{pd},为保证计数器的状态能正确反映计数脉冲的个数,下一个计数脉冲(正跳沿)必须在 nt_{pd} 后到来,因此计数脉冲的最小周期 $T = nt_{pd}$。

例 6.2.1 试分析如图 6.2.4 所示的异步时序电路。

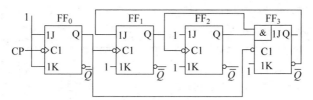

图 6.2.4　例 6.2.1 的电路图

解 在异步时序逻辑电路中,由于没有公共的时钟脉冲,在分析各触发器的状态转换时,除考虑驱动信号的情况,还必须考虑其 CP 端的情况,触发器只有在加到其 CP 端上的信号有效时,才有可能改变状态;否则,触发器将保持原有状态不变。因此,分析异步时序逻辑电路,应首先确定各 CP 端的逻辑表达式及触发方式。在考虑各触发器的次态方程时,对于由正跳沿触发的触发器而言,当其 CP 端的信号由 0 变 1 时,则有触发信号作用;对于由负跳沿触发的触发器而言,当其 CP 端的信号由 1 变 0 时,则有触发信号作用。有触发信号作用的触发器能改变状态,无触发信号作用的触发器保持原有的状态不变。

(1) 根据图 6.2.4 写出各逻辑方程式,由于电路没有输入、输出变量,只需写出时钟脉冲信号的逻辑方程和驱动方程。

时钟方程:

① $CP_0 = CP$,负跳沿触发。

② $CP_1 = CP_3 = Q_0$,仅当 Q_0 由 1→0 时,Q_1 和 Q_3 才可能改变状态;否则,Q_1 和 Q_3 的状态保持不变。

③ $CP_2 = Q_1$,仅当 Q_1 由 1→0 时,Q_2 才可能改变状态;否则,Q_2 的状态保持不变。

驱动方程:

$$J_0 = K_0 = 1$$
$$J_1 = \overline{Q}_3^n \quad K_1 = 1$$
$$J_2 = K_2 = 1$$
$$J_3 = Q_2^n Q_1^n \quad K_3 = 1$$

(2) 将驱动方程代入相应触发器的特性方程中,求出状态方程。

$$Q_3^{n+1} = \overline{Q}_3^n Q_2^n Q_1^n \quad (Q_0 \text{ 下跳时此式有效})$$
$$Q_2^{n+1} = \overline{Q}_2^n \quad (Q_1 \text{ 下跳时此式有效})$$
$$Q_1^{n+1} = \overline{Q}_3^n \ \overline{Q}_1^n \quad (Q_0 \text{ 下跳时此式有效})$$
$$Q_0^{n+1} = \overline{Q}_0^n \quad (CP \text{ 下跳时此式有效})$$

(3) 列状态表、画状态图和时序图。

列状态表的方法与同步时序电路基本相似,只是还应注意各触发器 CP 端的状况(如是否有负跳沿作用),因此,可在状态表中增加各触发器 CP 端的状况,无负跳沿作用时的 CP 用 0 表示,有负跳沿作用时的 CP 用 1 表示。本例的状态表如表 6.2.2 所示。由状态表可画出状态图,如图 6.2.5 所示。此电路的时序图如图 6.2.6 所示。当然,就分析电路而言,后两种表示方法并非必须。

表 6.2.2　例 6.2.1 的状态表

现 态				时 钟 信 号				次 态			
Q_3^n	Q_2^n	Q_1^n	Q_0^n	CP_3	CP_2	CP_1	CP_0	Q_3^{n+1}	Q_2^{n+1}	Q_1^{n+1}	Q_0^{n+1}
0	0	0	0	0	0	0	1	0	0	0	1
0	0	0	1	1	0	1	1	0	0	1	0
0	0	1	0	0	0	0	1	0	0	1	1
0	0	1	1	1	1	1	1	0	1	0	0
0	1	0	0	0	0	0	1	0	1	0	1
0	1	0	1	1	0	1	1	0	1	1	0
0	1	1	0	0	0	0	1	0	1	1	1
0	1	1	1	1	1	1	1	1	0	0	0
1	0	0	0	0	0	0	1	1	0	0	1
1	0	0	1	1	0	1	1	0	0	0	0
1	0	1	0	0	0	0	1	1	0	1	1
1	0	1	1	1	1	1	1	0	1	0	0
1	1	0	0	0	0	0	1	1	1	0	1
1	1	0	1	1	0	1	1	0	1	0	0
1	1	1	0	0	0	0	1	1	1	1	1
1	1	1	1	1	1	1	1	0	0	0	0

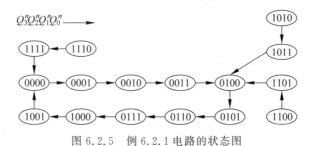

图 6.2.5　例 6.2.1 电路的状态图

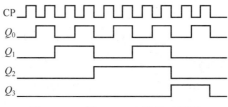

图 6.2.6　例 6.2.1 电路的时序图

(4) 逻辑功能分析。

由状态图和状态表可知,该计数器存在一个有效循环,共有 10 个不同的状态 0000～1001,其余 6 个状态 1010～1111 为无效状态,所以电路在正常工作时(即处于有效循环)是不可能进入无效状态的,若电路由于某种原因,如噪声信号或接通电源迫使电路进入无效状态时,在 CP 脉冲作用后,电路能自动回到有效循环,所以电路是一个十进制异步加法计数器,并具有自启动能力。通常希望时序电路具有自启动能力。

6.2.2 同步计数器

为了提高计数速度,可采用同步计数器,其特点是计数脉冲同时接于各位触发器的时钟脉冲输入端,当时钟脉冲到来时,若触发器具备翻转条件,各触发器可同时翻转。

由 3 位二进制加法计数序列表 6.2.1 可知,若要触发器翻转时刻相同,触发器翻转的条件是:最低位 Q_0 每来一个时钟脉冲翻转一次,而其他位在所有低位为 1 时,再来一个时钟脉冲翻转一次。由此可推出计数器电路的驱动方程。例如,若用 JK 触发器构成 3 位二进制加法同步计数器,其驱动方程为

$$J_0 = K_0 = 1$$
$$J_1 = K_1 = Q_0^n$$
$$J_2 = K_2 = Q_0^n Q_1^n$$

由驱动方程画出的逻辑电路如图 6.2.7 所示。若设触发器初态为 000,因为 $J_0 = K_0 = 1$,所以每来一个计数脉冲 CP,最低位触发器 FF_0 就翻转一次,其他位的触发器 FF_i 仅在 $J_i = K_i = Q_{i-1} Q_{i-2} \cdots Q_0 = 1$ 的条件下,在 CP 负跳沿到来时才翻转,由此画出的波形图如图 6.2.8 所示。在图 6.2.8 波形图中的虚线是考虑触发器的传输延迟时间 t_{pd} 后的波形。由此波形图可知,在同步计数器中,由于计数脉冲 CP 同时作用于各个触发器,具备翻转条件的所有触发器的翻转是同时进行的,都比计数脉冲 CP 的作用时间滞后一个 t_{pd},因此其工作速度一般要比异步计数器高。需要指出的是,由于触发器的传输延迟时间极短(纳秒数量级),因此画波形图时,可以忽略延迟时间的影响,按理想情况处理,即按图 6.2.8 中实线画波形即可。

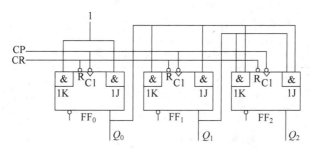

图 6.2.7 3 位二进制加法同步计数器

如果将图 6.2.4 电路中触发器 FF_0、FF_1 和 FF_2 的驱动信号分别改为

$$J_0 = K_0 = 1$$
$$J_1 = K_1 = \overline{Q}_0^n$$
$$J_2 = K_2 = \overline{Q}_0^n \overline{Q}_1^n$$

即可构成 3 位二进制同步减法计数器,其工作过程请读者自行分析。

例 6.2.2 试分析图 6.2.9 所示的时序电路。

解 (1) 根据图 6.2.9 写出各逻辑方程式,由于电路没有输入、输出变量,只写驱动方程。

$$D_2 = \overline{Q}_0^n, \quad D_1 = Q_2^n, \quad D_0 = Q_1^n$$

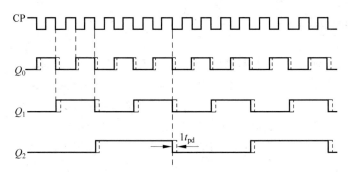

图 6.2.8　3 位二进制加法同步计数器波形图

（2）将驱动方程代入相应触发器的特性方程 $Q^{n+1}=D$，求出各触发器的次态方程。

$$Q_2^{n+1}=\bar{Q}_0^n,\quad Q_1^{n+1}=Q_2^n,\quad Q_0^{n+1}=Q_1^n$$

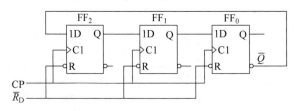

图 6.2.9　例 6.2.2 的电路图

（3）列状态表和画状态图。

由于电路没有输入、输出变量，状态表中没有此 2 项，电路的状态表如表 6.2.3 所示。根据状态表可画出这个电路的状态图，如图 6.2.10 所示。000、100、110、111、011、001 这 6 个状态形成了主循环，称为有效循环。010 和 101 为无效循环。

表 6.2.3　例 6.2.2 的状态表

现　态			次　态		
Q_2^n	Q_1^n	Q_0^n	Q_2^{n+1}	Q_1^{n+1}	Q_0^{n+1}
0	0	0	1	0	0
0	0	1	0	0	0
0	1	0	1	0	1
0	1	1	0	0	1
1	0	0	1	1	0
1	0	1	0	1	0
1	1	0	1	1	1
1	1	1	0	1	1

（4）逻辑功能分析。

由状态图可知，此电路正常工作时，每经过 6 个时钟脉冲作用后，电路的状态循环一次，因此也称为六进制计数器。电路中的 2 个无效状态构成无效循环，在时钟脉冲作用下，电路不能进入有效循环，因而电路没有自启动能力。

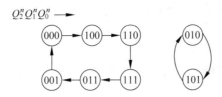

$$Q_2^n Q_1^n Q_0^n \longrightarrow$$

图 6.2.10　例 6.2.2 电路的状态图

6.3　计数器设计

时序电路设计是时序电路分析的逆过程,即根据给定的逻辑功能要求,选择适当的逻辑器件,设计出符合要求的时序逻辑电路。这种设计方法的基本指导思想是用尽可能少的逻辑器件来实现符合设计要求的时序电路。

6.3.1　用触发器设计同步计数器

用触发器及门电路设计计数器的一般步骤如下。

(1) 分析电路要求,确定触发器的个数。

根据计数要求确定输入变量(若有)、输出变量(若有)及电路的状态数。根据状态数的多少,确定触发器的个数。设状态数为 M,触发器的个数为 n,则应满足

$$2^{n-1} < M \leqslant 2^n \tag{6.3.1}$$

(2) 给计数器状态编码,画出编码后的状态图。

编码方式是任意的,编码不同,所得到的电路复杂程度也不同。习惯上采用自然二进制对状态编码,编码中的每一位可由一个触发器的状态表示,编码完成画出编码后的状态图。

(3) 选择触发器的种类,列出状态方程、驱动方程、输出方程和时钟方程。

可供选择的触发器一般为边沿 JK 触发器和 D 触发器。JK 触发器功能齐全,D 触发器使设计工作简单。

① 求状态方程。

将各触发器的状态用状态表(或卡诺图)表示,求出各触发器的次态方程,即电路的状态方程。

② 求驱动方程。

将状态方程与特性方程比较,得出驱动方程。

③ 求输出方程。

由状态图(或状态表、卡诺图)求出输出信号的最简表达式即可。

需要注意的是,输出信号是输入(若有)信号和触发器现态的函数。在求状态方程和输出方程时,无效状态对应的最小值应做无关项处理,这样得到的方程更简单。

④ 求时钟方程。

由于是同步计数器,各触发器的时钟均与 CP 相连就可以了。

(4) 画逻辑电路图并检查自启动能力。

由求得的驱动方程和输出方程画出逻辑电路图。若电路不能自启动,则应修改设计,一般是将无关项对应的次态取值由"×"改成有效循环中的对应取值。

例 6.3.1 设计一个自然二进制码的五进制计数器,当计数到第 5 个状态时,产生进位信号。

解 (1)确定触发器的个数。

由题意可知,电路没有输入信号,但有输出信号,用 F 表示。电路有 5 个状态,根据式(6.3.1),需要 3 个触发器。

(2)画出编码后的状态图。将电路的 5 个状态按自然二进制编码,得到电路的状态转换图,如图 6.3.1 所示。

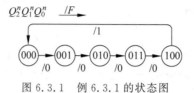

图 6.3.1 例 6.3.1 的状态图

(3)选择触发器的种类,求电路的状态方程、驱动方程和输出方程。

将图 6.3.1 的状态图用状态表表示,如表 6.3.1 所示。然后将各触发器次态和输出用卡诺图表示并化简,如图 6.3.2 所示,可以得到电路的状态方程、驱动方程和输出方程。

表 6.3.1 例 6.3.1 的状态表

现　　态			次　　态			输　　出
Q_2^n	Q_1^n	Q_0^n	Q_2^{n+1}	Q_1^{n+1}	Q_0^{n+1}	F
0	0	0	0	0	1	0
0	0	1	0	1	0	0
0	1	0	0	1	1	0
0	1	1	1	0	0	0
1	0	0	0	0	0	1
1	0	1	$\times$	$\times$	$\times$	$\times$
1	1	0	$\times$	$\times$	$\times$	$\times$
1	1	1	$\times$	$\times$	$\times$	$\times$

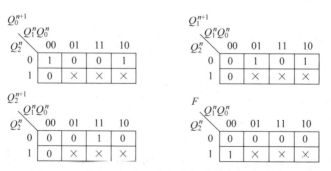

图 6.3.2 例 6.3.1 的 3 个次态和输出变量 F 卡诺图

① 若选择 D 触发器,通过触发器次态卡诺图化简,得出状态方程和驱动方程。

（ⅰ）状态方程为

$$\begin{cases} Q_0^{n+1} = \bar{Q}_2^n \bar{Q}_0^n \\ Q_1^{n+1} = Q_0^n \bar{Q}_1^n + \bar{Q}_0^n Q_1^n = Q_0^n \oplus Q_1^n \\ Q_2^{n+1} = Q_0^n Q_1^n \end{cases} \tag{6.3.2a}$$

（ⅱ）驱动方程为

$$\begin{cases} D_0 = \bar{Q}_2^n \bar{Q}_0^n \\ D_1 = Q_0^n \oplus Q_1^n \\ D_2 = Q_0^n Q_1^n \end{cases} \tag{6.3.2b}$$

② 若选用 JK 触发器，为了便于与触发器特性方程进行对比，重新写出通过次态卡诺图化简后的状态方程为

$$\begin{cases} Q_0^{n+1} = \bar{Q}_2^n \bar{Q}_0^n + \bar{1} Q_0^n \\ Q_1^{n+1} = Q_0^n \bar{Q}_1^n + \bar{Q}_0^n Q_1^n \\ Q_2^{n+1} = Q_0^n Q_1^n \bar{Q}_2^n + \bar{1} Q_2^n \end{cases} \tag{6.3.3a}$$

将次态方程与 JK 触发器特性方程相比较，得出驱动方程为

$$\begin{cases} J_0 = \bar{Q}_2^n & K_0 = 1 \\ J_1 = Q_0^n & K_1 = Q_0^n \\ J_2 = Q_0^n Q_1^n & K_1 = 1 \end{cases} \tag{6.3.3b}$$

需要指出的是，在式（6.2.3a）的第 1 个和第 3 个方程中，各在末尾加了一个 0（即 $\bar{1} Q_0^n = 0$），是为了写成 JK 触发器的标准形式，以便比较，从而求出驱动方程。另外，在求 Q_2^{n+1} 的过程中，没有利用无关项化简函数，也是求驱动方程的需要。

根据图 6.3.2 中输出变量 F 卡诺图，化简后得到输出方程为

$$F = Q_2^n \tag{6.3.4}$$

（4）画出电路图。

选用 JK 触发器的自然二进制码五进制计数器的逻辑图如图 6.3.3 所示。选用 D 触发器构成的自然二进制码五进制计数器由读者自己完成。

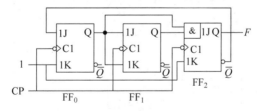

图 6.3.3 例 6.3.1 的逻辑电路图

（5）检查自启动。

当电路进入无效状态 101、110 和 111 后，代入 JK 触发器状态方程式（6.3.3a）中，可知对应的次态分别为 010、010 和 000，电路能自动进入有效循环，所设计的电路具有自启动能力。

6.3.2 用中规模集成计数器设计 N 进制计数器

由于计数器在实际工作中被大量使用,现在有专门的中规模集成电路计数器产品。中规模集成电路计数器因其具有体积小、功耗低、功能灵活等优点,在实际工程中被广泛应用。中规模集成电路计数器的类型很多,在此不一一列举,其共同特点是:具有计数功能,有清零功能、置数功能。区别是:有的芯片采用异步清零,有的芯片采用同步清零;有些芯片采用异步置数,有些芯片采用同步置数。本节仅介绍两个较典型产品的功能和应用。

1. 74161 中规模集成电路计数器

74161 是 4 位二进制同步加计数器。它的逻辑电路图和逻辑符号如图 6.3.4 所示。其中 $\overline{R}_D$ 是清零端,$\overline{LD}$ 是置数控制端,D、C、B、A 是预置数据输入端,EP 和 ET 是计数使能(控制)端;RCO($=ET \cdot Q_D \cdot Q_C \cdot Q_B \cdot Q_A$)是进位输出端。

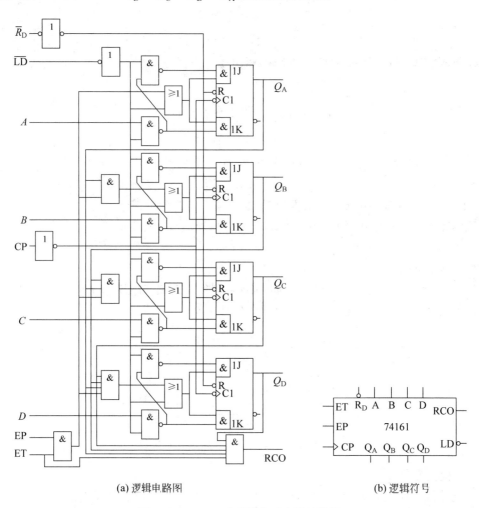

(a) 逻辑申路图   (b) 逻辑符号

图 6.3.4 74161 中规模集成电路计数器

74161 的功能表如表 6.3.2 所示,由该表可知,74161 有以下 4 种工作方式。

表 6.3.2　74161 的功能表

清零	置数	使　　能		时钟	置　数　输　入				输　　出			
$\overline{R}_D$	$\overline{LD}$	EP	ET	CP	D	C	B	A	Q_D	Q_C	Q_B	Q_A
0	×	×	×	×	×	×	×	×	0	0	0	0
1	0	×	×	↑	D	C	B	A	D	C	B	A
1	1	0	×	×	×	×	×	×		保　　持		
1	1	×	0	×	×	×	×	×	保　　持		RCO	=0
1	1	1	1	↑	×	×	×	×		计　　数		

1）异步清零

当 $\overline{R}_D=0$ 时,计数器处于异步清零工作方式,这时,不管其他输入端的状态如何(包括时钟信号 CP),计数器的输出将被直接清零。由于清零不受时钟信号控制,因而称为异步清零。

2）同步并行置数

当 $\overline{R}_D=1$,$\overline{LD}=0$ 时,计数器处于同步并行置数工作方式,这时,在时钟脉冲 CP 正跳沿作用下,D、C、B、A 输入端的数据将分别被 Q_D、Q_C、Q_B、Q_A 所接收。由于置数操作要与 CP 正跳沿同步,且 $D\sim A$ 的数据同时置入计数器,所以称为同步并行置数。

3）计数

当 $\overline{R}_D=\overline{LD}=ET=EP=1$ 时,计数器处于计数工作方式,在时钟脉冲 CP 正跳沿作用下,实现 4 位二进制计数器的计数功能,计数过程有 16 个状态,计数器的模为 16,当计数状态为 $Q_DQ_CQ_BQ_A=1111$ 时,进位输出 RCO=1。

4）保持

当 $\overline{R}_D=\overline{LD}=1$,ET·EP=0(即两个计数使能端中有 0)时,计数器处于保持工作方式,即不管有无 CP 脉冲作用,计数器都将保持原有状态不变(停止计数)。此时,如果 EP=0,ET=1,进位输出 RCO 也保持不变;如果 ET=0,不管 EP 状态如何,进位输出 RCO=0。

应用 74161 清零方式和置数方式可以实现模大于芯片模数 $M=16$ 或小于 16 的任一 N 进制计数器。

例 6.3.2　利用清零方式,用 74161 构成九进制计数器。

解　九($N=9$)进制计数器有 9 个状态,而 74161 在计数过程中有 16($M=16$)个状态,因此必须设法跳过 $M-N=16-9=7$ 个状态。即计数器从 0000 状态开始计数,当计到 9 个状态后,利用下一个状态 1001 提供清零信号,迫使计数器回到 0000 状态,此后清零信号消失,计数器重新从 0000 状态开始计数。应用 74161 构成的九进制计数器逻辑电路及主循环状态图如图 6.3.5 所示。逻辑图中,利用与非门将输出端 $Q_DQ_CQ_BQ_A=1001$ 信号译码,产生清零信号,使计数器返回 0000 状态。因 74161 计数器是异步清零,电路进入 1001 状态的时间极其短暂,在主循环状态图中用虚线表示,这样,电路就跳过了 1001～1111 7 个状态,实现九进制计数。

由本例题可知,利用异步清零方式可以构成不足芯片模数 M(本例为 16)的任意 N 进制计数器。具体方法如下:

(1) 确定有效循环的计数初态 S_C 和终态 S_Z。

(2) 用与非门对终态的下一个计数状态 S_{Z+1} 的代码(本例中,$S_C=0000$,$S_Z=1000$,

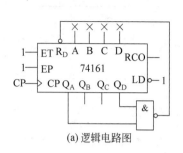

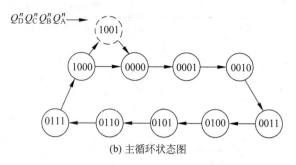

(a) 逻辑电路图   (b) 主循环状态图

图 6.3.5　例 6.3.2 的图

$S_{Z+1} = 1001$)译码,产生清零信号 $\overline{R}_D$(本例 $\overline{R}_D = \overline{Q_D Q_A}$);若是同步清零方式的计数器仅对终态 S_Z 的代码译码,产生清零信号 $\overline{R}_D$。

(3) 正确连接电路。

这样,当计数器从初态 S_C 开始计数,到状态 S_{Z+1}(同步清零方式为状态 S_Z)时,$\overline{R}_D = 0$,计数器回 0,构成任意 $N = S_Z - S_C$ 进制计数器。

例 6.3.3　利用 74161 的置数方式设计五进制计数器电路。

利用置数方式构成任意 N 进制计数器的电路形式很多,具体步骤如下:

(1) 确定有效循环的计数初态 S_C 和终态 S_Z。

(2) 对异步置数方式的计数器,利用终态的下一个计数状态 S_{Z+1} 的代码译码,产生置数控制信号(若是同步置数方式的计数器仅对终态 S_Z 的代码译码,产生置数控制信号),且置数端数据为初态 S_C。

(3) 正确连接电路,可构成任意 $N = S_Z - S_C$ 进制计数器。

解　(1) 设初态 $S_C = 0000$,终态 $S_Z = 0100$。

(2) 由于 74161 是同步置数方式的计数器,故对终态 S_Z 的代码译码,产生置数控制信号 $\overline{LD} = \overline{Q}_C$,且置数端数据为 $S_C = DCBA = 0000$。

(3) 电路连线图和状态图如图 6.3.6 所示。当计数从 0000 开始到 0100 时,虽然 $\overline{LD} = \overline{Q}_C = 0$,由于是同步置数,还不具备置数的条件,必须在下一个时钟脉冲正跳沿到达时,计数器才置入 0000,所以 1000 是一个稳定的计数状态。

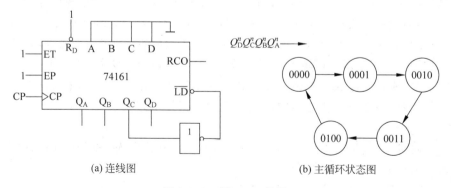

(a) 连线图   (b) 主循环状态图

图 6.3.6　例 6.3.3 的图

例 6.3.4 用 74161 组成六十五进制计数器。

六十五进制计数器的模数 N 大于 16，小于 $256=16\times16$，所以要用 2 片 74161 接成 8 位二进制计数器。由于 8 位二进制计数器共有 256 个计数状态，要去掉 191 个状态，可利用前面介绍的异步清零法，构成六十五进制计数器。

解 （1）初态 $S_C=2Q_D2Q_C2Q_B2Q_A1Q_D1Q_C1Q_B1Q_A=00000000$，终态 $S_Z=2Q_D2Q_C2Q_B2Q_A1Q_D1Q_C1Q_B1Q_A=01000000$。

（2）由于异步清零，对终态的下一个计数状态的代码 $S_{Z+1}=2Q_D2Q_C2Q_B2Q_A1Q_D1Q_C1Q_B1Q_A=01000001$ 译码，产生清零信号 $\overline{R}_D=\overline{2Q_C1Q_A}$。

（3）电路连线图如图 6.3.7 所示。

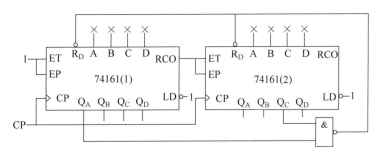

图 6.3.7 例 6.3.4 的图

图中每片计数器均接成十六进制，即 2 个芯片的 CP 和 $\overline{LD}$ 分别与计数脉冲和 1 电平相接，低位芯片（片 1）的进位位 RCO 与高位芯片（片 2）的使能端相接，1RCO＝2ET＝2EP，低位芯片的使能端 1ET、1EP 接至 1。

在时钟脉冲的作用下，低位芯片（片 1）从 0000 开始依次计数，在计数到 1111 之前，由于 RCO＝0，高位芯片（片 2）处于保持状态，当低位芯片计数到 1111 时，RCO＝1，到下一个脉冲上升沿到来，低位芯片自动回零，同时高位芯片计 1 个数，即低位芯片每计 16 个数，高位芯片计 1 个数。当计数到 01000001 时，与非门输出 0，计数状态成为 00000000，完成 1 次有效循环，电路出现 65 个状态，即 00000000～01000000，而 01000001 状态转瞬即逝。

2. 74LS90 中规模集成电路计数器

74LS90 是异步计数，逻辑图和逻辑符号如图 6.3.8 所示。它包括两个基本部分：

（1）1 个负跳沿触发的 JK 触发器 FF_A，形成模 2 计数器。

（2）由 3 个负跳沿 JK 触发器 FF_B、FF_C、FF_D 组成的异步五进制（模 5）计数器。

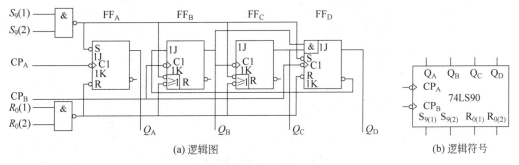

(a) 逻辑图   (b) 逻辑符号

图 6.3.8 74LS90 中规模集成电路计数器

74LS90 的功能表如表 6.3.3 所示,从功能表可以看出,74LS90 具有下列功能:

表 6.3.3　74LS90 功能表

时　钟		清　零　输　入		置 9 输入		输　　出			
CP_A	CP_B	$R_{0(1)}$	$R_{0(2)}$	$R_{9(1)}$	$R_{9(2)}$	Q_D	Q_C	Q_B	Q_A
$\times$	$\times$	1	1	0	$\times$	0	0	0	0
$\times$	$\times$	1	1	$\times$	0	0	0	0	0
$\times$	$\times$	0	$\times$	1	1	1	0	0	1
$\times$	$\times$	$\times$	0	1	1	1	0	0	1
$CP\!\downarrow$	0					二进制计数,Q_A 输出			
0	$CP\!\downarrow$	有 0		有 0		五进制计数,$Q_D Q_C Q_B$ 输出			
$CP\!\downarrow$	$Q_A\!\downarrow$					十进制计数,$Q_D Q_C Q_B Q_A$ 输出			

1) 异步清零

参看功能表第 1、2 行:只要 $R_{0(1)} = R_{0(2)} = 1$,$R_{9(1)} \cdot R_{9(2)} = 0$,输出 $Q_D Q_C Q_B Q_A = 0000$,不受 CP 控制,因而是异步清零。

2) 异步置 9

参看功能表第 3、4 行:只要 $R_{9(1)} = R_{9(2)} = 1$,$R_{0(1)} \cdot R_{0(2)} = 0$,输出 $Q_D Q_C Q_B Q_A = 1001$,不受 CP 控制,因而是异步置 9。

3) 计数

功能表第 5 行表明:在 $R_{9(1)} \cdot R_{9(2)} = 0$ 和 $R_{0(1)} \cdot R_{0(2)} = 0$ 同时满足的前提下,可在计数脉冲负跳沿作用下实现加计数。电路有两个计数脉冲输入端 CP_A 和 CP_B,若在 CP_A 端输入计数脉冲 CP,则输出端 Q_A 实现 1 位二进制计数;若在 CP_B 端输入脉冲 CP,则输出端 $Q_D Q_C Q_B$ 实现异步五进制计数;若在 CP_A 端输入计数脉冲 CP,同时将 CP_B 端与 Q_A 相接,则输出端 $Q_D Q_C Q_B Q_A$ 实现异步 8421BCD 码十进制计数。所以 74LS90 是二-五-十进制计数器,利用清零和置 9 功能可以构成其他进制的计数器。

例 6.3.5　用 74LS90 组成六进制计数器。

解　由于题意要求是六进制计数器,因而先将 74LS90 连接成十进制计数器,再利用异步清零功能去掉 4 个计数状态,即可实现六进制计数,具体方法与例 6.3.2 介绍的方法相似。图 6.3.9(a)是利用异步清零实现六进制计数器的逻辑图,相应的状态图如图 6.3.9(b)所示。

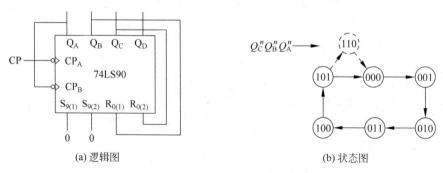

(a) 逻辑图　　　　　　　　　　(b) 状态图

图 6.3.9　例 6.3.5 的图

由逻辑图和状态图可知,利用模 10 计数器的第 7 个状态 0110 产生清零信号,去掉模 10 计数器最后的 4 个状态,取 $Q_C Q_B Q_A$ 为输出,实现六进制计数器。根据状态图画出的波形图如图 6.3.10 所示。在波形图中可以看到,第 6 个计数脉冲作用后,由状态 110 产生清零信号,即刻使计数器回到 000 状态,因而 110 状态只有较短的一瞬间。本例也可利用异步置 9 功能实现六进制计数器,具体步骤留给读者自行分析。

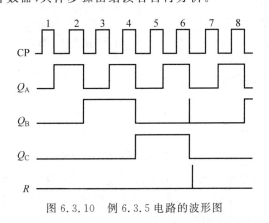

图 6.3.10　例 6.3.5 电路的波形图

例 6.3.6 用 74LS90 组成六十五进制计数器。

解 由于题意要求是组成六十五进制计数器,因而可先用 2 个 74LS90 分别连接成 2 个十进制计数器,再将 2 个十进制计数器构成一百进制计数器,利用异步清零功能去掉多余的计数状态,即可实现六十五进制计数,具体方法与例 6.3.4 介绍的方法相似。不同之处在于,74LS90 是十进制计数器,低位片到高位片进位规则是逢十进一。如图 6.3.11 所示的逻辑图是利用异步清零方法构成的六十五进制计数器。由于 74LS90 是在 CP 的负跳沿计数,所以图中利用低位片(片 1)从 1001 到 0000 变化时,低位片 Q_D 产生下跳为高位片(片 2)提供计数脉冲,使高位片计数一次。

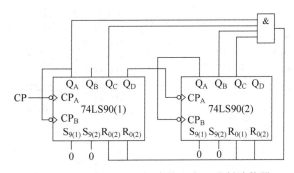

图 6.3.11　用 74LS90 组成的六十五进制计数器

比较例 6.3.4 和例 6.3.6,虽然都是组成的六十五进制计数器,但前者是利用二进制计数器实现的,后者是利用十进制计数器实现的;虽然都是利用计数器的第 66 个状态译码产生清零信号,使计数器复位,但前者是用 8 位二进制数表示十进制数 65,即 $(01000001)B=65$,后者实际上是利用 2 位 8421BCD 码表示十进制数 65,即 $(0110\quad 0101)_{BCD}=65$,继而译码产生清零信号。

6.4 数据寄存器和移位寄存器

寄存器是另一类特殊的时序电路,广泛地应用于数字计算机和数字系统中,其主要的功能是暂存信息或将存放在寄存器中的信息进行移位操作,主要组成部分是触发器。一个触发器能存储1位二进制代码,所以要存储 n 位二进制代码的寄存器就需要用 n 个触发器组成。寄存器信息的输入输出方式可分为两类:一类称为并行方式,在该方式下,寄存器各位的数据同时输入或输出;另一类称为串行方式,在该方式下,寄存器各位的数据是一位一位地输入或输出的。

从功能上划分,寄存器分为数据寄存器和移位寄存器两类,与前者相比,后者还具有移位功能。

6.4.1 数据寄存器

一个4位的集成寄存器74LS175的逻辑图和引脚图如图6.4.1所示。在图6.4.1中,由4个D触发器组成4位数码寄存器,$\overline{R}_D$ 是异步清零控制端。寄存器存数之前,可先将寄存器清零,也可直接将数据 $1D \sim 4D$ 送入输入端,在CP脉冲正跳沿作用下,$1D \sim 4D$ 端的数据被并行地存入寄存器。输出数据可以从 $1Q \sim 4Q$ 并行地读出。74LS175的功能如表6.4.1所示。

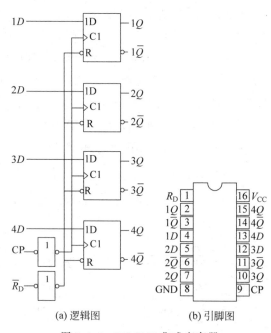

(a) 逻辑图　　　　(b) 引脚图

图 6.4.1　74LS175 集成寄存器

表 6.4.1　74LS175 的功能表

清零	时钟	数 据 输 入				数 据 输 出			
$\overline{R}_D$	CP	$1D$	$2D$	$3D$	$4D$	$1Q$	$2Q$	$3Q$	$4Q$
0	×	×	×	×	×	0	0	0	0
1	↑	A	B	C	D	A	B	C	D
1	1	×	×	×	×	保持			
1	0	×	×	×	×				

由上述集成寄存器 74LS175 的工作原理可知,并行寄存器的功能是储存数据,这类寄存器称为数据寄存器。

数据寄存器除了可由 D 触发器组成,也可由其他形式的触发器组成。图 6.4.2 是由 4 个基本 RS 触发器(由与非门 G_1、G_2 组成)组成的 4 位数据寄存器。寄存数据分两步进行:第一步由 $\overline{R}_D$ 端加入清零负脉冲,使寄存器处于 0 态;第二步从控制端 W 送接收数据的正脉冲,数据 d_3、d_2、d_1、d_0 被送入各触发器,即 $Q_3Q_2Q_1Q_0 = d_3d_2d_1d_0$。

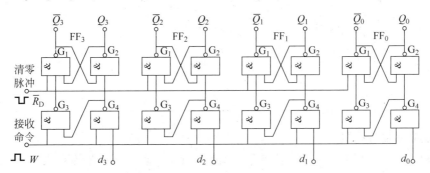

图 6.4.2 基本 RS 触发器组成的数据寄存器

6.4.2 移位寄存器

串行寄存器的输入数据通过一条数据线加入寄存器的输入端,输送给最左边或者最右边一位触发器,左边或者右边触发器的输出作为右邻或者左邻触发器的数据输入。在时钟脉冲作用下,内部各触发器的信息同步地向右(或向左)移动。n 位输入数据在 n 个时钟脉冲作用下,串行地移入 n 位寄存器中,完成数据的输入。存入寄存器中的所有信息还可伴随着 n 个时钟脉冲的作用,从最右边(或最左边)的触发器开始,串行全部移出,完成数据的输出。由此看来,串行寄存器不仅具有数据的储存功能,而且还具有数据的移位功能,这类寄存器又称为移位寄存器。如果输入数据向左移动,则称为左移寄存器;反之,则称为右移寄存器。两者输入数据移动的方向不同,但其工作原理是相同的。

1. 右移寄存器

4 位右移寄存器的逻辑图如图 6.4.3 所示,其数据存入的过程可用表 6.4.2 简单描述。

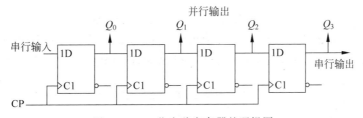

图 6.4.3 4 位右移寄存器的逻辑图

由表 6.4.2 可知,假设移位寄存器的初始状态为 0000,现将待输入的数据 d_0、d_1、d_2、d_3 依次送到串行输入端,经过第 1 个时钟脉冲后,$Q_0 = d_3$。由于跟随 d_3 后面的数据数是 d_2,则经过第 2 个时钟脉冲后,$Q_0 = d_2$,$Q_1 = d_3$。以此类推,经过 4 个时钟脉冲后,4 个触

发器的输出状态 Q_0、Q_1、Q_2、Q_3 与输入数据 d_0、d_1、d_2、d_3 相对应。由于输入数据在时钟脉冲作用下从左向右逐位移入寄存器,因而是右位寄存器。

表 6.4.2　4 位右移寄存器的状态表

时　　钟	数据输出端			
CP	Q_0	Q_1	Q_2	Q_3
0	0	0	0	0
1	d_3	0	0	0
2	d_2	d_3	0	0
3	d_1	d_2	d_3	0
4	d_0	d_1	d_2	d_3

2. 双向移位寄存器

如果将图 6.4.3 中触发器的连接顺序调换一下,数据从触发器的右边输入,从左边输出,则构成左移寄存器。若再增加一些控制门,则可构成既可向左移、又可向右移的双向移位寄存器。图 6.4.4 表示的是一种 4 位双向移位寄存器。

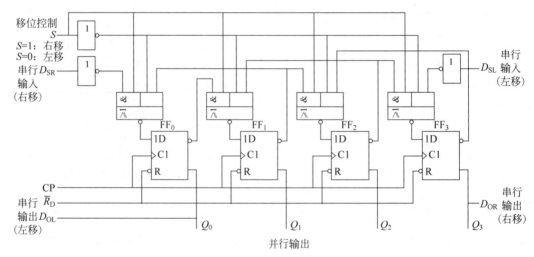

图 6.4.4　4 位双向移位寄存器

双向移位寄存器由 4 个边沿 D 触发器组成,每个触发器的数据输入端 D 同与或非门组成的转换控制门相连,移位方向由移位控制端 S 的状态确定。4 个数据输入端 D 的逻辑表达式分别为

$$D_0 = \overline{S\overline{D}_{SR} + \overline{S}\overline{Q}_1}$$

$$D_1 = \overline{S\overline{Q}_0 + \overline{S}\overline{Q}_2}$$

$$D_2 = \overline{S\overline{Q}_1 + \overline{S}\overline{Q}_3}$$

$$D_3 = \overline{S\overline{Q}_2 + \overline{S}\overline{D}_{SL}}$$

当 $S=1$ 时，$D_0=D_{SR}$，$D_1=Q_0$，$D_2=Q_1$，$D_3=Q_2$，即右移串行数据的输入端 D_{SR} 与 FF$_0$ 的输入端 D_0 相连，在时钟 CP 的作用下，输入的数据由 Q_0 至 Q_3 做右向移位，由 D_{OR} 端输出；反之，当 $S=0$ 时，$D_0=Q_1$，$D_1=Q_2$，$D_2=Q_3$，$D_3=D_{SL}$，输入的数据由 Q_3 至 Q_0 做左向移位，由 D_{OL} 端输出，电路实现双向移位。若从 Q_0、Q_1、Q_2、Q_3 同时取数据，该电路还可以工作在串行输入—并行输出的方式。

6.4.3　移位寄存器型计数器

在前面讨论的计数器中，计数器从第 i 个状态到第 $i+1$ 个状态变化时，对应计数器的代码通常会有多位发生变化。例如，从 011 状态到 100 状态，3 个触发器的状态都发生了变化。若用计数器的状态作为控制信号，通常需要译码电路，此外，由于计数器的状态代码有多位同时向相反方向变化，对于后级的组合电路而言，存在着竞争冒险。为了克服上述问题，在有些应用场合，需要采用移位寄存器型计数器。如果把移位寄存器的输出以一定的方式反馈到输入，则可构成具有特殊编码的移位寄存器型计数器，移位寄存器型计数器的电路结构如图 6.4.5 所示。常用的移位寄存器型计数器有环形计数器和扭环形计数器。

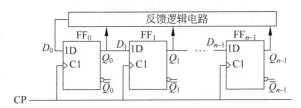

图 6.4.5　移位寄存器型计数器电路结构

1. 环形计数器

1）电路组成

3 位环形计数器的逻辑电路图如图 6.4.6 所示。由于 Q_2 接到了 D_0 端，使触发器构成了环形，故名环形计数器。n 位环形计数器的特点是 $D_0=Q_{n-1}^n$。

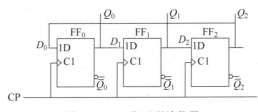

图 6.4.6　3 位环形计数器

2）工作原理

根据时序电路的分析方法，不难画出电路的状态图如图 6.4.7 所示。由状态图可见，在时钟脉冲作用下，可以循环移位一个 1（即其他位全为 0），也可以循环移位一个 0（即其他位全为 1）。若取循环移位一个 1 为有效状态，即 100→010→001 为有效状态，则其他状态均为无效状态。

3）主要特点

（1）优点：正常工作时，所有触发器只有一个 1（或一个 0）状态，因此，可直接利用触发器的 Q 端当作译码器输出。

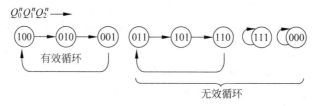

图 6.4.7 3 位环形计数器的状态图

(2) 缺点：状态利用率低。对于 n 位环形计数器，能利用的状态只有 n 个，浪费了 $2^n - n$ 个状态。从状态图可知，这种计数器不能自启动，工作时应先用启动脉冲将计数器置入有效状态，然后加时钟脉冲。

2. 扭环形计数器

1) 电路组成

3 位环形计数器的逻辑电路图如图 6.4.8 所示。由于 $\bar{Q}_2$ 接到了 D_0 端，故称为扭环形计数器。n 位扭环形计数器的特点是 $D_0 = \bar{Q}^n_{n-1}$。

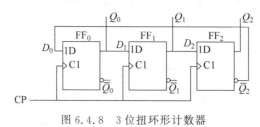

图 6.4.8 3 位扭环形计数器

2) 工作原理

根据时序电路的分析方法，不难画出电路的状态图和时序图，如图 6.4.9(a)、(b)所示分别是状态转换图和时序图。

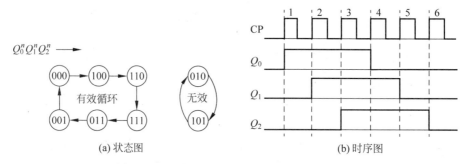

(a) 状态图   (b) 时序图

图 6.4.9 3 位扭环形计数器的状态图和时序图

3) 主要特点

(1) 优点：正常工作时，每次状态变化仅有一个触发器翻转，因此，输出状态译码时不存在竞争冒险。

(2) 缺点：状态利用率低。对于 n 位扭环形计数器，能利用的状态只有 $2n$ 个，浪费了 $2^n - 2n$ 个状态。从状态图可知，这种计数器不能自启动，工作时应先用启动脉冲将计数器置入有效状态，然后加时钟脉冲。

3. 自启动电路的设计

环形、扭环形计数器的基本电路都不能自启动，在保持原有的有效循环的前提下，使环形计数器设计自启动电路的方法如下。

（1）画出基本电路及其状态图。

（2）修改无效循环的状态转换关系，实现状态图的自启动。

（3）求反馈逻辑。

（4）画逻辑图。

例 6.4.1　由 D 型触发器构成的扭环形计数器（如图 6.4.10 所示），绘出该扭环形计数器 $Q_0Q_1Q_2$ 在初态 000、111、010 和 101 等情况下的状态转换图，再绘出初态为 000 时 $Q_0Q_1Q_2$ 端的时序图。

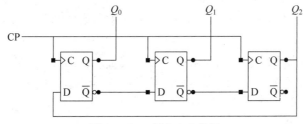

图 6.4.10　例 6.4.1 的图

解　初态为 $Q_0Q_1Q_2=000$、111、010、101 等情况的状态转换图如图 6.4.11(a)所示，初态为 $Q_0Q_1Q_2=000$ 的时序图如图 6.4.11(b)所示。

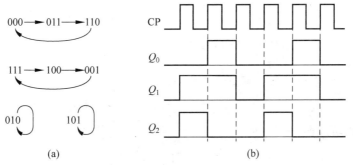

(a) 　　　　　　　　　(b)

图 6.4.11　例 6.4.1 的状态转换图与时序图

例 6.4.2　设计一个能自启动的 3 位扭环形计数器。

解　（1）画出基本扭环形计数器电路及其状态图，如图 6.4.12 所示。

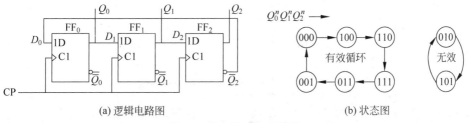

(a) 逻辑电路图　　　　　　　　　(b) 状态图

图 6.4.12　例 6.4.2 的图

(2) 修改无效循环,实现状态图的自启动。

所谓修改无效循环,就是切断无效循环,将断开处的无效状态引导至相应的有效状态,实现自启动。修改无效循环得到能自启动的状态图如图 6.4.13 所示,图中采用了两种方法。

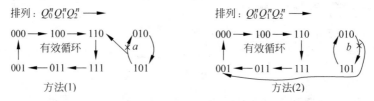

图 6.4.13　能够自启动的状态图

需要指出的是,从 $FF_0 \sim FF_2$ 是固定的移位关系,引导无效状态时,能够修改的只有接收反馈信号的触发器 FF_0。因此,在方法(1)中,只能将无效状态 101 进入的无效次态 010 改为有效次态 110。同理,在方法(2)中,也只能让无效状态 010 进入有效次态 001。

(3) 求反馈逻辑。

以方法(2)为例,从 b 处切断无效循环,并将无效状态 010 引导至有效状态 001,从而进入有效循环。能够自启动的状态图可用卡诺图表示,如图 6.4.14 所示。卡诺图左边和上方的取值为 3 个触发器的现态,小方格中的值是 3 个触发器的次态。

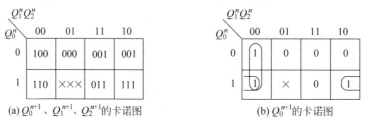

图 6.4.14　能够自启动状态图的卡诺图

由图 6.4.14(b)可写出 FF_0 的状态方程,即

$$Q_0^{n+1} = \bar{Q}_1^n \bar{Q}_2^n + Q_0^n \bar{Q}_2^n = \bar{Q}_2^n \overline{Q_1^n \bar{Q}_0^n}$$

故 FF_0 的驱动方程为

$$D_0 = \bar{Q}_2^n \overline{Q_1^n \bar{Q}_0^n}$$

(4) 画逻辑图。

所求的逻辑电路图如图 6.4.15 所示。

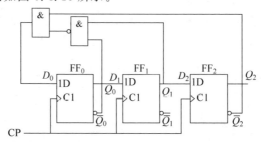

图 6.4.15　能自启动的 3 位扭环形计数器

例 6.4.3 设计一个能自启动的 3 位环形计数器。

解 （1）画出基本环形计数器电路图及其状态图，如图 6.4.16 所示。

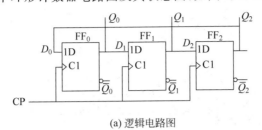

(a) 逻辑电路图

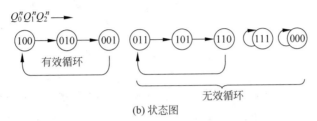

(b) 状态图

图 6.4.16 3 位环形计数器

（2）修改无效循环，实现状态图的自启动。

能自启动的状态图如图 6.4.17 所示。与例 6.4.2 一样，从 $FF_0 \sim FF_3$ 是固定的移位关系，引导无效状态时，能够修改的只有接收反馈信号的触发器 FF_0。本例有多个无效循环，有些无效循环可直接引导至有效循环，有些则要经过从无效循环到无效循环再到有效循环。

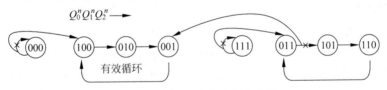

图 6.4.17 能够自启动的状态图

（3）求反馈逻辑。

将能自启动的状态图用卡诺图表示，如图 6.4.18 所示。在卡诺图中，除了有效状态和已经加以引导的无效状态的次态是固定的，其他的都可以当成约束项处理。

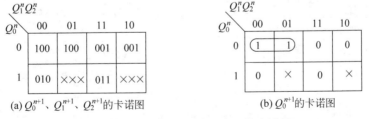

(a) Q_0^{n+1}、Q_1^{n+1}、Q_2^{n+1} 的卡诺图　　　(b) Q_0^{n+1} 的卡诺图

图 6.4.18 能够自启动的状态图的卡诺图

FF_0 的状态方程为

$$Q_0^{n+1} = \bar{Q}_0^n \bar{Q}_1^n$$

FF_0 的驱动方程为

$$D_0 = \bar{Q}_0^n \bar{Q}_1^n$$

(4) 画逻辑图。

所求的逻辑电路图如图 6.4.19 所示。

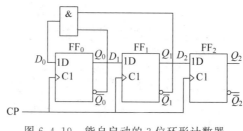

图 6.4.19　能自启动的 3 位环形计数器

本章小结

(1) 时序逻辑电路通常由组合电路及存储电路两大部分组成。时序电路的特点是存储电路并能将电路的状态记忆下来,并和当前的输入信号一起决定电路的输出信号。这个特点决定了时序电路的逻辑功能,即时序电路在任一时刻的输出信号不仅和当时的输入信号有关,而且还与电路原来的状态有关。

(2) 时序电路可分为同步时序电路和异步时序电路两种工作方式。它们的主要区别是,在同步时序电路的存储电路中,所有触发器的 CP 端均受同一时钟脉冲源控制,而在异步时序电路中,各触发器 CP 端不受同一个时钟脉冲控制,所以在分析异步时序电路时,要特别注意时钟的有效条件。

(3) 描述时序电路逻辑功能的方法有逻辑方程组(含驱动方程、状态方程和输出方程)、状态表、卡诺图、状态图和波形图(时序图),它们各具特色,且可以相互转换。逻辑方程组是具体时序电路的数学描述;状态表和状态图能给出时序电路的全部工作过程,比较直观;通过卡诺图可列出状态方程、驱动方程和输出方程;时序图能更直观地显示电路的工作过程。为了进行时序电路的分析和设计,应该熟练地掌握这几种描述方法。

(4) 时序电路的分析步骤是:由给定的时序电路写出逻辑方程组,列出状态表,画出状态图或时序图,最后指出电路逻辑功能。

(5) 计数器不仅能用于累计输入时钟脉冲的个数,还能用于分频、定时、产生节拍脉冲等。寄存器的功能是存储二进制代码。移位寄存器不但可以存储代码,还可用来实现数据的串行—并行转换、数据处理及数值的运算。

(6) 计数器和寄存器是简单而又最常用的时序逻辑器件,它们在计算机和其他数字系统中的应用往往超过了它们自身的功能,只有充分理解器件功能表中各变量的意义才能灵活使用它们。

(7) 用触发器及门电路设计同步计数器的一般步骤是:确定触发器的个数和种类→给计数状态编码→画出状态图(或状态表或卡诺图)→求状态方程、驱动方程和输出方程→画出电路图并检验是否有自启动能力。

(8) 用已有的 M 进制集成计数器产品可以设计成 N(任意)进制的计数器。当 $M>N$ 时,用 1 片 M 进制计数器,采取清零或置数方式,跳过 $M-N$ 个状态,就可以得到 N 进制的计数器;当 $M<N$ 时,要用多片 M 制计数器组合起来才能构成 N 进制计数器。

习题

6.1 试分析如习图 6.1 所示的时序电路，画出状态图。

6.2 试分析如习图 6.2 所示的时序电路，列出状态表，画出状态图。

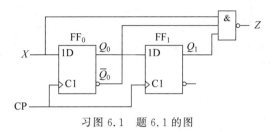

习图 6.1 题 6.1 的图

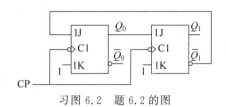

习图 6.2 题 6.2 的图

6.3 试分析如习图 6.3 所示的同步时序电路，写出各触发器的驱动方程、电路的状态方程，列出状态表，画出状态图。

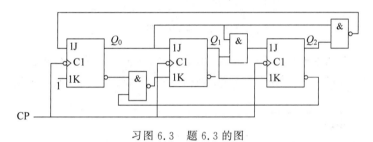

习图 6.3 题 6.3 的图

6.4 试分析如习图 6.4 所示的时序电路，列出状态表，画出状态图。

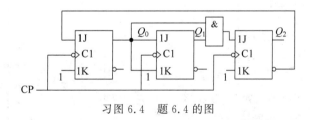

习图 6.4 题 6.4 的图

6.5 试分析如习图 6.5 所示的时序电路，列出状态表，画出状态图并指出电路存在的问题。

6.6 试分析如习图 6.6 所示的时序电路，列出状态表，画出状态图。

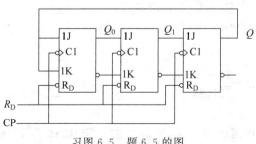

习图 6.5 题 6.5 的图

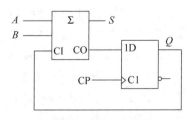

习图 6.6 题 6.6 的图

6.7 试分析如习图 6.7 所示的时序电路,画出对应于 CP 的 Q_2、Q_1、Q_0 波形,说明 3 个彩灯点亮的顺序。设电路的初始状态为 000,$Q_2=1$,黄灯亮;$Q_1=1$,绿灯亮;$Q_0=1$,红灯亮。

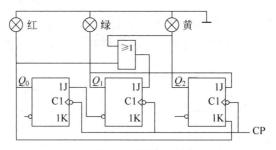

习图 6.7　题 6.7 的图

6.8 分析如习图 6.8 所示的电路,画出状态图和时序图。

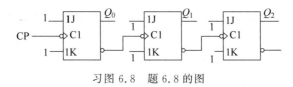

习图 6.8　题 6.8 的图

6.9 分析如习图 6.9 所示的电路,画出状态图,指出是几进制计数器。

6.10 分析如习图 6.10 所示的电路,画出状态图,指出是几进制计数器。

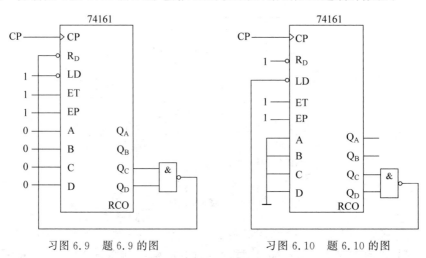

习图 6.9　题 6.9 的图　　　　习图 6.10　题 6.10 的图

6.11 分析如习图 6.11 所示的电路,画出状态图,并指出是几进制计数器。

6.12 试用 74161 的置数方式设计十四进制计数器。要求:画出状态图和电路连线图,设初态 $S_C=0010$。

6.13 分析如习图 6.12 所示的电路,并指出是几进制计数器。

6.14 试用 2 片 74161 设计一百七十四进制计数器。要求:利用清零方式实现,写出清零信号表达式,画出电路连线图。

6.15 试分析如习图 6.13 中由 74LS90 构成的各电路,画出主循环回路的状态图,并指出各是几进制计数器。

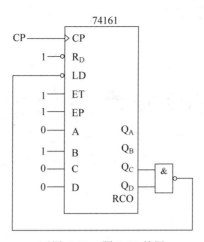

习图 6.11 题 6.11 的图

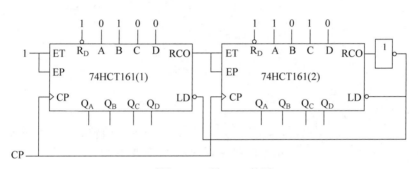

习图 6.12 题 6.13 的图

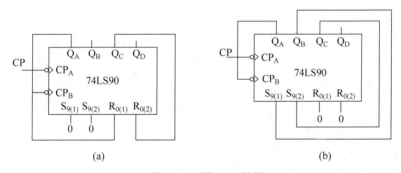

习图 6.13 题 6.15 的图

6.16 试用 JK 触发器和逻辑门设计一个满足如习图 6.14 所示状态图的时序逻辑电路,要求:写出方程、驱动方程和输出方程,并画出逻辑图。

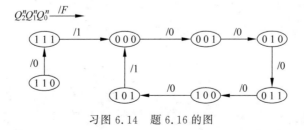

习图 6.14 题 6.16 的图

第 7 章

脉冲产生与整形电路

在数字电路中,获取矩形脉冲的电路是施密特触发器、单稳态触发器及多谐振荡器。本章在介绍目前广为应用的 555 定时器的基本结构和工作原理的基础上,重点讨论了用 555 定时器构成施密特触发器、单稳态触发器及多谐振荡器的方法及有关计算,同时也对 3 种电路的其他形式进行了简要介绍。

7.1 概述

在数字电路中,基本工作信号是二进制的数字信号或表示两种状态的逻辑电平信号,它们都可以用 1、0 表示。实现 1、0 信号的电路表现出高、低两种电平,其波形就是矩形脉冲,如图 7.1.1 所示。

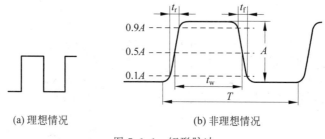

(a) 理想情况　　　　　　　　(b) 非理想情况

图 7.1.1　矩形脉冲

在非理想情况下,对于矩形脉冲的幅度 A、脉宽 t_w、上升时间 t_r、下降时间 t_f、占空比 D、周期 T 等参数都给出过定义,这里不再赘述。在很多应用场合,矩形脉冲往往通过传感器获得,这时,传感器直接得到的信号往往带有干扰,与理想信号差别很大,如图 7.1.2 所示,其波形变化缓慢,上升时间和下降时间较长,不能满足数字电路对信号的要求。因此,脉冲信号的产生与处理方法,是数字电子技术研究的重要内容。

图 7.1.2　由传感器获得的矩形脉冲

获得满足数字电路要求的矩形脉冲的方法有两种：一种方法是利用各种形式的多谐振荡器电路直接产生；另一种方法是通过施密特触发器或单稳态触发器将已有的周期变化的波形变换为符合要求的矩形脉冲。

多谐振荡器、施密特触发器及单稳态触发器电路的形式多种多样，可以用门电路构成，也有对应的集成电路，而更普遍采用的方法是用 555 定时器构成以上电路。

7.2 555 定时器

555 定时器是一种多用途、数字-模拟混合中规模集成电路，因为使用十分方便、灵活，不外接任何器件就能做成施密特触发器，若在外部配接少量的电阻和电容，就可以做成单稳态触发器和多谐振荡器，所以 555 定时器在数字电路、测量与控制等多个领域得到了广泛的应用。

555 定时器产品型号很多，从器件构成上看，既有 TTL 电路，也有 CMOS 电路。无论哪种产品，只要是单定时器，其型号最后 3 位都是 555，且逻辑功能和引脚排列完全相同。555 定时器的电源电压范围很宽，并有较强的带负载能力。对于 TTL 电路，其电源电压范围为 $5\sim16\text{V}$，输出高电平不低于电源电压的 90%，最大负载电流可达 200mA；对于 CMOS 电路，其电源电压范围为 $3\sim18\text{V}$，输出高电平不低于电源电压的 95%，最大负载电流不到 4mA。

7.2.1 555 定时器的电路组成

555 定时器的电路结构如图 7.2.1(a)所示。它由基本 RS 触发器、比较器、分压器、晶体管开关和缓冲器组成。

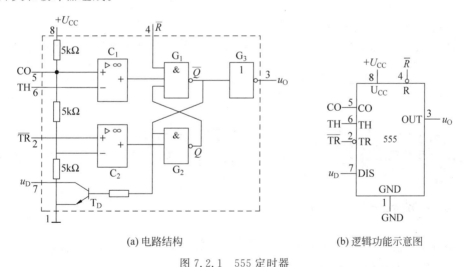

(a) 电路结构　　　　　(b) 逻辑功能示意图

图 7.2.1 555 定时器

1. 基本 RS 触发器

G_1、G_2 组成基本 RS 触发器，$\bar{R}$ 为直接置 0 端。当 $\bar{R}=0$ 时，基本 RS 触发器被置 0，使 $Q=0$、$\bar{Q}=1$、$u_O=0$。正常情况下，$\bar{R}$ 应接高电平，基本 RS 触发器受比较器 C_1、C_2 控制。

2. 比较器

C_1、C_2 是两个电压比较器。比较器有两个输入端，分别标有"＋"和"－"号，若输入端电

位分别用 U_+、U_- 表示,则当 $U_+>U_-$ 时,比较器输出高电平;当 $U_+<U_-$ 时,比较器输出低电平。由于比较器输入电阻趋于 ∞,输入端几乎没有电流(虚断)。

3. 分压器

由于比较器输入端几乎没有电流,所以 3 个 $5\text{k}\Omega$ 电阻是串联关系,通过分压,分别为比较器 C_1、C_2 提供 $2U_{CC}/3$ 和 $U_{CC}/3$ 的参考电压。CO 端为电压控制端,当在 CO 端外加电压 U_{CO} 时,可改变比较器的参考电压,这时比较器 C_1、C_2 的参考电压分别变为 U_{CO} 和 $U_{CO}/2$。CO 端不用时,通常是在该端与地之间接 $0.01\mu\text{F}$ 的电容,以防止高频干扰。

4. 晶体管开关

T_D 是一个集电极开路的三极管,起开关作用,受基本 RS 触发器 $\bar{Q}$ 端控制。当 $\bar{Q}=1$ 时,T_D 导通,为外部电路提供放电通路;当 $\bar{Q}=0$ 时,T_D 截止。

5. 输出缓冲器

G_3 为输出缓冲器,其作用是提高电路的带负载能力,同时还可以隔离外接负载对定时器工作的影响。

7.2.2　555 定时器的工作原理

1. 当 $\bar{R}=0$ 时

触发器清零,$u_O=0$,T_D 导通。

2. 当 $\bar{R}=1$ 时

设 CO 端不外接电压 U_{CO},有如下 3 种情况:

1) $U_{TH}>\dfrac{2}{3}U_{CC}$、$U_{\overline{TR}}>\dfrac{1}{3}U_{CC}$ 时

比较器 C_1 输出低电平,C_2 输出高电平,基本 RS 触发器为 0 状态,$u_O=0$,T_D 导通。

2) $U_{TH}<\dfrac{2}{3}U_{CC}$、$U_{\overline{TR}}>\dfrac{1}{3}U_{CC}$ 时

比较器 C_1、C_2 均输出高电平,基本 RS 触发器、u_O、T_D 的状态均保持不变。

3) $U_{TH}<\dfrac{2}{3}U_{CC}$、$U_{\overline{TR}}<\dfrac{1}{3}U_{CC}$ 时

比较器 C_1 输出高电平,C_2 输出低电平,基本 RS 触发器为 1 状态,$u_O=1$,T_D 截止。

7.3　施密特触发器

施密特触发器是一种脉冲波形变换电路,虽然沿用了"触发器"这个名称,但它和时序电路中所讨论的触发器是完全不同的两类电路。

施密特触发器的特点是:

(1) 对于缓慢变化的输入信号,只有在信号达到某个规定的值时,输出电平才发生突变。

(2) 在输入信号从低电平上升的过程中,输出状态转换对应的输入电平,与输入信号从高电平下降的过程中对应的输入电平不同,具有滞回特性。

利用施密特触发器的特点,可以将变化缓慢的输入脉冲波整形成适合于数字电路需要的矩形脉冲。

7.3.1　用555定时器接成施密特触发器

1. 电路组成

用555定时器接成的施密特触发器如图7.3.1所示。

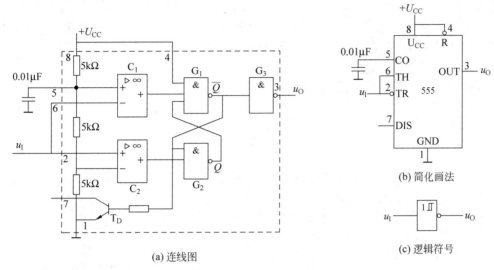

(a) 连线图

(b) 简化画法

(c) 逻辑符号

图7.3.1　用555定时器接成的施密特触发器

2. 工作原理

在施密特触发器的输入端 u_I 加上变化缓慢且带有毛刺的周期信号,则输出信号是边沿陡峭的矩形波,如图7.3.2所示。

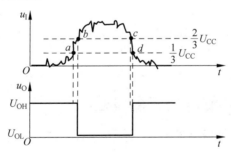

图7.3.2　施密特触发器的工作波形

1) u_I 由低电平逐渐上升时

(1) u_I 低于 a 点,满足 $U_{TH}<\dfrac{2}{3}U_{CC}$,$U_{\overline{TR}}<\dfrac{1}{3}U_{CC}$,$u_O=U_{OH}$。

(2) u_I 在 a、b 之间,满足 $U_{TH}<\dfrac{2}{3}U_{CC}$,$U_{\overline{TR}}>\dfrac{1}{3}U_{CC}$,$u_O$ 保持输出高电平不变。

(3) u_I 高于 b 点,满足 $U_{TH}>\dfrac{2}{3}U_{CC}$,$U_{\overline{TR}}>\dfrac{1}{3}U_{CC}$,$u_O=U_{OL}$。

2) u_I 由高电平逐渐下降时

(1) u_I 在 c、d 之间,满足 $U_{TH}<\dfrac{2}{3}U_{CC}$,$U_{\overline{TR}}>\dfrac{1}{3}U_{CC}$,$u_O$ 保持输出低电平不变。

(2) u_I 低于 d 点,满足 $U_{TH} < \frac{2}{3}U_{CC}, U_{\overline{TR}} < \frac{1}{3}U_{CC}, u_O = U_{OH}$。

3) 滞回特性

根据工作原理分析,可画出施密特触发器的电压传输特性,即 u_O 与 u_I 的关系曲线,如图 7.3.3 所示。由传输特性可见,u_O 随 u_I 变化具有滞回特性。当 u_I 从 0V 上升到 $2U_{CC}/3$ 时,u_O 由 U_{OH} 跳变到 U_{OL},但 u_I 由 U_{CC} 下降到 $2U_{CC}/3$ 时,u_O 并不立刻跳变到 U_{OH},只有当 u_I 下降到 $U_{CC}/3$ 时,u_O 才会由 U_{OL} 跳变到 U_{OH}。

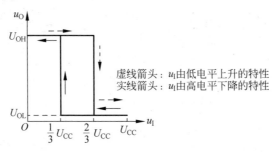

图 7.3.3　施密特触发器的电压传输特性

(1) 上限阈值电压 U_{T+}。

把 u_I 上升过程中,由 U_{OH} 跳变为 U_{OL} 时所对应的输入电压叫作上限阈值电压,用 U_{T+} 表示。在图 7.3.3 中,$U_{T+} = 2U_{CC}/3$。

(2) 下限阈值电压 U_{T-}。

把 u_I 下降过程中,由 U_{OL} 跳变为 U_{OH} 时所对应的输入电压叫作下限阈值电压,用 U_{T-} 表示。在图 7.3.3 中,$U_{T-} = U_{CC}/3$。

(3) 回差电压 ΔU_T。

定义:$\Delta U_T = U_{T+} - U_{T-}$。在图 7.3.3 中,$\Delta U_T = 2U_{CC}/3 - U_{CC}/3 = U_{CC}/3$。

回差电压随电源电压的变化而改变,若提高 U_{CC} 的值,ΔU_T 也将加大;若在电压控制端 CO 端另加控制电压 U_{CO},则 $U_{T+} = U_{CO}, U_{T-} = U_{CO}/2, \Delta U_T = U_{CO}/2$。

7.3.2　其他形式的施密特触发器

1. 用门电路组成的施密特触发器

1) 电路组成

由 CMOS 反相器组成的施密特触发器如图 7.3.4(a)所示,其中,$R_1 < R_2$。

2) 工作原理

设两个 CMOS 反相器的阈值电压 $U_{TH} = U_{DD}/2$,对照图 7.3.4(b)的输入波形分析其工作原理。

(1) u_I 由低电平逐渐上升时。

u_I 由低电平逐渐上升,u_A 也逐渐上升,只要 $u_A < U_{DD}/2$,u_O 输出高电平,u_{O2} 输出低电平。在此期间,u_A 满足

$$u_A = u_I \times \frac{R_2}{R_1 + R_2} \qquad (7.3.1)$$

当 u_I 上升到使 $u_A = U_{DD}/2$,由于正反馈的结果,施密特触发器的输出状态迅速改变,u_O 输

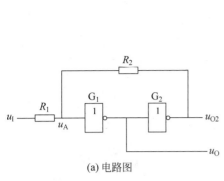
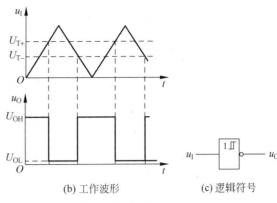

(a) 电路图　　　　　　(b) 工作波形　　　　　(c) 逻辑符号

图 7.3.4　用 CMOS 反相器组成的施密特触发器

出低电平，u_{O2} 输出高电平。$u_A > U_{DD}/2$ 后，u_O 保持低电平。$u_A = U_{DD}/2$ 对应的 u_I 值即施密特触发器的上阈值 U_{T+}，将 $u_A = U_{DD}/2$，$u_I = U_{T+}$ 代入式(7.3.1)，有

$$U_{T+} = \left(1 + \frac{R_1}{R_2}\right) \times \frac{1}{2} U_{DD} \tag{7.3.2}$$

（2）u_I 由高电平逐渐下降时。

u_I 由高电平逐渐下降，u_A 也逐渐下降，只要 $u_A > U_{DD}/2$，u_O 保持低电平，u_{O2} 保持高电平。在此期间，u_A 满足

$$u_A = (U_{DD} - u_I) \times \frac{R_1}{R_1 + R_2} + u_I \tag{7.3.3}$$

当 u_I 下降到使 $u_A = U_{DD}/2$，由于正反馈的结果，施密特触发器的输出状态迅速改变，u_O 输出高电平，u_{O2} 输出低电平。$u_A < U_{DD}/2$ 后，u_O 保持高电平。$u_A = U_{DD}/2$ 对应的 u_I 值即施密特触发器的下阈值 U_{T-}，将 $u_A = U_{DD}/2$，$u_I = U_{T-}$ 代入式(7.3.3)，有

$$U_{T-} = \left(1 - \frac{R_1}{R_2}\right) \times \frac{1}{2} U_{DD} \tag{7.3.4}$$

由以上分析可知，门电路组成的施密特触发器与 555 定时器接成的施密特触发器的功能相同，也具有滞回特性，电压传输特性类似，只是回差电压不同。

回差电压 $\Delta U_T = U_{T+} - U_{T-} = \frac{R_1}{R_2} U_{DD}$。若将信号从 G_2 输出端输出，则得到的工作波形与图 7.3.4(b)所示波形反相。

2. 集成施密特触发器

由于施密特触发器应用十分广泛，所以市场上有专门的集成电路产品出售，既有 CMOS 电路，也有 TTL 电路。表 7.3.1 给出了常用 TTL 集成施密特触发器的型号和主要参数。

表 7.3.1　TTL 集成施密特触发器的型号和主要参数

电路名称	型号	典型延迟时间/ns	典型每门功耗/mW	典型 U_{T+}/V	典型 U_{T-}/V	典型 ΔU_T/V
六反相器施密特触发器	74LS14	15	8.6	1.6	0.8	0.8
四 2 输入与非门施密特触发器	74LS132	15	8.8	1.6	0.8	0.8
双 4 输入与非门施密特触发器	74LS13	15	8.75	1.6	0.8	0.8

7.3.3 施密特触发器的应用

1. 用于波形变换

用施密特触发器可将边沿变化缓慢的信号变换为边沿陡峭的矩形脉冲,如图 7.3.5(a)所示。

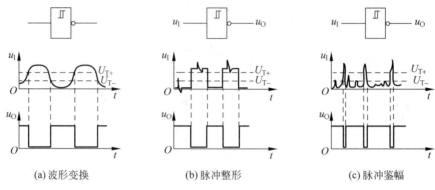

(a) 波形变换　　　　　　(b) 脉冲整形　　　　　　(c) 脉冲鉴幅

图 7.3.5　施密特触发器的应用

2. 用于脉冲整形

在数字系统中,矩形脉冲经传输后往往发生波形畸变,通过施密特触发器,可得到满意的整形效果,如图 7.3.5(b)所示。

3. 用于脉冲鉴幅

将一系列幅度各异的脉冲信号加到施密特触发器的输入端,则施密特触发器能将幅度高于 U_{T+} 的脉冲选出,即在输出端产生对应的脉冲,如图 7.3.5(c)所示。

7.4　单稳态触发器

单稳态触发器是一种脉冲整形和延时电路,与时序电路中讨论的触发器不同,前者有一个稳定状态和一个暂稳态,后者有两个稳定状态,因此又将后者称为双稳态触发器。

正常情况下,单稳态触发器处于稳定状态。在外来触发脉冲的作用下,能够由稳定状态翻转到暂稳态,暂稳态维持一段时间后,将自动返回稳定状态。暂稳态时间的长短与触发脉冲无关,仅取决于电路本身的参数。

单稳态触发器在数字系统中一般用于定时(产生一定宽度的方波)、整形及延时(将输入信号延迟一定时间后输出)等。

7.4.1　用 555 定时器接成单稳态触发器

1. 电路组成

用 555 定时器接成的单稳态触发器如图 7.4.1 所示。其中,u_I 为触发脉冲输入端,下降沿触发。

2. 工作原理

在单稳态触发器 u_I 端加触发脉冲,则 u_O 端输出一定宽度的方波,如图 7.4.2 所示。

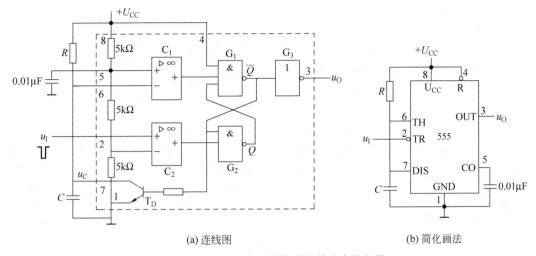

(a) 连线图　　　　　　　　　(b) 简化画法

图 7.4.1　用 555 定时器接成的单稳态触发器

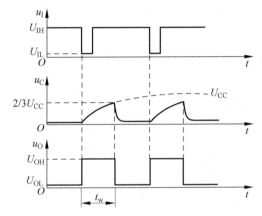

图 7.4.2　单稳态触发器的工作波形

1）稳态

稳态的触发器一定是零状态，u_O 端输出 U_{OL}。

(1) 若触发器已处于 0 态，将仍保持 0 态。

由图 7.4.1(a)知，触发器处于 0 态时，三极管导通，$u_C \approx 0$。比较器 C_1、C_2 均输出 U_{OH}，使触发器保持 0 状态。

(2) 若触发器已处于 1 态，也将进入 0 态，然后保持 0 态。

由图 7.4.1(a)知，触发器处于 1 态时，三极管截止，电源通过 R 对电容 C 充电，当 u_C 电位高于 $2U_{CC}/3$ 时，比较器 C_1 输出 U_{OL}，将触发器清 0，以后的情况与(1)的情况完全相同。

2）暂稳态

(1) 当触发脉冲下降沿到来，比较器 C_2 输出 0，使触发器翻转为 1 态，即使触发脉冲无效(呈高电平)，由于触发器 $\bar{Q}=0$，G_2 门被关闭，触发器仍保持 1 态，T_D 截止。U_{CC} 对电容充电，充电时间常数 $\tau_1 = RC$，充电期间，电路处于暂稳态。

(2) 当 $u_C > 2U_{CC}/3$ 时，由于比较器 C_1 输出 0、C_2 输出 1，触发器被置成 0 态，$u_O = U_{OL}$

(稳定状态),但此时不应给触发器加新的触发信号。

（3）恢复过程。

$u_O=U_{OH}$ 跳变到 $u_O=U_{OL}$ 的同时,电容 C 通过 T_D 放电,时间常数 $\tau_2=R_{CES}C(R_{CES}$ 为 T_D 的饱和导通电阻,极小),经过 $3\sim5\tau_2$ 后,电容放电完毕,恢复过程结束。这时单稳态触发器又可接收新的触发信号。

3）对触发脉冲的要求

前已述及,单稳态触发器暂稳态时间的长短与触发脉冲无关,仅取决于电路本身的参数。前提是输入触发信号 u_I 的低电平持续时间必须小于 u_O 的脉冲宽度 t_w,否则电路不能正常工作。若 u_I 为低电平且保持不变,比较器 C_2 的输出始终为 0,基本 RS 触发器的 Q 端将一直为高电平,$\bar{Q}$ 端则可出现高、低两种电平的情况,T_D 则可出现导通、截止两种情况。随着电容不断充、放电,$\bar{Q}$ 端、u_O 端将在高、低电平间来回振荡。在触发脉冲太宽的情况下,可在触发脉冲与单稳态触发器输入端之间加接一个微分电路。

3. 有关参数的估算

1）输出脉冲宽度 t_w

由图 7.4.2 可知,输出脉冲宽度就是暂稳态时间,也即电容充电时间。由一阶电路过渡过程公式

$$u_C(t)=u_C(\infty)+[u_C(0)-u_C(\infty)]e^{-\frac{t}{RC}}$$

$$\xrightarrow{t=t_w} \quad t_w=RC\ln\frac{u_C(\infty)-u_C(0)}{u_C(\infty)-u_C(t_w)} \tag{7.4.1}$$

将 $u_C(\infty)=U_{CC}$、$u_C(0)=0$、$u_C(t_w)=2U_{CC}/3$ 代入式(7.4.1),有

$$t_w=RC\ln3=1.1RC \tag{7.4.2}$$

2）恢复时间 t_{re}

$u_O=U_{OH}$ 跳变到 $u_O=U_{OL}$ 的同时,电容 C 通过 T_D 放电,时间常数为 τ_2,一般取 $t_{re}=(3\sim5)\tau_2$,由于 R_{CES} 极小,所以 t_{re} 极短。

3）触发脉冲的最小周期 T

由于单稳态触发器从一个稳态到下一个稳态需经历 t_w+t_{re} 的时间,因此,触发脉冲的周期 T 应满足 $T>t_w+t_{re}$,$T_{min}=t_w+t_{re}$。

7.4.2 其他形式的单稳态触发器

1. 用门电路组成的单稳态触发器

1）电路组成

由 CMOS 门电路组成的单稳态触发器有微分型和积分型两种,如图 7.4.3(a)所示的电路是微分型单稳态触发器。

2）工作原理

设两个 CMOS 门电路的阈值电压 $U_{TH}=U_{DD}/2$。

在触发脉冲到来之前,电路一定处于稳定状态,即 $u_O=U_{OL}$,$u_{O2}=U_{OH}$。电容电压为 0V,$u_A=U_{DD}$。

（1）外加触发信号,电路由稳态翻转到暂稳态。

当 u_I 负向脉冲到来,u_O 被置成高电平,u_{O2} 被置成低电平,由于电容电压不能跃变,使

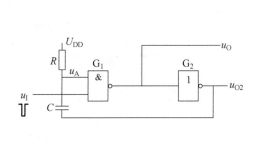

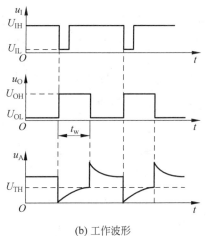

(a) 电路图　　　　　　　　　(b) 工作波形

图 7.4.3　门电路组成的单稳态触发器

得 $u_A = 0V$,此时,即使 u_I 回到高电平,由于 $u_A = 0V$,电路将继续保持 u_O 为高电平、u_{O2} 为低电平。这种状态不能长久维持,即电路处于暂稳态。

（2）由暂稳态自动返回到稳态。

在暂稳态,电源 U_{DD} 通过电阻 R 和门 G_2 的导通管 R_{ON} 对电容 C 充电,使 u_A 逐渐上升,当 u_A 上升到门 G_1 的阈值电压 U_{TH} 时,使 $u_O = U_{OL}$,$u_{O2} = U_{OH}$,电路迅速退出暂态。随着 u_{O2} 的上跳,使 $u_A = U_{DD} + U_{TH}$,这时,电容 C 通过 R 和门 G_1 的保护二极管放电,直到 $u_A = U_{DD}$,即电容电压为 0V。电路的工作波形如图 7.4.3(b)所示。

将 $u_C(\infty) = U_{DD}$、$u_C(0) = 0$、$u_C(t_w) = U_{DD}/2$ 代入式(7.4.1),有

$$t_w = RC\ln2 = 0.7RC \tag{7.4.3}$$

2. 集成单稳态触发器

由于集成单稳态触发器外接元件和连线少,触发方式灵活,工作稳定性好,因此有着广泛的应用。在单稳态触发器集成电路产品中,有些为可重复触发,有些为不可重复触发。所谓可重复触发,是指在暂态期间能够接收新的触发信号,重新开始暂态过程;不可重复触发是指单稳态触发器一旦被触发进入暂态后,即使有新的触发脉冲到来,其既定的暂态过程会照样进行下去,直到结束为止。图 7.4.4 及表 7.4.1 分别是不可重复触发的集成单稳态触发器 74121 的逻辑符号和功能表。图中"1 ⊓_"是不可重复触发单稳态触发器的限定符号。

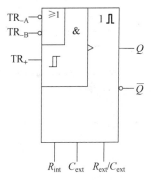

图 7.4.4　74121 的逻辑符号

表 7.4.1　74121 的功能表

输 入			输 出		注
TR_{-A}	TR_{-B}	TR_+	Q	$\bar{Q}$	
L	×	H	L	H	保持稳态
×	L	H	L	H	
×	×	L	L	H	
H	H	×	L	H	

输　　入			输　　出		注
TR_{-A}	TR_{-B}	TR_+	Q	$\bar{Q}$	
H	↓	H			下降沿触发
↓	H	H	⊓	⊔	
↓	↓	H			
L	×	↑			上升沿触发
×	L	↑	⊓	⊔	

1) 接线端说明

TR_{-A}、TR_{-B} 是两个下降沿有效的触发信号输入端,TR_+ 是上升沿有效的触发信号输入端,它们经过适当组合,产生内部触发信号 TR,TR 上升沿有效,$TR = TR_+ \cdot (\overline{TR_{-A}} + \overline{TR_{-B}})$。

Q、$\bar{Q}$ 是两个状态互补的输出端。

C_{ext}、R_{ext}/C_{ext} 是外接电阻和电容的连接端。外接电阻一般为 $1.4 \sim 40 \text{k}\Omega$,外接电容一般为 $10\text{pF} \sim 10\mu\text{F}$。

R_{int} 端是芯片内部设置的电阻,其值为 $2\text{k}\Omega$。当外接电阻时,该端悬空;若不使用外接电阻,可直接用内部电阻。

2) 触发方式

由表 7.4.1 可知,虽然 74121 内部触发信号 TR 是上升沿有效,但对外部触发信号而言,既可以是上升沿触发,也可以是下降沿触发。当 $TR = TR_+ \cdot (\overline{TR_{-A}} + \overline{TR_{-B}})$ 状态不变时,电路就保持在稳定状态,见表 7.4.1 的前 4 行。表 7.4.1 的 5～7 行是下降沿触发方式,当 $TR_+ = 1$ 时,只要 TR_{-A}、TR_{-B} 任何一个触发信号下跳,都可使 $TR = TR_+ \cdot (\overline{TR_{-A}} + \overline{TR_{-B}})$ 上跳,产生内部触发信号。表 7.4.1 的最后两行是上升沿触发方式,通过 TR_+ 上跳触发。

与功能表对应,74121 的工作波形如图 7.4.5 所示。

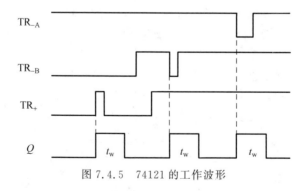

图 7.4.5　74121 的工作波形

在图 7.4.5 中,电路进入第一个暂态时,是因为 $TR_{-A} = 1$、$TR_{-B} = 0$、TR_+ 上跳,引起 $TR = TR_+ \cdot (\overline{TR_{-A}} + \overline{TR_{-B}})$ 上跳,即通过外部触发信号 TR_+ 上跳触发,进入后两个暂态则是利用 TR_{-B} 或 TR_{-A} 下跳触发。

输出脉冲的宽度可按下式进行估算：

$$t_w = 0.7RC \tag{7.4.4}$$

3）线路连接方法

在使用 74121 时，需外接少量元件，并为触发信号提供必要的条件。线路连接方法如图 7.4.6 所示。

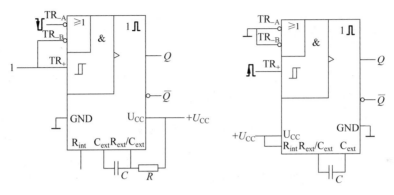

(a) 使用外接电阻(下降沿触发)　　　　(b) 使用内部电阻(上升沿触发)

图 7.4.6　74121 的外部连接方法

7.4.3　单稳态触发器的应用

1. 脉冲整形

在数字电路中，输入脉冲的波形往往是不规则的(如由光电管形成的脉冲源)，边沿不陡，幅度不齐，不能直接输入到数字装置，需要经过整形。用单稳态触发器实现对不规则的信号进行整形的例子如图 7.4.7(a)所示。

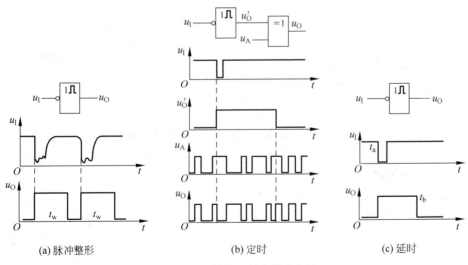

(a) 脉冲整形　　　　　　　　(b) 定时　　　　　　　　(c) 延时

图 7.4.7　单稳态触发器的应用

2. 定时

由于单稳态触发器的输出脉冲宽度 t_w 可通过改变 RC 的值确定，利用 t_w 可进行定时控制,如图 7.4.7(b)所示。其中,将 t_w 作为异或门输入信号之一,在 t_w 确定的时间内,信号 u_A 反相输出,其他时间 u_A 正常输出。

3. 延时

利用单稳态触发器可将输入触发信号下降沿发生时刻 t_a 延迟一段时间,在 t_b 时刻输出,如图 7.4.7(c)所示。

7.5 多谐振荡器

多谐振荡器的特点是:当电路接通电源后,不需外加输入信号便能产生矩形脉冲。由于矩形脉冲含有丰富的高次谐波,故称为多谐振荡器。

7.5.1 用 555 定时器接成多谐振荡器

1. 电路组成

用 555 定时器接成的多谐振荡器如图 7.5.1 所示。

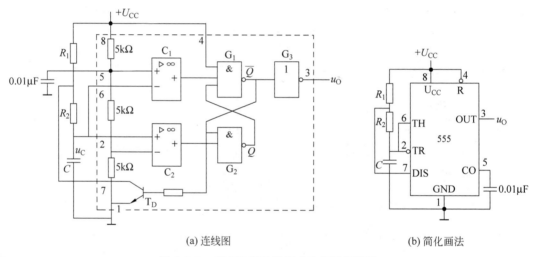

(a) 连线图   (b) 简化画法

图 7.5.1 用 555 定时器接成的多谐振荡器

2. 工作原理

多谐振荡器通电后,根据基本 RS 触发器的不同状态,电容 C 始终处于充电或放电之中,随着电容电压的变化,比较器输出也会做相应变化,从而改变基本 RS 触发器的状态。因此,在电路的输出端输出周期性的矩形脉冲,如图 7.5.2 所示。

(1)接通电源前,电容电压为 0V。接通电源后,比较器 C_1 输出高电平,C_2 输出低电平,基本 RS 触发器处于 1 状态,$u_O=1$,三极管 T_D 截止,电源 U_{CC} 通过 R_1、R_2 对电容 C 充电。充电期间,只要电容电压 $u_C < 2U_{CC}/3$,基本 RS 触发器的 1 状态就不会改变,保持 $u_O=1$。

(2)当电容电压 u_C 达到 $2U_{CC}/3$ 时,基本 RS 触发器翻转为 0 态,T_D 导通,电容通过 R_2、T_D 放电。放电期间,只要电容电压 $u_C > U_{CC}/3$,基本 RS 触发器的 0 状态就不会改变,保持 $u_O=0$。

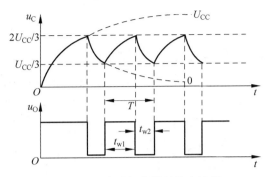

图 7.5.2 多谐振荡器的输出波形

(3) 当电容电压 u_C 低于 $U_{CC}/3$ 时,触发器翻转为 1 态,重复步骤(1)和步骤(2)。

3. 振荡频率及占空比

由图 7.5.2 知,振荡器输出脉冲周期 $T = t_{w1} + t_{w2}$。

1) t_{w1} 的估算

t_{w1} 对应的时间即电容充电的时间,其时间常数 $\tau_1 = (R_1 + R_2)C$。

将 $u_C(\infty) = U_{CC}$、$u_C(0) = U_{CC}/3$、$u_C(t_{w1}) = 2U_{CC}/3$ 代入一阶电路过渡过程公式(7.4.1),有

$$t_{w1} = (R_1 + R_2)C\ln2 = 0.7(R_1 + R_2)C \tag{7.5.1}$$

2) t_{w2} 的估算

t_{w2} 对应的时间即电容放电的时间,其时间常数 $\tau_2 = R_2C$。

将 $u_C(\infty) = 0$、$u_C(0) = 2U_{CC}/3$、$u_C(t_{w2}) = U_{CC}/3$ 代入一阶电路过渡过程公式(7.4.1),有

$$t_{w2} = R_2C\ln2 = 0.7R_2C \tag{7.5.2}$$

3) 振荡频率 f

$$f = \frac{1}{T} = \frac{1}{t_{w1} + t_{w2}} = \frac{1}{0.7(R_1 + 2R_2)C} \tag{7.5.3}$$

4) 占空比 D

$$D = \frac{t_{w1}}{T} = \frac{0.7(R_1 + R_2)C}{0.7(R_1 + 2R_2)C} = \frac{R_1 + R_2}{R_1 + 2R_2} = 1 - \frac{R_2}{R_1 + 2R_2} > \frac{1}{2} \tag{7.5.4}$$

4. 占空比可调电路

从以上占空比的计算可知,$D > 1/2$,即输出矩形波不对称。在实际工程中,有时需要占空比 $D = 1/2$ 或 $D < 1/2$,这就需要将电路做些改进。占空比可调的振荡器如图 7.5.3 所示。

在如图 7.5.3(a)所示的电路中,若忽略二极管 D_1、D_2 导通电阻和三极管 T_D 的饱和电阻,有

$$t_{w1} = R_1C\ln2, \quad t_{w2} = R_2C\ln2$$

则

$$D = \frac{t_{w1}}{T} = \frac{R_1C\ln2}{R_1C\ln2 + R_2C\ln2} = \frac{R_1}{R_1 + R_2} \tag{7.5.5}$$

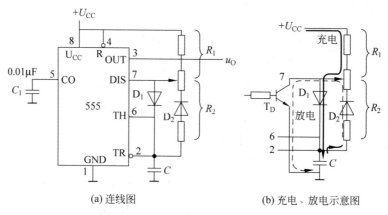

(a) 连线图　　　　　(b) 充电、放电示意图

图 7.5.3　占空比可调的多谐振荡器

当 $R_1 = R_2$ 时，$D = 1/2$；当 $R_1 < R_2$ 时，$D < 1/2$。

7.5.2　其他形式的多谐振荡器

1. 用门电路组成的多谐振荡器

1）电路组成

由 TTL 反相器组成的多谐振荡器如图 7.5.4 所示。图中反相器 G_1、G_2 经 C_1、C_2 耦合形成正反馈回路，R_{F1}、R_{F2} 的作用是保证两个反相器静态时工作在转折区。图 7.5.4 中参数完全对称。

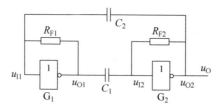

图 7.5.4　门电路组成的多谐振荡器

2）工作原理

由于反相器 G_1、G_2 工作在转折区，即处于不稳定状态，只要有一点扰动，反相器将脱离转折区，输出高电平或低电平。

设 u_I 有一个正向扰动，则 u_{O1} 跳变成低电平，由于电容电压不能跃变，u_{I2} 也跳变成低电平，使 u_{O2}、u_{I1} 均为高电平。因为 u_{I2} 为低电平，所以 u_{O2} 维持在高电平，电路处于第 1 个暂态。

在此期间，C_1 充电，C_2 放电，充电、放电情况如图 7.5.5 所示。因为 C_1 同时经 R_1、R_{F1} 两条支路充电，所以充电速度比 C_2 放电速度快，u_{I2} 将先到达 G_2 的阈值电压。当 $u_{I2} = U_{TH}$ 时，电路迅速进入第 2 个暂态，即 u_{O2}、u_{I1} 为低电平，u_{O1}、u_{I2} 为高电平。因为 u_{I2} 为高电平，所以 u_{O2} 维持在低电平。

在第 2 个暂态，C_2 充电，C_1 放电，充电、放电过程与第 1 个暂态类似，只是 u_{I1} 先到达 G_1 的阈值电压，这时，电路又回到第 1 个暂态，周而复始，在输出端产生周期性的矩形脉冲。电路中各点电压波形如图 7.5.6 所示。当 $R_{F1} = R_{F2} = R$、$C_1 = C_2 = C$、$U_{TH} = 1.4V$、$U_{OH} =$

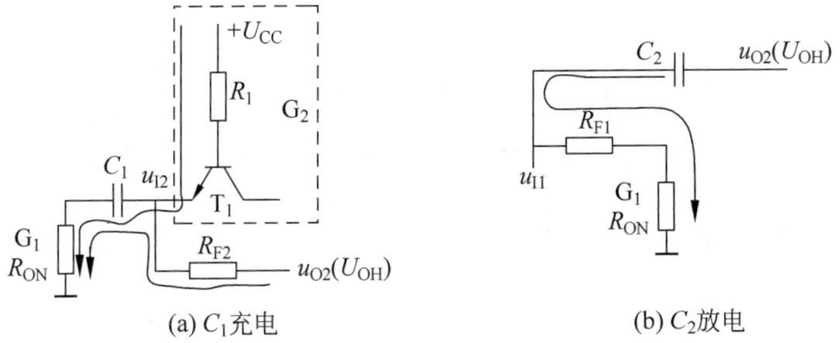

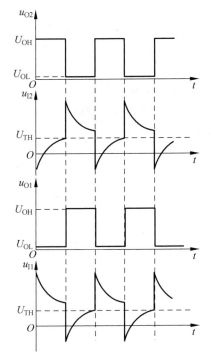

图 7.5.5 u_{O2} 为高电平时充电、放电示意图

图 7.5.6 门电路组成的多谐振荡器各点电压波形

$3.6V$、$U_{OL}=0.3V$ 时，振荡周期 T 可按式(7.5.6)估算：

$$T \approx 1.4RC \tag{7.5.6}$$

2. 石英晶体多谐振荡器

对于前面讨论的多谐振荡器，其振荡频率取决于电容 C 在充、放电过程中，电容电压达到转换值的时间。由于温度变化、电源波动或外界干扰等原因，电容电压相应会发生变化而使振荡频率不稳定。在很多场合，如电子钟表、计算机时钟等，都要求振荡频率十分稳定，为得到稳定的振荡频率，最常用的方法是采用石英晶体振荡器。

1）石英晶体的选频特性

石英晶体的电抗频率特性和符号如图 7.5.7 所示。

由石英晶体的电抗频率特性知，当外加电压的频率为 f_0 时，它的阻抗最小，频率为 f_0 的信号最容易通过，而其他频率信号经过石英晶体时被衰减。若频率为 f_0 的信号在电路

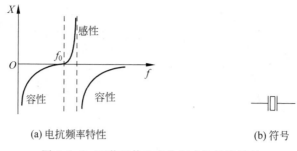

(a) 电抗频率特性　　　　　(b) 符号

图 7.5.7　石英晶体的电抗频率特性及符号

中形成正反馈,则振荡器的工作频率必然是 f_0。也就是说,石英晶体多谐振荡器的振荡频率取决于石英晶体的谐振频率,与外接的电阻、电容无关。

2) 石英晶体多谐振荡器

图 7.5.8 是一种典型的石英晶体振荡器电路。在图 7.5.8 电路中,若不加石英晶体,电路就是前面讨论的由门电路组成的多谐振荡器;当接入石英晶体后,频率为 f_0 的信号在电路中形成正反馈,振荡频率由石英晶体的谐振频率决定。这里,电容 C_1、C_2 仅起耦合作用,对 C_1、C_2 容量的要求是:在振荡电路频率为 f_0 时,C_1、C_2 的容抗可以忽略不计。R_{F1}、R_{F2} 的作用仍然是保证两个反相器静态时工作在转折区。

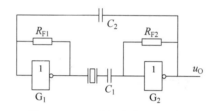

图 7.5.8　石英晶体多谐振荡器

本章小结

本章介绍了获取矩形脉冲的各种电路,一类是脉冲整形电路,另一类是多谐振荡器。脉冲整形电路虽然不能自动产生脉冲信号,但能将其他形状的周期信号变换为所要求的矩形脉冲信号,达到整形的目的。多谐振荡器不需要外加输入信号,只要接通供电电源就自动产生矩形脉冲信号。

构成脉冲整形电路和多谐振荡器的方法很多,就外部特性而言,不同方法构成的同类电路在本质上没有区别。由于 555 集成定时器使用起来灵活、方便,目前用得较多的是用 555 定时器实现上述电路。

施密特触发器具有滞回特性,它不仅能将缓慢变化的周期信号整形成矩形脉冲信号,而且抗干扰能力强。施密特触发器何时输出高、低电平,随输入信号的电平改变,其输出脉冲的宽度、周期、频率是由输入信号决定的,输出脉冲的幅度与输入信号无关。施密特触发器的主要用途是波形变换、整形和幅度鉴别。

单稳态触发器有一个稳态和一个暂稳态,在输入信号作用下能够由稳态翻转到暂稳态,在暂稳态维持一段时间后将自动返回到稳态。暂稳态时间的长短由定时元件 R、C 决定,与输入信号无关。使用中应注意的是,触发脉冲宽度应小于输出脉冲宽度 t_w,且触发脉冲周期 T 应满足 $T > t_w + t_{re}$。单稳态触发器的主要用途是延时、定时和整形。

多谐振荡器的特点是:只要接通供电电源,电路就会不停地振荡,提供数字电路所需的矩形脉冲。石英晶体多谐振荡器的最大特点是:振荡频率十分稳定,且振荡频率即为石英晶体的谐振频率。

由于 555 定时器可在"5"号引脚(CO 端)外加控制电压,在外加电压 U_{CO} 的情况下,比较器 C_1、C_2 的参考电压将被改变,即分别由 $2/3U_{CC}$、$1/3U_{CC}$ 变成 U_{CO}、$U_{CO}/2$,计算结果也就与外加控制电压 U_{CO} 有关。

习题

7.1 多谐振荡器、单稳态触发器、施密特触发器各有几个暂稳态? 有几个能够自动保持的稳定状态?

7.2 在使用由 555 定时器组成的单稳态触发器电路时,对触发脉冲的宽度有无限制? 当触发脉冲的低电平持续时间过长时,电路应做何修改?

7.3 若单稳态触发器电路的输出脉冲宽度 $t_w = 9\mu s$,恢复时间 $t_{re} = 1\mu s$,触发脉冲的最高频率是多少?

7.4 习图 7.1 是具有电平偏移二极管的施密特触发器电路,试分析电路的工作原理,并画出 u_O 与 u_I 的电压传输特性曲线。设门电路均为 TTL 电路,阈值电压 $U_{TH} = 1.4V$,二极管导通压降为 $0.7V$。

7.5 在如习图 7.2 所示的施密特触发器中,估算在下列条件下电路的 U_{T+}、U_{T-} 和 ΔU_T:

(1) $U_{CC} = 12V$、CO(5 引脚)端通过 $0.01\mu F$ 电容接地。

(2) $U_{CC} = 12V$、CO(5 引脚)端接 5V 电源。

7.6 在如习图 7.2 所示的施密特触发器中,若 $U_{CC} = 9V$,u_I 为正弦波,其幅值 $U_{Im} = 9V$,$f = 1000Hz$,画出 u_O 的波形。

7.7 若用如习图 7.2 所示的电路作为幅值探测器,要求能将 u_I 中幅度大于 5V 的脉冲信号都检测出来,试问电源电压 U_{CC} 应为几伏?

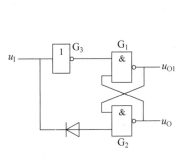

习图 7.1 题 7.4 的图

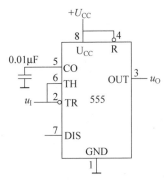

习图 7.2 题 7.5、题 7.6 和题 7.7 的图

7.8 在如习图 7.3 所示的单稳态触发器中，$U_{CC}=9\text{V}$，$R=27\text{k}\Omega$，$C=0.05\mu\text{F}$。

（1）估算输出脉冲 u_O 的宽度 t_w。

（2）u_I 为负窄脉冲，其脉冲宽度 $t_{w1}=0.5\text{ms}$，周期 $T_I=5\text{ms}$，高电平 $U_{IH}=9\text{V}$，低电平 $U_{IL}=0\text{V}$，试对应画出 u_C、u_O 的波形。

（3）当 $U_{IH}=9\text{V}$，为了保证电路能可靠地被触发，u_I 的下限值即 U_{IL} 的最大值应为多少伏？

7.9 如习图 7.4 所示电路是由集成单稳态触发器 74121 组成的延时电路。

（1）计算输出脉冲宽度的调节范围。

（2）说明电阻 R 的作用。

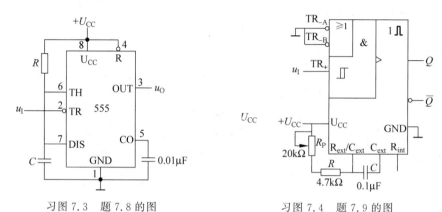

习图 7.3 题 7.8 的图　　　　习图 7.4 题 7.9 的图

7.10 在如习图 7.5 所示的多谐振荡器中，$R_1=15\text{k}\Omega$，$R_2=10\text{k}\Omega$，$C=0.05\mu\text{F}$，$U_{CC}=9\text{V}$，定性画出 u_C、u_O 的波形，估算振荡频率 f 和占空比 D。

7.11 在如习图 7.5 所示的多谐振荡器中，欲降低电路振荡频率，试说明下面列举的方法中，哪些是可行的，哪些是不可行的。

（1）加大 R_1 的阻值。

（2）加大 R_2 的阻值。

（3）减小 C 的容量。

（4）降低电源电压 U_{CC}。

（5）在 CO 端(5 端)接低于 $2U_{CC}/3$ 的电压。

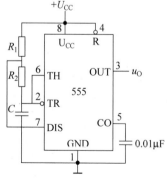
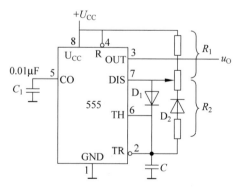

习图 7.5 题 7.10 和题 7.11 的图　　　　习图 7.6 题 7.12 的图

7.12 如习图 7.6 所示电路是占空比可调的多谐振荡器。$C=0.2\mu F$，$U_{CC}=9V$，要求其振荡频率 $f=1kHz$，占空比 $D=0.5$，估算 R_1、R_2 的阻值。

7.13 简述如习图 7.7 所示电路的工作原理。若要求扬声器在按键 K 被按下后，立即以 1.2kHz 的频率持续发声 5s，试确定图中 R_2、R_3 的阻值。

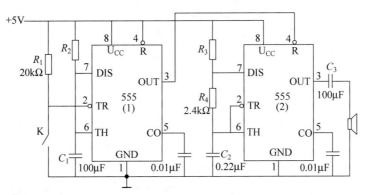

习图 7.7 题 7.13 的图

7.14 在如习图 7.8 所示的电路中，$R_{A1}=R_{B1}=10k\Omega$，$C_1=1\mu F$，$R_{A2}=R_{B2}=2k\Omega$，$C_2=0.2\mu F$，估算 u_{O1}、u_{O2} 的频率 f_1、f_2，并对应画出 u_{O1}、u_{O2} 的波形。

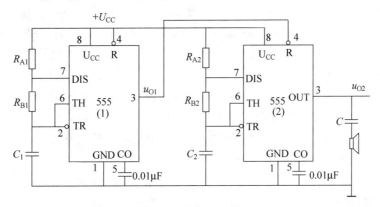

习图 7.8 题 7.14 的图

第 8 章

存储器和可编程逻辑器件

本章主要讲述半导体存储器的工作原理、特点和使用方法。在只读存储器 ROM 中,主要讲述固定 ROM、PROM 及 EPROM 等不同类型 ROM 的工作原理和性能特点;在随机存取存储器 RAM 中,主要讲述静态随机存取存储器 SRAM 的工作原理、特点和存储容量的扩展方法;在可编程逻辑器件 PLD 中,主要介绍简单型 PLD 的结构、工作原理和使用方法。

8.1 概述

存储器和可编程逻辑器件属于大规模集成电路范畴。由于大规模集成电路集成度高,往往能将一个较复杂的逻辑部件或数字系统集成到一块芯片上,它的应用能有效地缩小设备体积、减轻设备重量、降低功耗、提高系统稳定性和可靠性,所以大规模集成电路在数字电路及计算机系统中得到了广泛的应用。

存储器是计算机和数字系统中用以存储信息的器件,有多种类型。按存储介质划分有半导体存储器、磁存储器和光存储器,本章主要讨论半导体存储器。每一片半导体存储器芯片中包含若干存储单元,每一个存储单元有若干位,每位能存储一位二进制信息。每个存储单元都有唯一的地址码与其对应。

半导体存储器按工作方式的不同可以分为只读存储器(Read Only Memory,ROM)和随机存取存储器(Random Access Memory,RAM)两类。从制造工艺上看,半导体存储器可分为双极型和单极型(MOS 型)两类。由于 MOS 电路具有功耗低、工作稳定、制造简单等优点,并且随着工艺的改进,其速度也基本能接近于双极型电路,因此,存储器多采用 MOS 工艺制造。

可编程逻辑器件(Programmable Logic Device,PLD)是专用集成电路(Application Specific Integrated Circuit,ASIC)的一个重要的分支,其作为通用器件生产,批量大、成本低,它的逻辑功能可由用户通过开发软件和工具对器件编程自行设定,把一个数字系统集成在一片可编程逻辑器件上。PLD 不仅简化了数字逻辑系统的设计,而且从根本上改变了系统设计方法,降低了数字系统的体积和成本,提高了系统的可靠性。

8.2 只读存储器

只读存储器 ROM 是存储固定信息的存储器,必须预先把信息写入存储器中。它是一种在正常工作情况下只能读取而不能写入数据的存储器,其优点是集成度高、结构简单,电路形式和规格也比较统一,存储的数据不会因断电而丢失。在计算机中主要用于存放执行程序、数据表格和字符等固定不变的信息。只读存储器存入数据的过程称为对 ROM 进行编程。

ROM 的结构如图 8.2.1 所示,主要由地址译码器、存储矩阵和输出缓冲器 3 部分构成。存储矩阵由许多结构相同的存储单元组成,存储单元的每一位可用二极管构成,也可用三极管或 MOS 管构成,每个存储单元有唯一的地址与之对应。地址译码器的作用是将输入的 n 位地址($A_{n-1} \sim A_0$)译码后转换成相应的控制信号,使 2^n 条字线($W_0 \sim W_{2^n-1}$)中的一条有效,将存储矩阵中与该地址对应的单元的存储数据送入输出缓冲器,即可读出相应存储单元的内容。例如,若要把 1 号单元存储的信息读出,则当地址 $A_{n-1}A_{n-2}\cdots A_1A_0=00\cdots$ 01 时,地址译码器的输出 $W_1=1$(有效),即可选中 1 号单元,在输出缓冲器被打开的情况下,1 号单元的信息可通过数据输出线 $D_{m-1}D_{m-2}\cdots D_1D_0$ 读出。输出缓冲器的作用是提高存储器的带负载能力及实现对输出状态的三态控制,便于 ROM 与数字系统的数据总线连接。

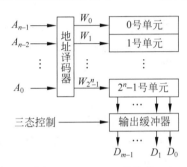

图 8.2.1　ROM 的结构

按存储内容存入方式的不同,ROM 可以分为掩模只读存储器、一次可编程只读存储器(Programmable Read Only Memory, PROM)、可擦除可编程只读存储器(Erasable Programmable Read Only Memory, EPROM)和电可擦除可编程只读存储器(Electrical Erasable Programmable Read Only Memory, EEPROM)或称 E^2PROM 等。不同类型的 ROM 整体结构基本相同,它们之间的区别在于存储单元的结构和工作原理不同,因此不同类型的 ROM 性能也不尽相同。

8.2.1　掩模只读存储器

掩模只读存储器采用掩模工艺制作,其中存储的数据由制作过程中使用的掩模板决定。用户按照使用要求确定存储器的存储内容,存储器制造商根据用户的要求设计掩模板,利用掩模板生产出相应的 ROM。因此,掩模式 ROM 在出厂时内部存储的数据已经固化在芯片内部,故它在使用时内容不能更改,只能读出其中的数据。

1. 电路组成

如图 8.2.2(a)所示是一个具有 4 个单元、每个单元有 4 位的 ROM 原理图。它由一个 2 线-4 线地址译码器和一个 4×4 的二极管存储矩阵组成。为简化起见,图 8.2.2 中未画出输出缓冲器。

A_1A_0 为输入的地址码,可产生 $W_3 \sim W_0$ 4 个不同的有效信号,用于选择不同的存储单元,$W_3 \sim W_0$ 称为字线。存储矩阵由二极管组成,$D_3 \sim D_0$ 为存储矩阵输出的 4 条位线(即数据线)。在 $W_3 \sim W_0$ 中任意输出为高电平时,在 $D_3 \sim D_0$ 4根线上输出一组4位二进制代码,每组代码表示一个字(即被选存储单元中的内容)。

2. 工作原理

当输入一组地址码时,在 ROM 的输出端就可得到(读出)该地址码对应的存储内容。每一组地址码都有一个4位的字和它对应。在图8.2.2(a)中,当 $A_1A_0 = 00$ 时,则字线 $W_0 = 1$,其他字线都为0,这时和 W_0 相连的3个二极管导通,位线 $D_3 = 1$、$D_1 = 1$、$D_0 = 1$,而 D_2 为0,输出端得到 $D_3D_2D_1D_0 = 1011$ 这一组数据,以此类推。

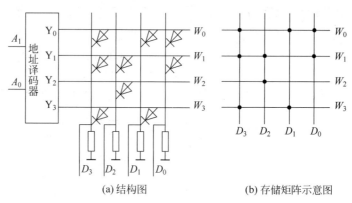

(a) 结构图   (b) 存储矩阵示意图

图 8.2.2   4×4 二极管 ROM 原理图

表8.2.1中列出了二极管 ROM 地址 A_1A_0 与输出数据 $D_3D_2D_1D_0$ 的对应关系。

表 8.2.1   ROM 地址与输出数据的对应关系

地 址		字 线				内 容			
A_1	A_0	W_0	W_1	W_2	W_3	D_3	D_2	D_1	D_0
0	0	1	0	0	0	1	0	1	1
0	1	0	1	0	0	1	1	0	1
1	0	0	0	1	0	0	1	0	0
1	1	0	0	0	1	1	0	1	0

由上面的分析可知,字线和位线的每一个交叉处对应于存储单元中的一位。交叉处接有二极管的相当于存储1,没有接二极管的相当于存储0。读取信息时,若字线为高电平,与之相连的二极管导通,则对应的位线输出高电平1,没有二极管的位线则输出低电平0。图8.2.2(a)中的存储矩阵部分可用如图8.2.2(b)所示的简化阵列图来表示,字线和位线交叉处的圆点"·"代表接有二极管(或 MOS 管、晶体管),存储信息1;没有圆点的表示存储信息0。

常用存储单元的数量和位数的乘积表示存储器容量,写成"字数×位数=存储容量"的形式,对于如图8.2.2所示的 ROM 来说,其存储容量为4×4。

8.2.2   可编程只读存储器(PROM)

在掩模式 ROM 中,存储的信息是由芯片生产厂家在制造时写入的,用户无法改变,而在实际工作中,设计人员往往要求能根据需要自行写入信息,具有这种功能的 ROM 称为可编程只读存储器,简称 PROM。

PROM 的电路结构和 ROM 基本相同,不同之处在于存储单元的每一位都串接了一个熔丝,就是在所有的存储单元的各位都存储了 1,用户在编程时,可根据要求,借助于编程工具将存储单元对应位信息为 0 的熔丝烧断,熔丝烧断后不可恢复。

熔丝型 PROM 存储单元的每一位原理图如图 8.2.3 所示,它由一只三极管和串联在发射极的快速熔断丝组成。三极管的 be 结相当于接在字线和位线之间的二极管,熔丝多用低熔点合金或很细的多晶硅导线制成。在写入数据时利用大电压产生大电流将熔丝烧断就可以了,即将 0 写入该单元。

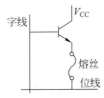

图 8.2.3　熔丝型 PROM 存储单元的某位

除熔丝结构外,PROM 还有其他结构形式,工作原理大致相同。显然,由于 PROM 的有关存储单元的数据一经改写,就不能再做任何的改动,所以它只能编程一次,因此其使用灵活性受到一定的限制。PROM 的这一性能不能满足数字系统研发过程中经常需要修改存储内容的需求,这就要求生产一种既可擦除又可重写的 ROM。

8.2.3　可擦除可编程只读存储器(EPROM)

EPROM 不但可擦除原先存储的信息,而且还可以重复编程,克服了 PROM 的缺点。用紫外线擦除信息的称为 EPROM,用电信号擦除信息的称为 EEPROM(或称 E^2PROM),随着计算机技术的发展,快闪式存储器(简称闪存)应运而生,它也是一种电擦除可编程 ROM。

EPROM 为可擦除可编程只读存储器,它可反复使用多次,灵活、方便,深受用户欢迎,目前多用叠栅注入型 MOS 管(称为 SIMOS 管)构成 EPROM 的存储单元。SIMOS 管的结构示意图及图形符号如图 8.2.4 所示。它是一个 N 沟道的增强型 MOS 管,有两个重叠的栅极——控制栅极 G_c 和浮置栅极 G_f,控制栅极用于控制读出和写入,浮置栅极用于保存电荷。

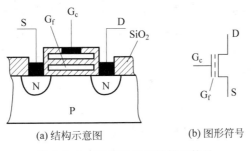

(a) 结构示意图　　　　(b) 图形符号

图 8.2.4　SIMOS 管的结构和符号

SIMOS 管的工作原理为:浮置栅极在注入电荷之前,SIMOS 管相当于一个增强型 NMOS 管,这时在控制栅极上加正常的高电平使漏—源极之间产生导电沟道,则 SIMOS 管导通。但在浮置栅极 G_f 注入负电荷以后,必须给控制栅极 G_c 加上更高的电压才能抵消注入负电荷的影响而形成导电沟道,因而在控制栅极加上正常的高电平(例如+5V)时,SIMOS 管不会导通。

当漏—源极之间加上较高的电压,例如,加上+20~+25V 时,将产生雪崩击穿现象,产生很多的高能热电子。这时如果在控制栅极 G_c 上加上较高的电压脉冲(幅度约为+25V,脉宽约为 50ms),则在栅极电场力的作用下,一些速度较高的电子便渡越 SiO_2 层到达浮置栅极,被浮置栅极俘获形成注入负电荷。当浮置栅极注入电荷后,若地址译码器的输出使字线为高电平(+5V)时,由于注入电荷的作用,SIMOS 管截止,位线上读出数据 1;而当浮置栅极上未注入电荷,字线为高电平(+5V)时,SIMOS 管导通,位线上读出数据 0。于是浮置栅极注入电荷的 SIMOS 管相当于写入数据 1,而未注入电荷的 SIMOS 管相当于写入数据 0。

EPROM 芯片封装时表面都有一个石英玻璃透明窗口。采用 SIMOS 管的 EPROM 能用紫外线擦除,用专门的设备(如紫外线擦除器)使芯片窗口受到紫外线照射时,所有电路中的浮置栅极上的电荷获得能量会形成光电流泄漏,使管子恢复初始状态,从而把原先写入的信息擦去。经过照射后的 EPROM,再用专门的设备(EPROM 编程器)把所需要的信息写入。

编程后的芯片在阳光的影响和室内日光灯的照射下,经过 3 年时间浮置栅极的电荷可泄漏完。若在太阳光直射下,约 1 个星期电荷可泄漏完。所以,在正常使用和储藏时,应在芯片窗口上贴上黑色的保护纸。常用的 EPROM 有 2716(2K×8)、2732(4K×8)、2764(8K×8)等,它们均采用 SIMOS 管作为存储单元。

8.2.4 电擦除可编程只读存储器(EEPROM)

电擦除可编程只读存储器 EEPROM(也可写成 E^2PROM)采用电信号来完成擦除和编程操作,它的擦除不需借助紫外线照射,只需在普通工作电源条件下就可以进行,擦除时不需要将器件从系统上拆下来,这比 EPROM 简便,同时 E^2PROM 不仅可以整体擦除存储单元内容,还可以进行逐字擦除和逐字改写。基于这些优点,它在许多场合取代了 EPROM。

E^2PROM 的存储单元采用浮置栅极型场效应管(Floating Gate Tunnel Oxide,FLOTOX 管),结构如图 8.2.5(a)所示。FLOTOX 管属于 N 沟道增强型 MOS 管,具有控制栅极 G 和浮置栅极 G_f,而且在浮置栅极 G_f 与漏极区之间存在一个非常薄的 SiO_2 绝缘层,称为隧道区。当其中的电场强度增大到一定程度时,在浮置栅极 G_f 与漏极区之间产生导电隧道,电流可以流过,称为隧道效应。

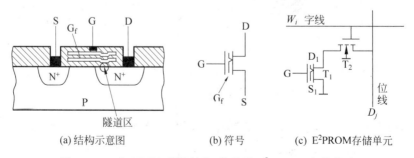

(a) 结构示意图   (b) 符号   (c) E^2PROM 存储单元

图 8.2.5 FLOTOX 管的结构、符号及 E^2PROM 存储单元

$E^2 PROM$ 存储单元的信息写入是利用隧道效应进行的,如图 8.2.5(c)所示,令 $W_i =$ 1,$D_j = 0$,则 T_2 导通,T_1 漏极 D_1 近于 0 电平。这时在控制栅极 G 上加 21V 正脉冲,则在浮置栅极与漏极区之间极薄绝缘层内出现隧道,通过隧道效应使电子注入浮置栅极,正脉冲消失后,浮置栅极将长期保存这些电子,定义为 1 状态。若在控制栅极 G 上接 0 电平,令 $W_i = 1$,在 D_j 上加上 21V 正脉冲,则浮置栅极上的电子通过隧道返回衬底,浮置栅极上就没有注入电子,定义为 0 状态。读出操作时,对于浮置栅极上注入了电子的存储单元,T_1 不能导通,在位线 D_j 上读出 1;对于浮置栅极上没有注入电子的存储单元,T_1 导通,在位线 D_j 上读出 0。目前 $E^2 PROM$ 允许改写次数达到 1 万次,数据保存时间可以达到 10 年以上。

$E^2 PROM$ 采用高压脉冲擦写,一般用专用编程器来完成。但有些芯片内部设置有升压电路,读、写及擦除均在工作电压下进行,如 X2816(2K×8 位)、X2864(8K×8 位)芯片等。X2816 的逻辑框图如图 8.2.6 所示,X2816 的内容改写是由读/写控制端 $\overline{WE}$ 逻辑电平控制,当 $\overline{WE}$ 为 1 时进行读出操作,当 $\overline{WE}$ 为 0 时进行写入操作,而且具有在线编程的独特功能。

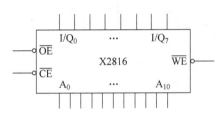

图 8.2.6　X2816 型 $E^2 PROM$ 逻辑框图

同类产品还有 X2864,字节的写入时间最长需 10ms,读取时间最短为 300ns,输入输出与 TTL 兼容。

8.2.5　只读存储器应用举例

只读存储器 ROM 能够存储固定的信息,在数字系统中用来存储固定函数、固定程序或指令、字符及汉字库等二进制数据,工作时一般不改变存储内容($E^2 PROM$ 等除外),只是进行反复读出操作。由于 ROM 的存储矩阵(或阵列)是可编程的,在逻辑设计中能实现任意的逻辑函数,因此在数字系统中得到了广泛的应用,如可设计成代码转换器、字符发生器、函数运算表、波形发生器等。

1. 实现逻辑函数

下面以 PROM 为例来介绍逻辑函数的实现。对于 ROM 的地址代码看成 n 个输入变量,每一个数据输出端都可以看成 n 变量的逻辑函数,因此 ROM 可以用来实现各种组合逻辑函数,尤其是多输出函数。

用 ROM 实现组合逻辑电路或逻辑函数时,首先需要列出逻辑函数的真值表或标准与或表达式,然后画出符号矩阵图。

例 8.2.1　用 ROM 实现 1 位二进制全加器。

解　全加器的逻辑真值表如表 8.2.2 所示,A、B 为两个加数,C_{i-1} 为低位的进位,S 为本位的和,C_i 为本位往高位的进位。

表 8.2.2　全加器真值表

A	B	C_{i-1}	S	C_i	A	B	C_{i-1}	S	C_i
0	0	0	0	0	1	0	0	1	0
0	0	1	1	0	1	0	1	0	1
0	1	0	1	0	1	1	0	0	1
0	1	1	0	1	1	1	1	1	1

由真值表 8.2.2 可写出输出函数的最小项之和的表达式

$$S = \overline{A}\,\overline{B}C_{i-1} + \overline{A}B\,\overline{C_{i-1}} + A\overline{B}\,\overline{C_{i-1}} + ABC_{i-1} \tag{8.2.1}$$

$$C_i = \overline{A}BC_{i-1} + A\overline{B}C_{i-1} + AB\,\overline{C_{i-1}} + ABC_{i-1} \tag{8.2.2}$$

根据最小项表达式(8.2.1)和式(8.2.2)画出全加器 ROM 的阵列图,如图 8.2.7 所示。

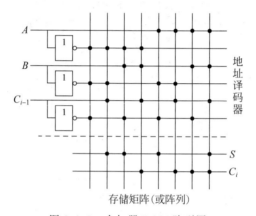

图 8.2.7　全加器 ROM 阵列图

2. 代码转换器

代码转换器是将一种代码转换成另一种代码的电路。下面通过具体例子介绍如何用 PROM 实现代码转换的方法。将欲转换的 m 位代码送到 PROM 的地址码输入端,通过 PROM 输出 n 位转换后的代码。显然,PROM 的存储单元中应按代码转换的真值表存储相应的值(0 或 1)便可实现各种代码之间的转换。

例 8.2.2　用 PROM 实现 4 位二进制码到格雷码的转换。

解　列出 4 位二进制码转换为格雷码的真值表,如表 8.2.3 所示。

表 8.2.3　4 位二进制码转换为格雷码的真值表

二 进 制 数				格 雷 码				二 进 制 数				格 雷 码			
B_3	B_2	B_1	B_0	G_3	G_2	G_1	G_0	B_3	B_2	B_1	B_0	G_3	G_2	G_1	G_0
0	0	0	0	0	0	0	0	1	0	0	0	1	1	0	0
0	0	0	1	0	0	0	1	1	0	0	1	1	1	0	1
0	0	1	0	0	0	1	1	1	0	1	0	1	1	1	1
0	0	1	1	0	0	1	0	1	0	1	1	1	1	1	0
0	1	0	0	0	1	1	0	1	1	0	0	1	0	1	0
0	1	0	1	0	1	1	1	1	1	0	1	1	0	1	1
0	1	1	0	0	1	0	1	1	1	1	0	1	0	0	1
0	1	1	1	0	1	0	0	1	1	1	1	1	0	0	0

由真值表写出输出函数的最小项之和的表达式

$$G_3 = \sum m(8,9,10,11,12,13,14,15)$$
$$G_2 = \sum m(4,5,6,7,8,9,10,11)$$
$$G_1 = \sum m(2,3,4,5,10,11,12,13)$$
$$G_0 = \sum m(1,2,5,6,9,10,13,14)$$

根据最小项表达式画出 4 位二进制码转换为格雷码 PROM 的阵列图,如图 8.2.8 所示,可先通过专用写入设备将表 8.2.2 所示的格雷码数据依次写入 PROM 的 0～15 号单元中,令地址码 $A_3 \sim A_0 = B_3 \sim B_0$,则 PROM 芯片输出端 $G_3 \sim G_0$ 的数据即为转换结果。

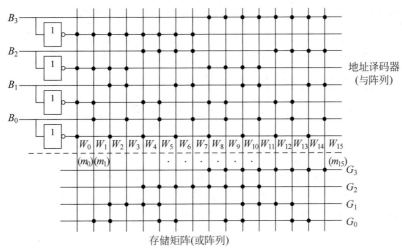

图 8.2.8　二进制码到格雷码转换的 ROM 阵列图

3. 字符发生器

用 PROM 可以非常简便地产生中、外文字符或简单的图案,因而在宣传、信息报导及广告行业获得广泛应用,如果与单片机结合起来使用,则能实现快速更改信息内容或者循环显示多幅广告。用 PROM 实现字符发生器的基本方法是将字符的点阵预先存储在 ROM 中,然后顺序地给出地址码,从存储矩阵中逐行读出字符的点阵,并送入显示器即可显示出字符。图 8.2.9 为显示字符“R”的原理图。

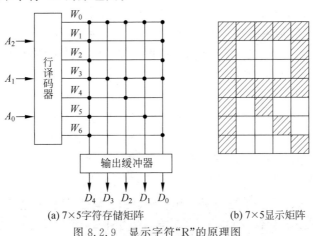

(a) 7×5字符存储矩阵　　　　　　　　(b) 7×5显示矩阵

图 8.2.9　显示字符“R”的原理图

该存储矩阵有 7 行 5 列,需占用 PROM 7 个单元,每个单元不能低于 5 位,用户可根据字符的形状在某些存储单元中存入 1,在另外一些存储单元中存入 0。每一列有一个公共输出端至输出缓冲器,选中某行时,该行内容就以光点反映在光栅矩阵上,存 1 单元的光栅上出现亮点。若地址码周而复始地循环改变,各行内容就相继出现在光栅上,显示出字符"R"。

8.3 随机存储器

随机存储器 RAM 也叫随机读/写存储器,与只读存储器 ROM 的区别在于 RAM 工作时可以随时从任何一个存储单元读出数据,也可以随时将数据写入任何一个指定的存储单元中。它的最大优点是读、写方便,使用灵活。但缺点是电路失电后存储器中的数据将全部丢失。在计算机系统中,RAM 主要用于存放一些临时性的数据或中间结果。

8.3.1 静态随机存储器的结构

根据所采用的存储单元工作原理的不同,RAM 可以分为静态存储器(SRAM)和动态存储器(DRAM)。动态存储器存储单元的结构非常简单,它所能达到的集成度远高于静态存储器,但需要定时刷新,电路中需增设刷新电路,一般用于大容量存储器。静态存储器存储单元的每一位由一个双稳态触发器构成,工作稳定,使用方便,不需刷新,一般用于存储容量不大的场合。下面主要对静态存储器的结构、原理及应用做一些介绍。另外,从结构上又可以把存储器分为双极型存储器和 MOS 型存储器。双极型存储器具有工作速度快、功耗大,价格较高等特点,它以双极型触发器为基本单元,主要用于对速度要求较高的场合,如在微机中做高速缓存。MOS 电路(尤其是 CMOS 电路)具有功耗低、集成度高、工艺简单、价格低等优点,目前大多数 RAM 都采用 MOS 结构。

静态随机存储器(SRAM)由许多存储单元排列而成,存储单元的每一位能存储一位二进制数据(1 或 0),在译码器和读/写控制电路的控制下既可以写入 1 或 0,又可将所存储的数据读出。

静态 RAM 电路由存储矩阵、地址译码器和读/写控制电路(也叫输入输出电路)3 部分组成,如图 8.3.1 所示。存储矩阵由许多存储单元排列而成,每个存储单元有若干位,每位能存储一位二进制数据,在译码器和读/写电路的控制下,既可以写入,又可以将存储的数据读出。为了减少地址译码器输出线的数量,实际工艺中将地址译码器分成行地址译码器和列地址译码器两部分,行地址译码器和列地址译码器将输入的地址代码译成有效信号,共同决定选中与地址对应的那个存储单元,在读/写电路的控制下,让被选中的存储单元与 I/O 端接通,以便对这些单元进行读、写操作。

单片 RAM 的存储容量是有限的,有时往往不能满足计算机和数字系统的要求,因此,需用多片 RAM 来扩大存储容量。每片 RAM 上都设有片选端 $\overline{CS}$ 和读/写控制端 $R/\overline{W}$。

片选与读/写控制电路的逻辑图如图 8.3.2 所示,其工作情况如下: 当 $\overline{CS}=1$ 时,G_1 和 G_2 被封锁,都输出低电平 0,三态门 G_3、G_4 和 G_5 为高阻态,使 I/O 端和存储器内部隔离,不能进行读/写,这时称存储器未被选中。当 $\overline{CS}=0$ 时,存储器被选中,这时可根据读/写($R/\overline{W}$)信号进行操作,若 $R/\overline{W}$ 为 1,G_1 输出 0,G_4、G_5 为高阻态,而 G_2 输出 1,三态门 G_3 开通,数

据 D 经 G_3 送到 I/O 端读出,完成了读操作;若 $R/\overline{W}$ 为 0,G_2 输出 0,G_3 为高阻态,而 G_1 输出 1,三态门 G_4、G_5 开通,I/O 端输入的数据以互补形式出现在存储器内部数据线上,并存入被选中的存储单元,完成写操作。

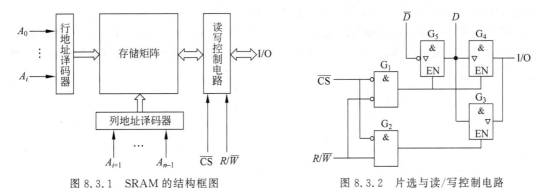

图 8.3.1 SRAM 的结构框图   图 8.3.2 片选与读/写控制电路

8.3.2 静态 RAM 存储单元电路

静态 RAM 存储单元的每一位是在静态触发器的基础上附加门控管而构成的,图 8.3.3 是用 N 沟道增强型 MOS 管组成的静态存储电路。其中 $T_1 \sim T_4$ 构成基本 RS 触发器,用于记忆一位二进制代码;T_5、T_6 为存储电路的控制门,由行选择线 X_i 控制。$X_i = 1$ 时,T_5、T_6 导通,存储电路与位线接通;$X_i = 0$ 时,T_5、T_6 截止,存储电路与位线隔离。T_7、T_8 是列存储电路的公共控制门,用于控制位线和数据线的连接状态,由列选择线 Y_j 控制。显然,当位选信号 X_i 和列选信号 Y_j 都为高电平时,$T_5 \sim T_8$ 均导通,触发器与数据线接通,存储电路才能进行数据的读或写操作。静态 RAM 靠触发器保存数据,只要不断电,数据就能长久保存。

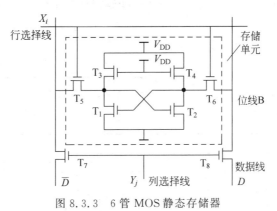

图 8.3.3 6 管 MOS 静态存储器

8.4 存储器的扩展与连接

8.4.1 存储芯片的扩展

在实际应用中,常常需要大容量的 RAM。当一片 RAM 不能满足存储器容量的要求时,就需要进行扩展,把多片 RAM 组合起来,形成一个大容量的存储器。

1. 存储器位数的扩展

RAM 芯片每个单元的位数通常设计成 1 位、4 位或 8 位,当系统实际所需的数据位超过芯片提供的位数时,需要对 RAM 进行位扩展。

扩展的方法是将多片存储器的地址线、读/写控制线和片选线全部并联在一起,而将其数据线分别引出接到存储器不同位的数据总线上。图 8.4.1 为用 2 片 2114(1K×4 位)静态 RAM 组成的 1K×8 位存储器的框图。

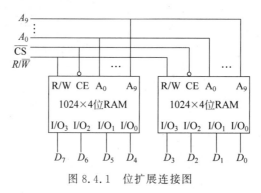

图 8.4.1 位扩展连接图

2. 存储器字数的扩展

当芯片的位数够用而存储单元数不足时,就需要将多个芯片连接起来,进行字扩展以满足大容量存储的需要。

字扩展的方法是将各个芯片的数据线、地址线和读/写控制线分别并联在一起,将高位地址线中的一部分或全部通过译码器译码,译码器的输出端分别接各存储器的片选端。例如用 4 片 6116(2K×8 位)RAM 扩展为 8K×8 位 RAM 的连接图,如图 8.4.2 所示。每片分配 2K 个地址,用高位地址(A_{12} 和 A_{11})经过译码器而产生的输出信号作为各个芯片的片选信号,选中一个芯片工作。用低位地址($A_{10} \sim A_0$)作为各芯片的片内地址,以便选中芯片内部的一个存储单元进行读/写操作。

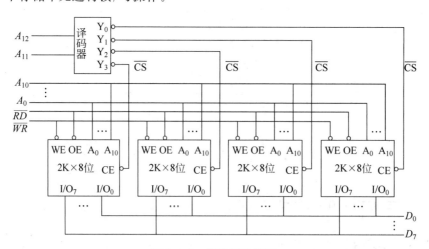

图 8.4.2 字扩展连接图

实际应用中,为了达到系统存储容量的要求,有时需要对字和位同时进行扩展。如果所用的存储器芯片的规格是 $n \times m$,要组成存储单元为 N、字长为 M 的存储器,所需要的芯片数则为 $N/n \times M/m$,扩展的方法不难从上述两种方法中得出。以上两种扩展方法同样适合于 ROM。

8.4.2　存储器与微型计算机系统的连接

RAM 大都作为计算机系统的存储部件使用。微型计算机系统通常将其系统总线分为地址总线、数据总线和控制总线 3 组。RAM 与微型计算机系统连接时,将 RAM 的地址线与微型计算机系统的地址总线依次相连,RAM 的数据线与系统数据总线依次相连,RAM 的读/写控制线与系统控制总线中有关读/写的控制线相连,如图 8.4.3 所示。

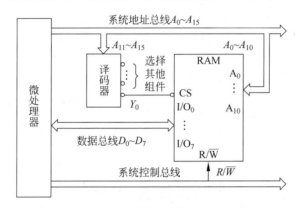

图 8.4.3　RAM 与微型计算机连接示意图

微型计算机系统地址总线的高位地址线(即存储器未使用的地址线)进行译码后可用于选取不同器件,地址总线的低位直接与 RAM 的地址线相连,可用于选取 RAM 内部各个存储单元。

当计算机系统访问该片 RAM 时,由程序指令给出指定地址,该地址总线高位地址经译码后使 $\overline{\text{CS}}=0$,选中本片 RAM,而给定的低位地址则由 RAM 内部的地址译码后确定选中哪一个存储单元,再判断发出的指令是读或写指令,由计算机的控制总线中给出相应的读/写信号来对存储单元进行读/写操作。当指令中给出的地址不是本片 RAM 时,译码的结果使本片 $\overline{\text{CS}}=1$,本片 RAM 的数据线呈高阻态,不影响其他芯片正常工作。

例 8.4.1　某微型计算机系统中有两块存储器芯片,一片为随机存取存储器 RAM,容量为 $2\text{K} \times 8$,另一片为程序存储器 EPROM,容量为 $2\text{K} \times 8$,试将其与微型计算机系统连接,设微型计算机系统有 16 根地址线,8 根数据线。要求 RAM 的起始地址为 0000H,且两芯片的地址空间是连续的。

解　RAM 芯片的容量是 $2\text{K} \times 8$,因此该芯片有 11 根地址线,将它们与系统地址总线的 $A_0 \sim A_{10}$ 对应相连,由题目要求可知,其起始地址为 0000H,则末地址为 07FFH。片选信号用系统余下的 5 根高位地址线 $A_{11} \sim A_{15}$ 经逻辑电路译码后产生。由芯片安排的地址号可见,应在这 5 根线输出全为零时选中该芯片,因此,RAM 的片选信号 $\overline{\text{CE}}_1$ 的逻辑表达式为

$$\overline{\mathrm{CE}}_1 = A_{15} + A_{14} + A_{13} + A_{12} + A_{11}$$

EPROM 芯片的容量也是 2K×8,其地址线亦为 11 根,将它们也与系统地址线 A_0 ～ A_{10} 对应连接,该芯片的地址编号应该在 RAM 地址编号的后面,RAM 的地址编号为 0000H～07FFH,所以 EPROM 地址号应该从 0800H 开始,到 0FFFH 结束。EPROM 的片选信号也由 A_{11} ～ A_{15} 经逻辑电路译码后产生。由芯片的地址号可知,当 A_{11} ～ A_{15} = 00001 时选中 EPROM 芯片,所以得到芯片的片选信号的表达式为

$$\overline{\mathrm{CE}}_2 = A_{15} + A_{14} + A_{13} + A_{12} + \overline{A}_{11}$$

根据两个片选信号的表达式,直观地画出芯片与系统地址总线的连线图,如图 8.4.4 所示,图中 G_1 和 G_2 为五输入的或门。

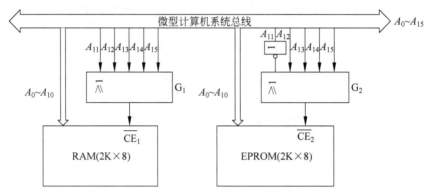

图 8.4.4　例 8.4.1 的电路图

这种连接可以保证 RAM 芯片地址范围是 0000H～07FFH；EPROM 芯片地址范围是 0800H～0FFFH。两个芯片连接在系统中,起始地址为 0000H,且地址连续。

8.5　可编程逻辑器件

随着集成电路技术的发展,出现了把能完成特定功能的电路或系统集成到一个芯片内的专用集成电路,简称 ASIC(Application Specific Integrated Circuit)。使用 ASIC 不仅能减小电路体积、重量和功耗,而且使电路的可靠性大幅提高。但专用集成电路一般用量小,设计和制造周期也较长,相应的成本比较高。

专用集成电路 ASIC 是用户定制的集成电路,按制造过程的不同又分为全定制和半定制两大类。全定制集成电路是制造厂家按用户提出的逻辑要求,针对某种应用而专门设计和制造的芯片。这类芯片专业性很强,适合在大批量生产的产品中使用。常见的存储器、中央处理器(CPU)等芯片都属于全定制集成电路。半定制集成电路是制造厂家生产出的半成品,用户根据自己的要求,用编程的方法对半成品进行再加工,制成具有特定功能的专用集成电路。

可编程逻辑器件(Programmable Logic Device,PLD)是 20 世纪 70 年代发展起来的新型逻辑器件,是 ASIC 的一个重要分支,属于半定制集成电路。它的特点是：器件内部提供基本的逻辑单元(门、触发器等)和布线逻辑电路,用户使用厂商提供的开发软件进行电路设计,设计完成后由开发软件将内部的基本逻辑单元配置成所要求的逻辑,通过下载工具将用

户逻辑装载到可编程器件中。这样大大缩短了开发时间且降低了成本。这类器件具有集成度和功能密度高、设计灵活方便、工作速度快、可靠性高及保密性强等优点,因此发展速度十分迅猛。目前,由用户编程就可获得板级,甚至系统级芯片,所以应用领域日渐扩大,已经成为设计数字系统的首选器件。

8.5.1 可编程逻辑器件的基本结构

可编程逻辑器件 PLD 是作为一种通用集成电路生产的,它的逻辑功能按照用户对器件编程来决定,以满足一般数字系统的需要。按集成度的高低可分为复杂 PLD 和简单 PLD,通常 PLD 中的等效门数目超过 500 门时,可认为它是复杂 PLD,例如现在大量使用的CPLD、FPGA 等器件。可重构使用的逻辑门数大约在 500 门以下为简单 PLD,例如可编程只读存储器 PROM、可编程逻辑阵列(Programmable Logic Array,PLA)、可编程阵列逻辑(Programmable Array Logic,PAL)和通用阵列逻辑(Generic Array Logic,GAL)等。

典型的 PLD 一般由与阵列、或阵列、起缓冲驱动作用的输入逻辑和输出逻辑组成,其通用结构框图如图 8.5.1 所示。

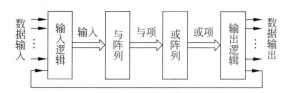

图 8.5.1 PLD 的通用结构框图

按各阵列是固定阵列还是可编程阵列,以及输出电路是固定输出还是可组态输出来划分,PLD 可分为可编程只读存储器 PROM(包含固定的与阵列、可编程的或阵列)、可编程逻辑阵列 PLA(与阵列、或阵列都可编程)、可编程阵列逻辑 PAL(与阵列可编程、或阵列不可编程)等类型。在 PAL 的基础上,又发展了一种通用阵列逻辑(Genetic Array Logic,GAL)芯片,它采用了 EECMOS 工艺,实现了电可改写,由于其输出结构是可编程的逻辑宏单元,因此给逻辑设计带来很强的灵活性。

8.5.2 可编程逻辑器件的电路表示

可编程逻辑器件 PLD 的阵列连接规模十分庞大,所用元器件数目较多,按前述绘制电路原理图的方法绘制图形很不方便,为了便于了解逻辑关系,简化绘图,在 PLD 的逻辑图中常使用一些简化逻辑图形符号。

1. 输入输出缓冲器的逻辑表示

PLD 的输入输出缓冲器常用的结构有互补输出和三态输出两种形式,缓冲器可增强其驱动能力,如图 8.5.2 所示。

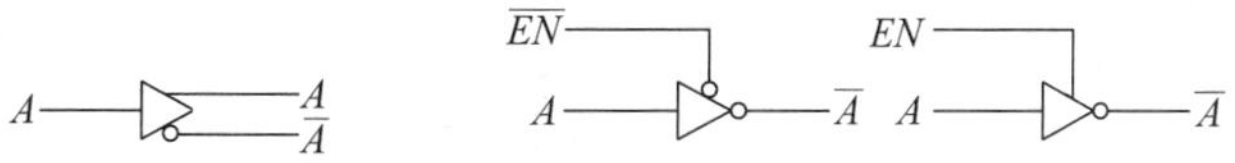

(a) 互补输出   (b) 三态输出

图 8.5.2 PLD 缓冲器结构

2. PLD 阵列交叉点的逻辑表示

PLD 中阵列上交叉点连接方式有 3 种表示方法,如图 8.5.3 所示。交叉点上的"·"表示固定连接,不可编程;"×"表示用户可编程连接;无任何标记则表示不连接或是可被擦除单元。

(a) 固定连接   (b) 可编程连接   (c) 不连接或可被擦除

图 8.5.3   PLD 的连接点表示符号

3. 基本门电路的 PLD 表示方式

下面给出了几种基本门在 PLD 表示法中的表示形式。一个三输入与门在 PLD 表示法中的表示,如图 8.5.4 所示,$F = ABC$,通常把 A、B、C 称为输入项,F 称为乘积项(简称积项);一个三输入或门如图 8.5.5 所示,其中 $F = A + B + C$。

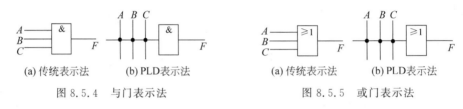

(a) 传统表示法   (b) PLD表示法   (a) 传统表示法   (b) PLD表示法

图 8.5.4 与门表示法   图 8.5.5 或门表示法

PLD 主要由两大阵列组成,其中每个数据输出都是输入的与或函数。与或阵列的输入线及输出线都排列成阵列结构,每个交叉点处用逻辑器件或熔丝连接起来,用器件的通、断或熔丝的烧断、保留进行编程。

8.5.3   可编程阵列逻辑(PAL)

可编程阵列逻辑(Programmable Array Logic,PAL)是在 ROM 和 PLA 的基础上发展起来的一种 PLD 器件。它采用双极型 TTL 制作工艺和熔丝编程方式,具有规则的阵列结构,相对于 ROM 而言,PAL 的使用更灵活,且易于完成多种逻辑功能,同时又比 PLA 工艺简单,易于编程和实现。由于 PLD 器件的飞速发展,PAL 已经用得不多,但它是以后出现的 GAL 及功能更强的 CPLD 的基础。

可编程阵列逻辑 PAL 属于一次性可编程逻辑器件,它主要由可编程的与阵列、不可编程的或阵列和输出电路 3 部分组成,如图 8.5.6 所示。

可编程阵列逻辑 PAL 的逻辑电路图中,一般用或门来代替固定的或阵列,一个或门一般有 7、8 个乘积项,可以满足典型的逻辑设计的需要。PAL 器件的输入输出和乘积项的个数是由制造厂预先确定的,有几十种结构,对应着不同的型号,常用的 PAL 结构可以分为以下几种类型。

1) 专用输出结构

专用输出结构是最简单的一种与─或输出结构,又称为基本组合输出结构,可以实现简单的组合逻辑电路功能,如图 8.5.7 所示。图中电路的输出若采用或非门,称为低电平有效的 PAL 器件(L 型);若采用或门输出,则称为高电平有效的 PAL 器件(H 型);若采用互补输出的或门,则称为互补输出的 PAL 器件(C 型)。

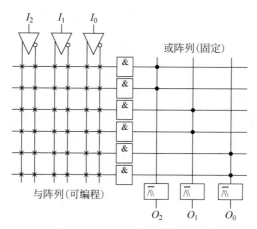

图 8.5.6 PAL 的电路结构图

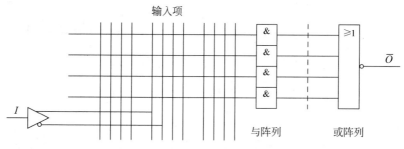

图 8.5.7 专用输出结构

目前常用的产品有 PAL10H8(10 输入,8 输出,高电平有效)、PAL12L6(12 输入,6 输出,低电平有效)、PAL16C1(16 输入,1 输出,互补型)等。

2) 异步可编程 I/O 结构

专用输出结构只能实现简单的组合逻辑电路,如果希望输出端同时能够作为输入端使用,则需要采用可编程 I/O 结构,如图 8.5.8 所示。这种结构在或门之后增加了一个三态门,用一个与项控制其输入输出方式,且输出信号又作为反馈信号反馈到与阵列。

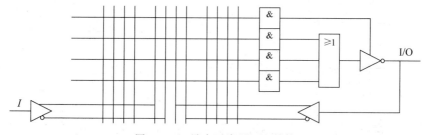

图 8.5.8 异步可编程 I/O 结构

当三态门的控制端为高电平时,I/O 端为输出端,信号输出的同时也经反馈缓冲器把输出信号反馈到与阵列的输入端;当三态门的控制端为低电平时,输出三态门为高阻态,此时 I/O 端为输入端,从而使 I/O 端口具有双向功能。因为输出端三态反相器中的使能控制信号是由与阵列中的第一个与项提供的,故各个输出端的信号输出处于异步状态,因此又称为异步可编程 I/O 结构。这种结构的 PAL 器件可以构成电平型异步时序电路。

该类型的 PAL 器件常见的有 PAL16L8(10 个输入,8 个输出,6 个反馈输入)及 PAL20L10 (12 个输入,10 个输出,8 个反馈输入)等。

　　3) 带反馈的寄存器输出结构

带反馈的寄存器输出结构是 PAL 器件的高端产品,和带反馈的异步 I/O 结构相比,在或门和三态门之间有一 D 触发器,如图 8.5.9 所示。在时钟 CP 的上升沿,或阵列的输出信号存入 D 触发器,触发器的 Q 输出端可以通过三态门送至输出引脚,而 $\overline{Q}$ 端输出信号作为反馈信号反馈到与阵列。这种结构使得该 PAL 器件具备记忆先前状态的功能,并根据该状态改变当前的输出。这种结构的 PAL 器件(R 型)易于构建各种时序电路,如计数器、移位寄存器等。

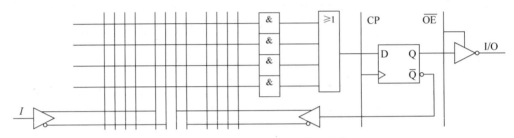

图 8.5.9　带反馈的寄存器输出结构

　　4) 异或型输出结构

异或型输出结构的特点是或阵列的输出信号在送至 D 触发器之前进行异或运算,该类型的 PAL 器件(X 型)结构如图 8.5.10 所示。电路具有的特点是:当一个输入为 0 时,电路输出等于另一个输入;当一个输入固定为 1 时,电路输出为另一个输入的"非"。当一个逻辑函数的与项较多时,其反函数的与项个数较少。这种输出结构的引入,使用原函数较难实现的电路可用反函数实现。该类型 PAL 器件的常用产品有 PAL16RP8(8 个输入,8 个寄存器输出,8 个反馈输入)等。

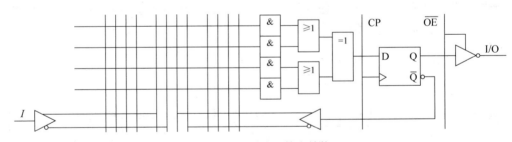

图 8.5.10　异或型输出结构

PAL 器件的制造工艺有 TTL、CMOS、ECL 三种。TTL PAL 速度快,在这三者中使用较广;CMOS PAL 功耗低;ECL PAL 速度特快,主要用在一些有特殊要求的场合。

8.5.4　PAL 应用举例

从可编程阵列逻辑 PAL 的多种灵活输出和反馈结构可以看出,采用 PAL 器件进行电路设计可以很方便地用于实现各种组合逻辑和时序逻辑功能。

在设计过程中,一般先按常规设计方法,对要实现的功能进行正确的描述(作出真值表、状态图等),写出相应的函数表达式;然后化简逻辑函数得到最简与或表达式,再根据所需设计逻辑函数的输入输出变量及乘积项、寄存器数等,选择合适型号的 PAL 器件,并按函数表达式进行编程。

例 8.5.1 利用 PAL 实现一低电平有效,带使能输出的 2 线-4 线译码器。

解 带使能输出的 2 线-4 线译码器为组合逻辑电路,真值表如表 8.5.1 所示。

表 8.5.1 2 线-4 线译码器真值表

ST	A_1	A_0	Y_3	Y_2	Y_1	Y_0
1	×	×	1	1	1	1
0	0	0	1	1	1	0
0	0	1	1	1	0	1
0	1	0	1	0	1	1
0	1	1	0	1	1	1

译码器正常工作时,其输出为 $Y_0 = \overline{\overline{A_1}\,\overline{A_0}}$,$Y_1 = \overline{\overline{A_1}A_0}$,$Y_1 = \overline{A_1\overline{A_0}}$,$Y_1 = \overline{A_1A_0}$,可以选用 PAL16L8 实现该译码电路,所实现的逻辑电路简图如图 8.5.11 所示。

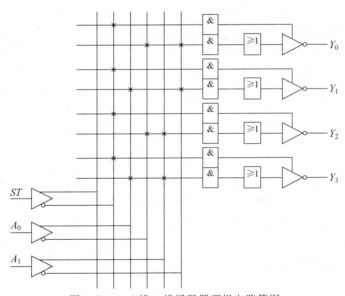

图 8.5.11 2 线-4 线译码器逻辑电路简图

PAL 器件的出现为数字电路的研制和小批量生产提供了很大的方便,由于它采用双极型熔丝工艺(PROM 结构),只能一次性编程,因而不满足研制中经常需要修改电路的要求,使用者仍要承担一定的风险。另外由于 PAL 器件输出电路结构的类型繁多,给设计和使用带来诸多不便,用户期盼使用同一芯片实现不同类型的逻辑电路,这促使了 GAL 这种新类型的 PLD 的出现。

本章小结

中、大规模集成电路的出现,使数字系统的逻辑设计方法发生了根本性的变化,出现了采用中、大规模集成电路进行逻辑设计的方法。该方法设计的系统具有体积小、功耗低、可靠性高及易于调试、维护等优点。

半导体存储器是现代数字系统特别是计算机系统中的重要组成部件,是一种能存储大量数据和信息的半导体器件。半导体存储器可分为 ROM 和 RAM 两大类,绝大多数属于 MOS 工艺制成的大规模数字集成电路。半导体存储器的核心是存储矩阵,它由许多存储单元组成,每个存储单元可以存储一位二进制数。因此,可用半导体存储器存放大量数据。

只读存储器(ROM)的数据写入以后,不能用简单而迅速的方法随时更改,工作时,只能根据地址读出数据,故称为只读存储器。ROM 工作可靠,断电后,存储的数据不会丢失,是非易失性存储器,常用于存储固定数据的场合。随机存取存储器(RAM)可以从任一存储单元中读出数据或向该单元中写入数据,用于临时数据的存储,断电后存储的数据全部丢失,是一种易失性的读写存储器。

当一片存储器的存储容量不够用时,可用多片存储器来扩展存储容量。如字数够用而位数不够用时,可采用位扩展接法;如位数够用而字数不够用时,可采用字扩展接法;如字数和位数都不够用时,则应同时采用位扩展接法和字扩展接法。

半导体存储器具有集成度高、体积小、功耗低、存取速度快等优点,已广泛应用于数字系统。ROM 和 RAM 虽都可用于存储数据,但它们的电路结构和用途并不相同。ROM 为大规模组合逻辑电路,RAM 为大规模时序逻辑电路。

用可编程逻辑器件 PLD 设计数字系统,相对于传统的用标准逻辑器件(门、触发器电路)设计数字系统有很多优点。

(1) 减小系统体积。由于 PLD 器件具有相当高的密度,用一片 PLD 可以实现一个数字系统或一个子系统,从而使制成的设备体积小、重量轻。

(2) 增强了逻辑设计的灵活性和设计效率。用 PLD 设计数字系统时,不受标准逻辑器件功能的限制,通过适当的编程,便能使 PLD 完成指定的逻辑功能,而且可以擦除。在系统完成定型之前,都可以对 PLD 的逻辑功能进行修改,这给系统设计提供了很大的灵活性。

(3) 提高了系统的处理速度和可靠性。由于 PLD 的延迟时间很短,从输入引脚到输出引脚的延迟时间一般仅为几纳秒,这就使得由 PLD 构成的系统具有更高的运行速度。同时由于用设计系统既减少了芯片和印制板的数量,也减少了相互连线,从而增强了系统的抗干扰能力,提高了系统的可靠性。

(4) 系统具有加密功能。某些器件本身就具有加密功能,使器件的逻辑功能无法被读出,有效地防止设计内容被抄袭。

可编程逻辑器件的出现,给数字系统的设计方法带来革命性的变化。将原来在印制电路板设计中完成的大部分工作放在芯片设计中进行,降低电路图设计和印制电路板设计的工作量和难度,并且改变了传统的数字系统设计方法,增强了设计的灵活性,提高了工作效率。

习题

8.1　说明 ROM 的特点,并比较 ROM、PROM、EPROM 的不同点。

8.2　ROM 和 RAM 各有何特点? 分别用在一些什么场合?

8.3　试问一个 256 字×4 位的 ROM 应有地址线、数据线、字线和位线各多少根?

8.4　用 ROM 实现二变量逻辑函数,如习图 8.1 所示。

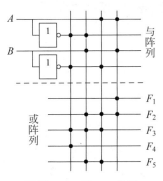

习图 8.1　题 8.4 的图

(1) 试列出电路的真值表。

(2) 写出各输出函数的逻辑表达式。

8.5　用 ROM 实现下列组合逻辑函数:

$$F_1 = \overline{A}\,\overline{B} + AB\overline{C} + \overline{A}BC$$

$$F_2 = \overline{A}\,\overline{B}C + A\overline{B}C + AB$$

8.6　试用 PROM 设计一个全减器,输入为 X_i(被减数)、Y_i(减数)和 b_{i-1}(低位借位),输出为 D_i(差)和 b_i(向高位借位)。

8.7　试用 PROM 设计下列代码转换电路。

(1) 8421BCD 码转换为余 3 BCD 码。

(2) 8421 余 3 码转换为 BCD 格雷码。

8.8　RAM 一般由哪几部分组成? 各部分的作用是什么?

8.9　现有一个 RAM2114 芯片(1024×4),试回答下列问题:

(1) 该 RAM 有多少个存储单元?

(2) 该 RAM 共有多少条地址线?

(3) 访问该 RAM 时,每次会选中几个存储单元?

(4) 该 RAM 含有多少个字? 其字长是多少位?

8.10　已知 4×4 位 RAM 如习图 8.2 所示,如果把它们扩展成 8×8 位 RAM,则:

(1) 需要几片 4×4 位 RAM?

(2) 画出扩展电路图。

8.11　可编程逻辑器件 PLD 有哪些主要特点? 常见的简单 PLD 器件主要有哪些类型?

8.12　试比较 EPROM、PLA、PAL 在与阵列和或阵列上的异同。

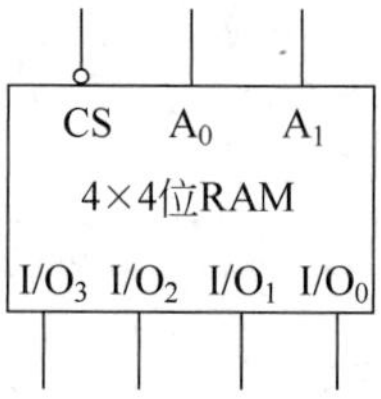

习图 8.2　题 8.10 的图

8.13　PAL 器件的输出电路结构有哪些类型？分别可用于什么场合？

8.14　试选用适当的 PAL 器件实现下列多输出函数：

$$F_1 = \overline{A}BC + \overline{A}\,\overline{C} + \overline{B}C$$

$$F_2 = A + B + C$$

$$F_3 = \overline{A}B + \overline{A}\,\overline{B} + \overline{C}$$

$$F_4 = (A + B + C)(\overline{A} + B + \overline{C}) + \overline{ABC}$$

8.15　试用 PAL 器件设计一个 1 位全加器。

第9章

模拟量和数字量的转换电路

本章主要讲述数/模转换器和模/数转换器的基本原理和常见转换电路,并以典型的权电阻网络数/模转换器、T 型电阻网络数/模转换器和逐次逼近型模/数转换器、双积分型模/数转换器为例,具体讨论它们的电路结构和工作原理。最后介绍数/模转换器和模/数转换器的技术指标及常见的几种单片集成数/模转换器和模/数转换器。至于具体的集成转换器的工作原理和具体应用将在微机原理和接口电路中讲述。

9.1 概述

随着计算机技术的迅猛发展,数字系统已广泛地应用于日常生活的各种领域。人类从事的许多工作,很多都要借助于数字计算机来完成。

但是在实际中碰到的各种物理量,如压力、温度、速度、流量等,大都是连续变化的模拟量,在工程上可以通过传感器将这些连续变化的物理量变换成与之相应的电压、电流或频率等模拟量,而计算机是一种数字系统,它只能接收、处理和输出数字信号。因此,要实现数字系统对各种自然物理量的检测、运算和控制,必须把模拟信号转换成数字信号,才能在数字系统中进行加工、处理。反过来,数字系统处理后的数字量输出一般不能直接用以控制执行机构,必须把数字量转变成相应的模拟量,才能实现对模拟系统中物理量的调节和控制。因此,模/数转换和数/模转换是数字电子技术中非常重要的组成部分。

把模拟信号转换为数字信号称为模/数转换,简称 A/D(Analog to Digital)转换;把数字信号转换为模拟信号称为数/模转换,简称 D/A(Digital to Analog)转换。实现 A/D 转换的电路称为 A/D 转换器,或写为 ADC(Analog-Digital Converter);实现 D/A 转换的电路称为 D/A 转换器,或写为 DAC(Digital-Analog Converter)。显然,DAC 和 ADC 是数字系统的重要接口部件,它相当于在模拟系统和数字系统之间架起一座可以完成数字信号和模拟信号相互转换的桥梁。

D/A 转换器和 A/D 转换器中的模拟量在电路中多以电流或电压的形式出现,因此转换器的类型很多,这里只介绍典型的数字/电压转换器和电压/数字转换器。由于 A/D 转换是在 D/A 转换的基础上实现的,所以先讨论 D/A 转换器。

9.2 D/A 转换器

D/A 转换器是将输入的二进制数字量转换成电压或电流形式的模拟量输出。因此,D/A

转换器可以看作一个译码器。一般线性 D/A 转换器,其输出模拟电压 u_O 和输入数字量 D 之间成正比关系,即

$$A = KD \qquad (9.2.1)$$

式中,K 为转换比例系数,单位为伏特,D 为二进制数字量,$D = D_{n-1}D_{n-2}\cdots D_0$。

D/A 转换器是利用电阻网络和模拟开关,将多位二进制数 D 转换为与之成比例的模拟量的一种转换电路。输入应是一个 n 位的二进制数,将每一位二进制代码按其权的大小转换成相应的模拟量后,经求和运算放大器相加,其和便是与被转换数字量成正比的模拟量,从而实现了数/模转换。

$$u_O = KD = K(D_{n-1} \times 2^{n-1} + D_{n-2} \times 2^{n-2} + \cdots + D_1 \times 2^1 + D_0 2^0) \qquad (9.2.2)$$

转换过程中,两个相邻数码转换出的电压值是不连续的,两者的电压差值由最低码位所代表的位权值决定。它是信息所能分辨的最小量,用 LSB(Least Significant Bit)表示。对应于最大输入数字量的最大电压输出值(绝对值),用 FSR(Full Scale Range)表示。

D/A 转换器的一般结构如图 9.2.1 所示,它由数据锁存器、模拟电子开关、电阻解码网络、基准电压源以及求和运算放大器等部分组成。其中数据锁存器用来暂时存放输入的数字信号,n 位锁存器的并行输出分别控制 n 个模拟电子开关的工作状态。模拟开关根据锁存器的状态为 1 或 0,将参考电压按权加到电阻解码网络中,再经求和运算放大器输出一个与该位数字量成正比的电压,这样就实现了数字量到模拟电压的转换。

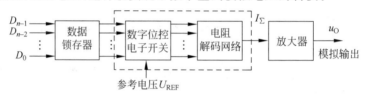

图 9.2.1 D/A 转换器的一般结构

按解码网络的不同,常用的 D/A 转换器可分为权电阻网络 D/A 转换器、T 型电阻网络 D/A 转换器、权电流型 D/A 转换器等几种类型。

9.2.1 权电阻网络 D/A 转换器

1. 电路组成

如图 9.2.2 所示是一个 4 位权电阻网络 D/A 转换器。它由参考电压 U_{REF}、电子模拟开关 $S_0 \sim S_3$、权电阻网络和求和运算放大器组成。

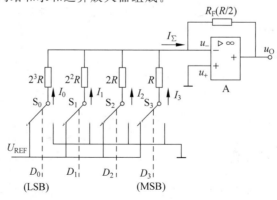

图 9.2.2 权电阻网络 D/A 转换器

该电阻网络的电阻值是按 4 位二进制数的位权大小来取值的,低位最高($2^3 R$),高位最低($2^0 R$),从低位到高位依次减半。S_0、S_1、S_2 和 S_3 为 4 个电子模拟开关,其状态分别受输入代码 D_0、D_1、D_2 和 D_3 4 个数字信号控制。输入代码 D_i 为 1 时,开关 S_i 连接到参考电压 U_{REF} 上,此时有一支路电流 I_i 流向放大器的反相输入端。D_i 为 0 时,开关 S_i 直接接地,反相输入端无电流流入。运算放大器为反相求和放大器,此处可将它近似看作理想运算放大器。

2. 工作原理

下面分析权电阻网络 D/A 转换器的输出模拟电压和输入数字信号之间的关系。

当 $D = 0001$ 时,模拟开关 S_0 接 U_{REF},其余开关均接地,得

$$I_0 = \frac{U_{REF}}{2^3 R}$$

同理,可以得到当 D 分别取值为 $D = 0010$、$D = 0100$、$D = 1000$ 时

$$I_1 = \frac{U_{REF}}{2^2 R}, \quad I_2 = \frac{U_{REF}}{2^1 R}, \quad I_3 = \frac{U_{REF}}{2^0 R}$$

根据叠加原理,流入求和运算放大器 A 反相输入端的总电流为

$$I_{\sum} = I_0 + I_1 + I_2 + I_3 = \frac{U_{REF}}{2^3 R}(2^0 D_0 + 2^1 D_1 + 2^2 D_2 + 2^3 D_3)$$

$$= \frac{U_{REF}}{2^3 R} \sum_{i=0}^{3} (D_i 2^i) \tag{9.2.3}$$

运算放大器的输出电压为

$$u_O = -R_F \cdot I_{\sum} = -\frac{R_F}{R} \cdot \frac{U_{REF}}{2^3} \sum_{i=0}^{3} (D_i \cdot 2^i) \tag{9.2.4}$$

对于 n 位权电阻 D/A 转换器,则有

$$u_O = -R_F \cdot I_{\sum} = -\frac{R_F}{R} \cdot \frac{U_{REF}}{2^{n-1}} \sum_{i=0}^{n-1} (D_i \cdot 2^i) \tag{9.2.5}$$

对于 n 位权电阻网络 D/A 转换器,当反馈电阻 $R_F = R/2$ 时,输出电压可写成

$$u_O = -\frac{U_{REF}}{2^n} \sum_{i=0}^{n-1} (D_i \cdot 2^i) \tag{9.2.6}$$

例 9.2.1 在如图 9.2.2 所示的权电阻网络 D/A 转换器中,设 $U_{REF} = -8V$,$R_F = R/2$,试求:

(1) 当输入数字量 $D_3 D_2 D_1 D_0 = 0001$ 时的输出电压值。

(2) 当输入数字量 $D_3 D_2 D_1 D_0 = 0101$ 时的输出电压值。

(3) 当输入最大数字量时的输出电压值。

解 (1) 根据式(9.2.6),当 $D_3 D_2 D_1 D_0 = 0001$ 时

$$u_O = -\frac{U_{REF}}{2^4}(2^3 D_3 + 2^2 D_2 + 2^1 D_1 + 2^0 D_0) = 0.5(V)$$

(2) 同理,当 $D_3 D_2 D_1 D_0 = 0101$ 时

$$u_O = -\frac{U_{REF}}{2^4}(2^3 D_3 + 2^2 D_2 + 2^1 D_1 + 2^0 D_0) = 2.5(V)$$

(3) 同理,当 $D_3 D_2 D_1 D_0 = 1111$ 时

$$u_O = -\frac{U_{REF}}{2^4}(2^3 D_3 + 2^2 D_2 + 2^1 D_1 + 2^0 D_0) = 7.5(V)$$

权电阻网络 D/A 转换器的优点是电路结构简单、直观,转换速度比较快。但该电路在实现过程中有明显缺点,由于各电阻的阻值相差较大,尤其当输入的数字信号的位数较多时,这个问题更突出。例如,当输入信号增加到 8 位时,如果取权电阻网络中最小的电阻为 $10k\Omega$,最大的电阻阻值将达到 $2^7R(1.28M\Omega)$,两者相差 128 倍之多,要想在如此宽广的阻值范围内保证电阻阻值的高精度,生产上是十分困难的。因此该电路只用在输入为 BCD 码的 DAC 中,每一位 BCD 码用 4 位权电阻网络进行转换。为了克服这一缺点,数/模转换器广泛采用 T 型或倒 T 型电阻网络 DAC。

9.2.2 T 型电阻网络 D/A 转换器

1. 电路组成

4 位 T 型电阻网络 D/A 转换器的原理图如图 9.2.3 所示,它主要由模拟电子开关、位权网络、求和运算放大器和基准电压源组成,与权电阻网络 D/A 转换器所不同的只是电阻网络部分,电阻网络由 R 及 $2R$ 两种阻值构成。由于电阻接成 T 型,故称为 T 型电阻网络 D/A 转换器。

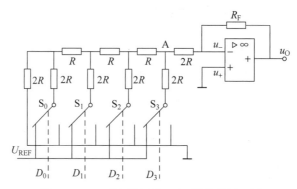

图 9.2.3 T 型电阻网络 D/A 转换器原理图

图 9.2.3 中 U_{REF} 是参考电压,u_O 是运算放大器输出的模拟电压。S_3、S_2、S_1、S_0 是模拟电子开关,受数字量 $D_3D_2D_1D_0$ 的控制,各位数码分别控制相应的模拟开关,当数码为 1 时,开关接到 U_{REF} 电源上,为 0 时接地。

2. 工作原理

为了说明电路的工作原理,假设输入的数字为 $D_3D_2D_1D_0=0001$,即 $D_0=1$ 时,此时只有 S_0 接至参考电压源 U_{REF},而 S_1、S_2、S_3 均接地,T 型电阻网络的等效电路如图 9.2.4(a)所示。根据戴维南定理,可以将电路自左向右逐级等效化简,每等效一次,电源电压被等分一次,而等效电阻为 R 不变,依次沿 aa'、bb'、cc'、dd' 逐级等效后的电路如图 9.2.4(b)、(c)、(d)、(e)所示。

由图可知,D/A 转换器的输出电压为

$$u_O = -\frac{U_{REF} \cdot R_F}{2^4 \times 3R} \tag{9.2.7}$$

同理,当输入数字分别为 0010、0100、1000 时,即 D_1、D_2、D_3 分别单独为 1 时,S_1、S_2、S_3 分别单独接至参考电压源 U_{REF},根据上述方法,可求得 D/A 转换器的输出电压分别为

$$u_O = -\frac{U_{REF} \cdot R_F}{2^3 \times 3R}, \quad u_O = -\frac{U_{REF} \cdot R_F}{2^2 \times 3R}, \quad u_O = -\frac{U_{REF} \cdot R_F}{2^1 \times 3R}$$

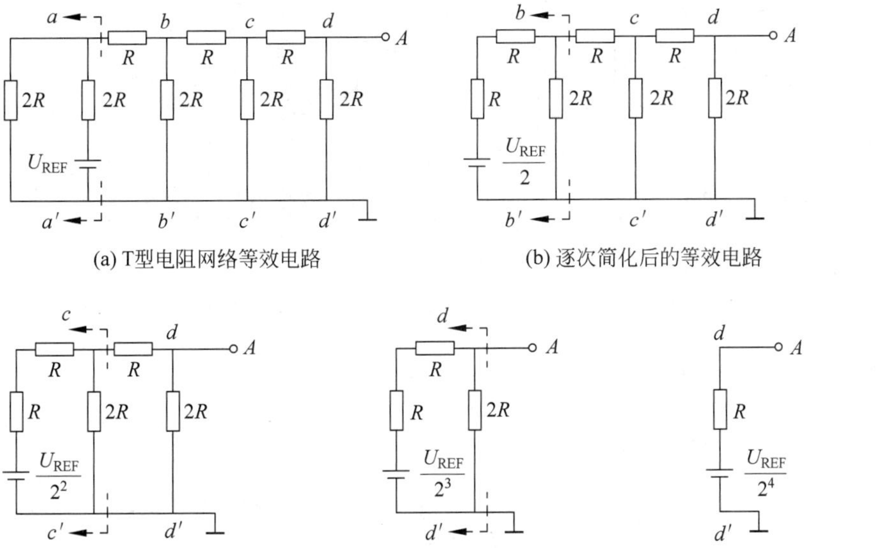

(a) T型电阻网络等效电路　　　　　　(b) 逐次简化后的等效电路

(c) 逐次简化后的等效电路　　(d) 逐次简化后的等效电路　　(e) 逐次简化后的等效电路

图 9.2.4　T 型电阻网络

对任意输入的数字信号 D_3、D_2、D_1、D_0，根据叠加定理，可求得 D/A 转换器的输出电压为

$$u_O = -\frac{U_{REF} \cdot R_F}{2^4 \times 3R}(2^0 D_0 + 2^1 D_1 + 2^2 D_2 + 2^3 D_3)$$

$$= -\frac{U_{REF}}{2^4} \cdot \frac{R_F}{3R} \sum_{i=0}^{3}(D_i \cdot 2^i) \tag{9.2.8}$$

式(9.2.8)表明，输出电压 u_O 与输入的数字量成正比，由此可推广到 n 位，当 $R_F = 3R$ 时，可得 n 位 T 型电阻网络 D/A 转换器输出模拟量与输入数字量之间的一般关系式为

$$u_O = -\frac{U_{REF}}{2^n} \sum_{i=0}^{n-1}(D_i \cdot 2^i) \tag{9.2.9}$$

例 9.2.2　设有一个 4 位 T 型网络的 D/A 转换器，其中 $U_{REF} = 10V$，$R_F = 3R$，$D = 0101$，试求此时的模拟输出电压。

解　由式(9.2.9)得

$$u_O = -\frac{U_{REF}}{2^n}(0 \times 2^3 + 1 \times 2^2 + 0 \times 2^1 + 1 \times 2^0) = -3.125V$$

由于 T 型电阻网络只用了 R 和 $2R$ 两种阻值的电阻，其精度易于提高，便于制造集成电路。但也存在以下缺点：在工作过程中，从电阻开始到运算放大器的输入端建立起稳定的电流、电压为止，需要一定的时间，因而当输入数字信号位数较多时，将会影响 D/A 转换器的工作速度。另外，电阻网络作为转换器参考电压 U_{REF} 的负载电阻将会随二进制数 D 的不同有所波动，参考电压的稳定性可能因此受到影响。

此外，在动态过程中，由于开关上的阶跃脉冲信号到达运算放大器输入端的时间不同，会在输出端产生相当大的尖峰脉冲，因此将会影响 D/A 转换器的转换精度。所以实际中，常用倒 T 型电阻网络 D/A 转换器,其原理图如图 9.2.5 所示。

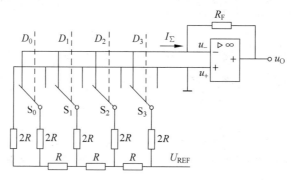

图 9.2.5 倒 T 型电阻网络 D/A 转换器原理图

同理可以得出其输出电压为

$$u_O = -\frac{U_{REF} \cdot R_F}{2^4 \times R}(2^0 D_0 + 2^1 D_1 + 2^2 D_2 + 2^3 D_3) \qquad (9.2.10)$$

对于 n 位倒 T 型电阻网络 D/A 转换器,当 $R_F = R$ 时,输出电压 u_O 的一般关系式为

$$u_O = -\frac{U_{REF}}{2^n}\sum_{i=0}^{n-1}(D_i \cdot 2^i) \qquad (9.2.11)$$

倒 T 型电阻网络 D/A 转换器的模拟开关在地与虚地之间转换,不论开关状态如何变化,各支路的电流始终不变,因此,不需要电流建立时间;同时各支路电流直接流入运算放大器的输入端,不存在传输时间差,因而提高了转换速度。另外,由于各支路电流也是恒定的,这就消除了动态过程中电流尖峰脉冲的影响。

基于以上性能特点,倒 T 型电阻网络 D/A 转换器是目前生产的 D/A 转换器中速度较快的一种,也是应用得最多的一种,因此集成 D/A 转换器中多数采用倒 T 型电阻网络形式。

9.2.3 D/A 转换器的主要技术指标

1. 分辨率

分辨率是指 D/A 转换器模拟输出所能产生的最小电压变化量与满刻度输出电压之比。最小输出电压变化量就是对应于输入数字量最低位(LSB)为 1,其余位为 0 时的输出电压,记为 U_{LSB},满度输出电压就是对应于输入数字量的各位是 1 时的输出电压,记为 U_{FSR},n 位 D/A 转换器的分辨率可表示为

$$分辨率 = \frac{U_{LSB}}{U_{FSR}} = \frac{1}{2^n - 1}$$

分辨率与 D/A 转换器的位数有关,位数越多,能够分辨的最小输出电压变化量就越小。如一个 10 位的 D/A 转换器,其分辨率是 0.000 978。

分辨率用来说明 D/A 转换器在理论上可达到的精度。用于表征 D/A 转换器对输入微小量变化的敏感程度,显然输入数字量位数越多,能够分辨的最小输出电压变化量就越小,即分辨率越高。所以实际应用中,往往用输入数字量的位数表示 D/A 转换器的分辨率。

2. 转换误差

转换误差是指 D/A 转换器实际输出的模拟电压与理论输出模拟电压的最大偏差。这

个差值越小,电路的转换精度越高。它是一个综合指标,包括零点误差、增益误差等,它不仅与 D/A 转换器中元件参数的精度有关,而且还与环境温度、求和运算放大器的温度漂移及转换器的位数有关。所以要获得较高精度的 D/A 转换结果,除了正确选用 D/A 转换的位数,还要选用低漂移、高精度的求和运算放大器。

转换误差通常用输出电压满刻度的百分数表示,也可用最低有效位 LSB 的倍数表示。如某 8 位 D/A 转换器,$U_{\text{REF}} = 5\text{V}$,转换误差为 $\pm \text{LSB}/2$,这说明输出电压的绝对误差等于输入为二进制数 00000001 时输出电压的一半,即

$$\frac{1}{2} \times \frac{U_{\text{REF}}}{2^n} = \frac{1}{2} \times \frac{5\text{V}}{2^8} = 9.77\text{mV}$$

若输入为二进制数 10000000(128D),则输出电压为 $2.5\text{V} \pm 9.77\text{mV}$。

一般用分辨率和转换误差综合描述 D/A 转换器的转换精度。分辨率是 D/A 转换器在理论上可以达到的精度。考虑转换误差,就是实际的精度。

3. 转换时间

转换时间用来定量描述 D/A 转换器的转换速度,是指从输入数字信号起到输出电压达到稳定值所需要的时间。转换时间越短,D/A 转换器的速度越快。不同 D/A 转换器的转换速度是不相同的,一般在几微秒到几十微秒。

当 D/A 转换器输入的数字量发生变化时,输出的模拟量必须要经过一定的时间才达到所对应的量值。建立时间的定义为从输入的数字量发生突变开始,直到输出电压进入与稳态值相差 $\pm \text{LSB}/2$ 时所需要的时间。目前在不包含运算放大器的单片集成 D/A 转换器中建立时间最短可达 $0.1\mu\text{s}$ 以内,在包含运算放大器的集成 D/A 转换器中,建立时间最短也可达 $1.5\mu\text{s}$ 以内。

9.2.4 集成 D/A 转换器

集成 D/A 转换器具有转换精度高、速度快和成本低等特点,在数字控制系统中得到了广泛应用。集成 D/A 转换器品种繁多,电路各异,下面以 AD7520 和 DAC0832 为例介绍集成 D/A 转换器。

AD7520 为 10 位 CMOS 电流开关倒 T 型电阻网络 D/A 转换器,电路结构如图 9.2.6(a) 虚线框内所示。芯片内部包含倒 T 型网络电阻、CMOS 电流开关和反馈电阻 R_{F},其中电阻 $R = 10\text{k}\Omega$、$2R = 20\text{k}\Omega$、$R_{\text{F}} = 10\text{k}\Omega$。使用时必须外接运算放大器和基准电压 U_{REF}。

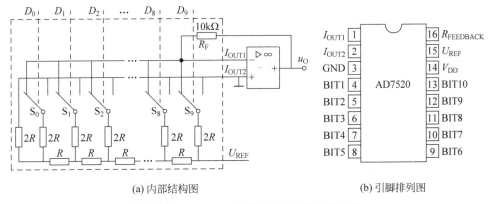

(a) 内部结构图   (b) 引脚排列图

图 9.2.6 AD7520 内部结构图和引脚排列图

AD7520 的基准电压 U_{REF} 可正可负。当 U_{REF} 为正时,输出电压为负;当 U_{REF} 为负时,输出电压为正。I_{OUT1} 和 I_{OUT2} 为电流输出端。由式(9.2.11)可知,输出模拟电压 u_O 为

$$u_O = -\frac{U_{REF}}{2^{10}}(2^0 D_0 + 2^1 D_1 + \cdots + 2^8 D_8 + 2^9 D_9) \qquad (9.2.12)$$

DAC0832 利用 CMOS 工艺制成的双列直插式单片 8 位 D/A 转换器芯片,采用倒 T 型电阻网络形式。它由一个 8 位输入寄存器、一个 8 位 D/A 转换寄存器和一个 8 位 D/A 转换器三大部分组成,其内部结构图和引脚排列图如图 9.2.7 所示。

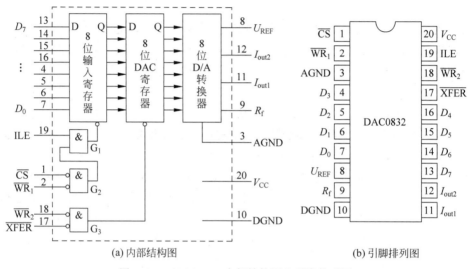

(a) 内部结构图　　　(b) 引脚排列图

图 9.2.7　DAC0832 内部结构图和引脚排列图

DAC0832 采用单电源供电,低功耗 20mW,输出为电流形式,要获得模拟电压输出,需外接基准电压源和运算放大器。由于具有 2 个可以分别控制的数据寄存器,使用时灵活性较大,可以根据需要接成直通、单缓冲和双缓冲 3 种不同的工作方式。

(1) 直通工作方式的连接如图 9.2.8 所示。电路中两个数据寄存器都处于数据接收状态(即直通方式),输入数据可直接送到内部 D/A 转换器进行转换,输出模拟信号能够快速反应输入数据的变化。

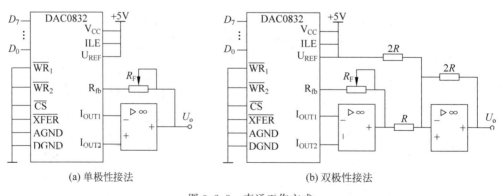

(a) 单极性接法　　　(b) 双极性接法

图 9.2.8　直通工作方式

单缓冲工作方式的连接如图 9.2.9 所示。只有数模转换寄存器处于常通状态,并通过 $\overline{WR_1}$ 来控制输入寄存器的数据写入和锁存,当需要进行 D/A 转换时,将 $\overline{WR_1}$ 置为低电平,使输入数据经输入寄存器直接写入 DAC 寄存器中并进行转换。

(2)双缓冲工作方式的连接如图 9.2.10 所示。电路中 2 个数据寄存器都未处于数据接收状态,可通过 $\overline{WR_1}$ 和 $\overline{WR_2}$ 来控制数据的写入和锁存。在进行 D/A 转换时,首先将 $\overline{WR_1}$ 置为低电平,打开输入寄存器,数据经 $D_7 \sim D_0$ 端送入并锁存起来,然后将 $\overline{WR_2}$ 置为低电平,打开 D/A 转换寄存器,输入寄存器中的数据通过 D/A 转换寄存器进行转换。双缓冲方式可以实现微型计算机系统与多个 DAC0832 接口,同时完成多路信号的数/模转换。

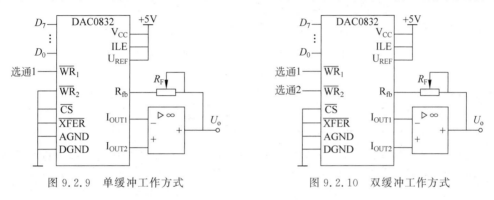

图 9.2.9　单缓冲工作方式　　　　　　　图 9.2.10　双缓冲工作方式

9.3　A/D 转换器

A/D 转换器用于将模拟信号转换为相应的数字信号,一般来说,转换过程要分采样、保持和量化、编码两步进行。在对连续变化的模拟信号进行模/数转换前,首先需要对模拟信号进行离散处理,即按一定的时间间隔对模拟电压值取样,使它变成时间离散的信号,然后将取样电压值保持一段时间,在这段时间内,对取样值进行量化,使取样值变成离散的量值,最后通过编码,把量化后的离散量值转换成数字量输出。

1. 采样和保持

采样(又称抽样或取样)是对模拟信号进行周期性地获取样值的过程,即将时间上连续变化的模拟信号转换为时间上离散的信号,即转换为一系列等间隔的脉冲,脉冲的幅度取决于输入模拟量的大小。采样原理如图 9.3.1 所示,$u_1(t)$ 为输入模拟信号,$S(t)$ 为采样脉冲,$u_O(t)$ 为取样输出信号。

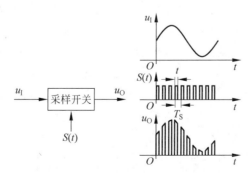

图 9.3.1　A/D 转换的采样过程

在采样脉冲作用期 t 内,采样开关接通,使输出 $u_O(t)=u_I(t)$;在其他时间内,输出 $u_O(t)=0$。因此,每经过一个采样周期 T_S 对输入信号采样一次,在输出端便得到输入信号的一个采样值。采样频率 f_S 越高,在相同的时间内采样得到的样值脉冲就越多,因此输出脉冲的包络线就越接近输入的模拟信号。为了不失真地恢复原来的输入信号,根据采样定理,一个频率有限的模拟信号,其采样频率 $f_S=1/T_S$ 必须大于或等于输入模拟信号包含的最高频率 f_{max} 的两倍,即采样频率必须满足 $f_S \geqslant 2f_{max}$。

模拟信号经采样后得到一系列样值脉冲。采样脉冲宽度 t 一般是很短暂的,而要把每一个采样的窄脉冲信号数字化,应在下一个采样脉冲到来之前暂时保持所取得的样值脉冲幅度,以便 A/D 转换器有足够的时间进行转换。把每次采样的模拟信号存储到下一个采样脉冲到来之前的过程称为保持。因此,在采样电路之后须加保持电路。

一种常见的采样保持电路如图 9.3.2(a)所示,场效应管 T 为采样开关,电容 C 为保持电容,运算放大器为电压跟随器,起缓冲隔离作用。在取样脉冲 $S(t)$ 到来的时间 t 内,场效应管 T 导通,输入模拟量 $u_1(t)$ 向电容 C 充电;假定充电时间常数远小于 t,那么电容 C 上的充电电压能及时跟上 $u_1(t)$ 的采样值。采样结束,场效应管 T 迅速截止,电容 C 上的充电电压就保持了前一取样时间内的输入 $u_1(t)$ 的值,一直保持到下一个取样脉冲到来为止。当下一个取样脉冲到来,电容 C 上的电压再按输入 $u_1(t)$ 变化。在输入一连串取样脉冲序列后,取样保持电路的电压跟随器输出电压 $u_O(t)$ 便得到如图 9.3.2(b)所示的波形。

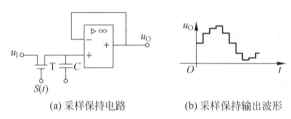

(a) 采样保持电路   (b) 采样保持输出波形

图 9.3.2 A/D 转换的采样保持电路及其输出波形

2. 量化和编码

输入的模拟电压经过采样保持后,得到的阶梯波的幅度是任意的,而数字量的位数有限,只能表示有限个数值(n 位数字量只能表示 2^n 个数值),因此必须将采样得到的离散模拟量归化到与之接近的离散电平上,这个过程称为量化。量化后,用二进制数码来表示各个量化电平,这个过程称为编码。

量化过程中,这个指定的离散电平称为量化电平。相邻两个量化电平之间的差值称为量化间隔 S,位数越多,量化等级越细,S 就越小。既然模拟电压是连续的,那么它就不一定是 LSB 的整数倍,在数值上只能取接近的整数倍,因而量化过程不可避免地会引入误差,这种误差称为量化误差。取样保持后未量化的 u_O 值与量化电平 U_q 值的差值称为量化误差 δ,即 $\delta=u_O-U_q$。用二进制数码来表示各个量化电平的过程称为编码。

A/D 转换器的类型有多种,可以分为直接 A/D 转换器和间接 A/D 转换器两大类。在直接 A/D 转换器中,输入的模拟信号直接被转换成相应的数字信号;而在间接 A/D 转换器中,输入的模拟信号先被转换成某种中间变量(如时间 t、频率 f 等),然后再将中间变量转换为数字量。下面以最常用的两种 A/D 转换器(逐次逼近型 A/D 转换器、双积分型 A/D 转换器)为例介绍 A/D 转换器的基本工作原理。

9.3.1 逐次逼近型 A/D 转换器

逐次逼近型 A/D 转换器是目前使用最多的一种转换器,又称逐次渐近型 A/D 转换器,是一种反馈比较型 A/D 转换器。其进行 A/D 转换的过程类似于天平称重的过程。按照天平称重的思路,逐次逼近型 A/D 转换器就是将输入模拟信号与不同的参考电压做多次比较,使转换所得的数字量在数值上逐次逼近输入模拟量的对应值。天平称重的各砝码重量按二进制关系设置,一个比一个重量减半。称重时,把砝码从大到小依次放在天平上,与被称物体比较,如砝码不如物体重,则该砝码予以保留;反之去掉该砝码,多次试探,经天平比较加以取舍,直到天平基本平衡称出物体的重量为止。这样就以一系列二进制码的重量之和表示了被称物体的重量。逐次逼近型 A/D 转换器在转换过程中,量化和编码是同时实现的,故属于直接 A/D 转换器。

1. 电路组成

逐次逼近型 A/D 转换器的原理如图 9.3.3 所示,主要由 D/A 转换器、电压比较器、逐次逼近寄存器和控制逻辑电路等几部分组成。

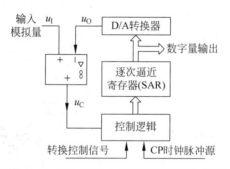

图 9.3.3 逐次逼近 A/D 转换器的工作原理

2. 工作原理

转换器的转换结果是将输入模拟量 u_I 与一系列由 D/A 转换器输出的基准电压 u_O 进行比较而获得的。当电路收到启动信号后,首先将逐次逼近寄存器清 0,之后当第一个 CP 时钟脉冲到来时,逻辑控制电路先将逐次逼近寄存器的最高位 D_{n-1} 置 1,使其输出为 100…00 的形式,这时 D/A 转换器输出的模拟电压 $u_O = U_{REF}/2$ (U_{REF} 为 D/A 转换器的参考电压),输出电压恰为输入满量程的一半,该模拟电压 u_O 送至电压比较器作为比较基准,与模拟输入量 u_I 进行比较,若 $u_I \geqslant u_O$,说明该数还不够大,则保留寄存器最高位的 1,否则将该位清 0。

第二个 CP 到来时,逻辑控制电路使寄存器的次高位 D_{n-2} 置 1,并与 D_{n-1} 一起送入 D/A 转换器,再次转换成模拟电压 u_O,该电压再与 u_I 进行比较,若 $u_I \geqslant u_O$,则保留该位的 1,否则将该位清 0。此过程依次进行下去,直到最低位 D_0 比较完毕为止,逐次逼近寄存器中的数就是对应 u_I 转化后的数字。

4 位逐次逼近型 A/D 转换器的逻辑电路如图 9.3.4 所示,其中逐次逼近寄存器由 D 边沿触发器 $FF_1 \sim FF_4$ 组成,数字量从 $Q_4 \sim Q_1$ 输出。5 位移位寄存器可进行并入/并出或串入/串出操作,其控制端 F 为并行置数使能端,当 F 为高电平时,移位寄存器工作于并入/并出方式,此时 $ABCDE$ 端置入的数据从 $Q_A Q_B Q_C Q_D Q_E$ 端输出;当 F 为低电平时,移位寄存器工作于串入/串出方式,其输入端 S 为高位串行数据输入,设初始状态 $Q_A Q_B Q_C Q_D Q_E =$ 01111,假设此时 S 端接高电平,则在时钟脉冲 CP 的作用下,$Q_A Q_B Q_C Q_D Q_E$ 将依次变为 10111→11011→11101→11110→⋯,即串行数据由高位到低位依次移位。

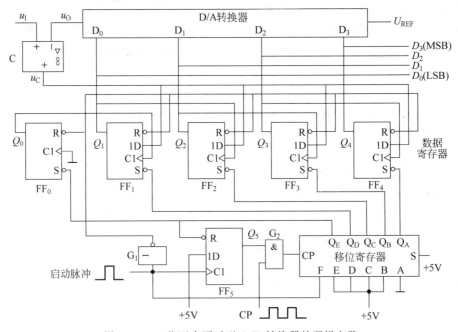

图 9.3.4 4 位逐次逼近型 A/D 转换器的逻辑电路

转换开始前,当启动脉冲上升沿到达后,反相器 G_1 输出为低电平,数据寄存器 $FF_0 \sim FF_4$ 被清零,触发器 Q_5 置 1,与门 G_2 被打开,使时钟脉冲 CP 能控制移位寄存器。同时,启动脉冲使移位寄存器的并行置数使能端 F 由 0 变 1,当第一个时钟脉冲 CP 到来时,预置的并行输入数据 $ABCDE=$ 01111(图中移位寄存器的并行输入端 A 接地,BCDE 端接+5V)送入移位寄存器,使寄存器的状态变为 $Q_A Q_B Q_C Q_D Q_E=$ 01111,Q_A 的低电平使数据寄存器(最高位)FF_4 的输出 Q_4 置 1,$Q_B Q_C Q_D Q_E$ 的高电平使数据寄存器 $FF_3 \sim FF_0$ 的输出 $Q_3 Q_2 Q_1 Q_0$ 保持 0,即 $Q_4 Q_3 Q_2 Q_1=$ 1000。D/A 转换器将数字量 1000 转换为模拟电压 u_O,送入比较器 C 与输入模拟电压 u_I 比较,若 $u_I > u_O$,则比较器的输出 u_C 为 1,否则为 0。比较结果送寄存器 $FF_4 \sim FF_1$ 的数据输入端 D。

第二个时钟脉冲 CP 到来时,此时启动脉冲已变为低电平,移位寄存器工作于串入/串出方式,其串行输入端 S 为高电平,Q_A 由 0 变 1,同时最高位 Q_A 的 0 移至次高位 Q_B。于是数据寄存器的 FF_3 的输出端 Q_3 由 0 变 1,这个正跳变作为有效触发信号加到 FF_4 的 CP 端,使 u_C 的电平得以在 Q_4 保存下来。此时,由于其他触发器无正跳变触发脉冲,比较器的输出信号 u_C 对它们不起作用。

Q_3 变 1 后,建立了新的 D/A 转换器的数据,输入电压再与其输出电压 u_O 进行比较,比较结果在第三个时钟脉冲作用下存于 Q_3⋯⋯如此进行下去,直到 Q_E 由 1 变 0 时,使触发器 FF_0 的输出端 Q_0 产生由 0 到 1 的正跳变,作为触发器 FF_1 的 CP 脉冲,使上一次 A/D 转换后的 u_C 电平保存于 Q_1,同时 Q_E 的低电平使 Q_5 由 1 变 0 后将 G_2 封锁,至此,一次

A/D 转换过程结束。于是数据寄存器的输出端 $Q_4Q_3Q_2Q_1$ 就可以得到与输入电压 u_1 成正比的数字量 $D_3D_2D_1D_0$。

逐次逼近型 A/D 转换器完成一次转换所需时间与其位数和时钟脉冲频率有关,位数越少,时钟频率越高,转换所需时间越短。逐次逼近型 A/D 转换器完成一次转换所需的节拍脉冲数为 $(n+2)$ 个,其中 n 为二进制代码位数。所以完成一次转换所需的时间约为 $(n+2)$ T_{CP},其中 T_{CP} 为时钟频率的周期。与其他形式的 A/D 转换器相比,逐次逼近型 A/D 转换器无论在转换速度和转换精度方面都比较适中,因而得到了广泛的应用。

常用的集成逐次逼近型 A/D 转换器有 ADC0808/0809 系列(8 位)、AD575(10 位)、AD574A(12 位)等。

9.3.2　双积分型 A/D 转换器

双积分型 A/D 转换器是一种电压-时间变换型的间接 A/D 转换器。它的基本原理是对输入模拟电压和基准电压进行两次积分,先对输入模拟电压进行积分,将其变换成与输入模拟电压成正比的时间间隔,再利用计数器测出此时间间隔,计数器所计的数字量就正比于输入的模拟电压,接着对基准电压进行同样的处理。

1. 电路组成

图 9.3.5 给出的是 VT 型双积分型 A/D 转换器的原理图。它由基准电压、积分器、过零比较器、计数器和控制门等组成。

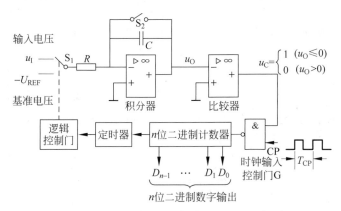

图 9.3.5　双积分型 A/D 转换器的原理框图

2. 工作原理

1) 准备阶段

转换开始前,先将计数器清零,并接通 S_2 使电容 C 完全放电。转换开始,断开 S_2。整个转换过程分两个阶段进行。

2) 第一次积分

第一阶段为采样阶段,使开关 S_1 置于输入模拟信号 u_1 一侧,S_2 断开。积分器对 u_1 进行固定时间 T_1 的积分。积分结束时积分器的输出电压为

$$u_O(T_1) = -\frac{1}{C}\int_0^{T_1}\left(\frac{u_I}{R}\right)\mathrm{d}t = -\frac{T_1}{RC}u_1 \tag{9.3.1}$$

可见积分器的输出 u_O 与 u_I 成正比。这一过程称为转换电路对输入模拟电压的采样过程。在采样期间,由于 $u_O<0$,过零比较器输出 $u_C=1$,控制门 G 打开,逻辑控制电路将计数门打开,计数器计数。经过 2^n 个时钟脉冲后,当计数器达到满量程 N 时,计数器由全 1 复全 0,这个时间正好等于固定的积分时间 T_1。计数器复 0 时,同时给出一个溢出脉冲使控制逻辑电路发出信号,使开关 S_1 转换至参考电压 $-U_{REF}$ 的一侧,第一次积分结束。

积分时间为 $T_1=2^nT_{CP}$,式中 T_{CP} 为 CP 脉冲的周期。第一次积分结束时,积分器的输出电压为

$$u_O(T_1)=-\frac{T_1}{RC}u_1=-\frac{2^nT_{CP}}{RC}u_1 \tag{9.3.2}$$

3) 第二次积分

开关 S_1 接至 $-U_{REF}$ 一侧后,积分器对基准电压 $-U_{REF}$ 进行第二次反向积分,积分器的输出电压从 $u(T_1)$ 开始逐步上升。此时,仍有 $u_O<0$,比较器输出 $u_C=1$,与门 G 打开,计数器又开始从 0 计数。经过时间 T_2 后,积分器的输出电压上升到 0,比较器输出 $u_C=0$,与门 G 关闭,计数器停止计数,A/D 转换完毕。此时,积分器的输出电压为

$$u_O(T_2)=u_O(T_1)+\frac{1}{C}\int_0^{T_2}\frac{U_{REF}}{R}dt=-\frac{2^nT_{CP}}{RC}u_1+\frac{T_2}{RC}U_{REF}=0 \tag{9.3.3}$$

因此

$$T_2=\frac{2^nT_{CP}}{U_{REF}}u_1 \tag{9.3.4}$$

若在 T_2 期间计数器的计数值为 N,则 $T_2=NT_{CP}$,有

$$N=\frac{2^n}{U_{REF}}u_1=u_1\Big/\frac{U_{REF}}{2^n} \tag{9.3.5}$$

$U_{REF}/2^n$ 为 A/D 转换器的单位电压,当参考电压 $-U_{REF}$ 和计数器的位数 n 一定时,单位电压 $U_{REF}/2^n$ 为常数,N 即为 u_1 对应的数字量,与输入模拟信号 u_1 成正比。双积分型 A/D 转换器的工作波形如图 9.3.6 所示。

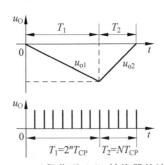

图 9.3.6 双积分型 A/D 转换器的波形图

由双积分 A/D 转换器工作原理可知,电路工作时,第一次积分方向和第二次积分方向相反,而且第二次积分结束时,输出电压必须过零,因此,u_1 和 U_{REF} 极性相反,且 $u_1<U_{REF}$。若 $u_I>U_{REF}$,则第二次积分结束时,积分器输出电压不可能过零,T_2 不确定,则没有转换结果。

双积分型 A/D 转换器最突出的优点是工作性能比较稳定。由于转换过程中先后进行

了两次积分,只要在这两次积分期间 RC 的参数相同,则转换结果与 RC 的参数无关。因此,RC 参数的缓慢变化不影响电路的转换精度,所以,该电路对 RC 精度的要求不高,完全可以用精度比较低的元器件制成精度很高的双积分型 A/D 转换器。此外,A/D 转换器的另一个突出优点是抗干扰能力强。因为转换器的输入端使用了积分器,积分器的输出只对输入信号的平均值有所响应,所以对平均值为零的各种噪声有很强的抑制能力。

双积分型 A/D 转换器的主要缺点是工作效率低,属于低速型 A/D 转换器。每完成一次转换的时间应取在 $2T_1$ 以上,即不应小于 $2^{n+1}T_{CP}$。如果再加上转换前的准备时间(积分电容放电及计数器复位所需要的时间)和输出转换结果的时间,则完成一次转换所需的时间还要更长一些。一次转换时间一般需要几毫秒至几百毫秒,而逐次逼近型 A/D 转换器可达到几微秒。不过在工业控制系统中的许多场合,毫秒级的转换时间已经绰绰有余,双积分型 A/D 转换器的优点正好有了用武之地。

常用的单片集成双积分型 A/D 转换器有 MC14433、ICL7106、ADC-EK8B、ADC-EK10B 等。

9.3.3　A/D 转换器的主要技术指标

1. 分辨率

分辨率又称分解度,是指输出数字量变化一个最低位所对应的输入模拟量需要变化的量。一般常以输出二进制代码的位数表示分解度的大小。位数越多,其量化间隔越小,转换精度越高,即分辨率越高。从理论上讲,一个输出为 n 位二进制数的 A/D 转换器应能区分输入模拟电压的 2^n 个不同量级,能区分输入模拟电压的最小间隔为满量程输入的 $1/2^n$。

例如,A/D 转换器的输出为 12 位二进制数,最大输入模拟信号为 5V,则其分辨率为

$$分辨率 = \frac{1}{2^{12}} \times 5V = \frac{5V}{4096} = 1.22mV$$

如输入的模拟电压满量程为 5V,8 位 A/D 转换器的 LSB 所对应的输入电压为 $1/2^8 \times 5 = 19.53mV$,而 10 位 A/D 转换器则为 $1/2^{10} \times 5 = 4.883mV$,可见 A/D 转换器位数越多,分辨率越高。

2. 转换误差

相对误差是指 A/D 转换器实际输出数字量与理论输出数字量之间的最大差值,常用最低有效位的倍数表达。例如,给出相对误差 $\leqslant \pm LSB/2$,这就表明实际输出的数字量和理论上应得到的输出数字量之间的误差不超过 LSB 的一半;也可以用最大误差与输入模拟量满量程读数之比来表示。例如,一般 A/D 转换器的相对精度为 $\pm 0.02\%$,当输入模拟量满量程为 10V 时,则其最大误差为 $\pm 2mV$。

3. 转换时间

转换时间是指完成一次 A/D 转换所需的时间,即从接到转换启动信号开始,到输出端获得稳定的数字信号所经过的时间。转换时间越短,意味着 A/D 转换器的转换速度越快。

A/D 转换器的转换时间与转换电路的类型有关,不同类型 A/D 转换器的转换速度相差很大。双积分型 A/D 转换器的转换速度最慢,需几百毫秒;逐次逼近式 A/D 转换器的转换速度较快,转换速度在几十微秒;并行比较型 A/D 转换器的转换速度最快,仅需几十纳秒。

此外,还有输入模拟电压范围、稳定性、电源功率消耗等指标。在实际应用中,应从系统数据总的位数、精度要求、输入模拟信号的范围及输入信号极性等方面综合考虑 A/D 转换器的选用。

9.3.4 集成 A/D 转换器

在单片集成 A/D 转换器中,逐次逼近型使用较多,下面以 ADC0808/0809 为例介绍 A/D 集成芯片及其应用。

ADC0808/0809 是 CMOS 集成工艺制成的 10 位逐次逼近型 A/D 转换芯片,片内含 8 通道多路开关、锁存器、逐次逼近型 A/D 转换器,输出具有 TTL 三态锁存缓冲器,可直接接到单片机的数据总线上,其引脚排列如图 9.3.7(b) 所示。

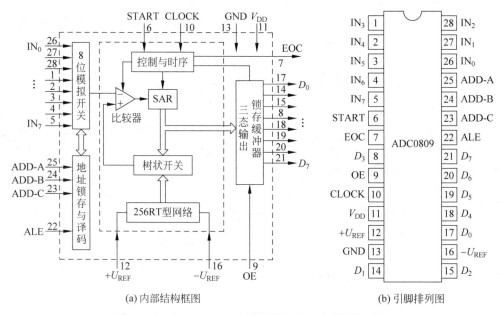

(a) 内部结构框图   (b) 引脚排列图

图 9.3.7   ADC0808/0809 内部结构框图和引脚排列图

其中,START 为启动脉冲输入端,启动脉冲的上升沿清除逐次逼近寄存器 SAR,下降沿启动 A/D 转换器开始转换。EOC 为转换结束信号端,EOC 为低电平时表示转换正在进行,EOC 为高电平时表示转换已完成。$IN_0 \sim IN_7$ 为 8 路模拟量输入端,ADD-A、ADD-B、ADD-C 为地址输入端,其值被译码后以选择 8 路模拟通道 $IN_0 \sim IN_7$ 之一进行 A/D 转换。转换完成后的 8 位输出数据经 $D_7 \sim D_0$ 为输出(D_7 为最高位,D_0 为最低位)。

ADC0809 与单片微型计算机芯片 87C51 的接口电路如图 9.3.8 所示,可用来实现 8 位 A/D 转换功能。ADC0809 的时钟信号由 87C51 的地址锁存允许信号 ALE 提供,而通道地址选择信号 ADD-A、ADD-B、ADD-C 与数字量输出端 D_0、D_1、D_2 共用 87C51 的 P0 口。P0 口是双向 I/O 口,可作为数据总线和地址总线使用。

在进行 A/D 转换时,单片机 87C51 的 P2.7 发出片选信号,同时 P0 口低三位送出地址选择信号,通过 ADD-A、ADD-B 和 ADD-C 选择 ADC0809 欲转换的模拟通道。然后送出写选通信号 $\overline{WR}$,经或非门送入 ADC0809 的 ALE 端和 START 端,ALE 信号为高电平时,

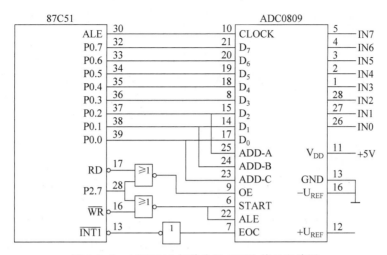

图 9.3.8 ADC0809 与单片机 87C51 接口电路图

通道地址被锁存,进行 A/D 转换的通道被接通。START 信号的上升沿使 ADC0809 复位,下降沿则启动相应通道进行 A/D 转换。当 A/D 转换完成以后,EOC 信号置为高电平,经反相器送至 87C51 的外部中断入口 $\overline{\text{INT1}}$ 申请中断,CPU 进行中断响应,单片机启用 RD 信号,经或非门产生有效的 OE 信号,打开 ADC0809 的输出三态门,同时将 A/D 转换结果从 $D_7 \sim D_0$ 端经 P_0 口读入 87C51 的存储器中,至此本次转换过程全部结束。

本章小结

(1) A/D 转换器和 D/A 转换器是现代数字系统中的重要组成部分,在计算机控制、快速检测和信号处理等系统中的应用日益广泛。

(2) D/A 转换器功能是将输入的二进制数字信号转换成与之成正比的模拟电压。D/A 转换器根据工作原理可分为权电阻网络、R-$2R$ T 型电阻网络、R-$2R$ 倒 T 型电阻网络和权电流型 D/A 转换器。由于 T 型、倒 T 型电阻网络 D/A 转换器只要求两种阻值的电阻(R-$2R$),适合于集成工艺,因此集成 D/A 转换器普遍采用这种电路结构。同时由于各支路电流流向运放反相端不存在传输时间,因此转换速度较快。

(3) A/D 转换器的功能是将输入的模拟电压转换成与之成正比的数字信号。A/D 转换要经过取样、保持和量化、编码两个步骤实现。

A/D 转换分为直接转换和间接转换两种类型,不同的 A/D 转换方式具有各自的特点。直接转换速度快,如并联比较型 A/D 转换器,通常用于高速转换场合。间接转换速度慢,如双积分型 A/D 转换器,但其性能稳定,转换精度高,抗干扰能力强,目前使用较多。逐次逼近型 A/D 转换器属于直接转换型,但要经过多次反馈比较,其转换速度比并联比较型慢,但比双积分型要快,属于中速 A/D 转换器,在集成 A/D 转换器中用得最多。

(4) A/D 转换器和 D/A 转换器的主要性能指标是转换精度和转换速度,在与系统连接后,转换器的这两项指标决定了系统的精度与速度。A/D 转换器和 D/A 转换器的分辨率和转换精度均与转换器的位数有关,位数越多,分辨率和转换精度均越高。基准电压 U_{REF} 是重要的应用参数,要理解基准电压的作用,尤其是在 A/D 转换中,它的值对量化误差、分辨率都有影响。一般应按器件手册给出的范围确定 U_{REF} 值,并且保证输入的模拟电压最大值不大于 U_{REF} 值。

(5) 由于微电子技术的高速发展,集成 A/D 转换器和 D/A 转换器得到了广泛的应用,其发展趋势是高速度、高分辨率、易与计算机接口,以满足各个领域对信息处理的要求。例如,DAC0832、ADC0809、CC7106/7107、CC14433 等都是计算机系统中常用的芯片。

习题

9.1 数字量和模拟量有何区别? D/A 转换器和 A/D 转换器在数字系统中有什么作用?

9.2 常见的 D/A 转换器有几种? 其特点分别是什么?

9.3 在如图 9.2.2 所示的权电阻网络 D/A 转换器中,给定 $U_{REF}=5V$,试分别计算 $D_3 \sim D_0$ 全为 1、全为 0 时及 1011 对应的输出电压值。

9.4 某一权电阻 8 位二进制 D/A 转换器如习图 9.1 所示,已知 $U_{REF}=5V$,$R_F=10k\Omega$,运算放大器电压输出范围为 $-5 \sim 0V$,试求权电阻 R_0、R_7 的阻值。

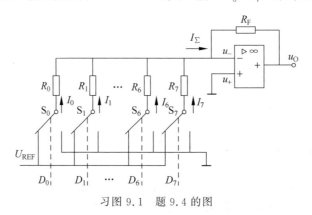

习图 9.1 题 9.4 的图

9.5 在 8 位 T 型电阻网络 D/A 转换器中,$U_{REF}=5V$,$R_F=3R$。设输入数字量 $D_7 \sim D_0$ 为 11111111、10000001 或 00000001,试求:

(1) 各输出电压 u_O 的值。

(2) 该 D/A 转换器的分辨率。

9.6 T 型网络 D/A 转换器如习图 9.2 所示,已知 $R=10k\Omega$,$U_{REF}=-10V$,输入数字量为 0001 时,输出电压为 0.1V,试求:

(1) 运算放大器的反馈电阻 R_F 的值。

(2) 当输入数字量为 1110 时,输出电压为多少?

9.7 根据如图 9.2.5 所示 4 位倒 T 型电阻网络 D/A 转换器,试解答下列问题:

(1) 试分析其工作原理,求出 u_O 表达式。

(2) 若将 D/A 转换器的位数更改为 $n=8$ 位,$U_{REF}=-10V$,$R_F=2R$,输入 $D=00110100$ 时,则输出电压 u_O 为多少?

9.8 如图 9.2.6(a) 所示由 AD7520 组成的 D/A 转换器中,已知 $U_{REF}=-10V$,试解

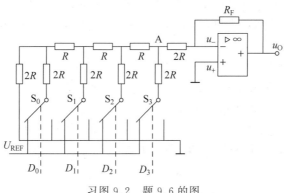

习图 9.2　题 9.6 的图

答下列问题：

（1）当数字量从全 0 变到全 1 时，输出电压 u_O 的变化范围？

（2）若使输出电压 u_O 的变化范围缩小一半，可以采取哪些方法？

9.9　如习图 9.3 所示由 AD7520 和 74LS161 组成的电路，已知 $U_{REF} = -10V$，试画出输出电压 u_O 的波形，并标出波形上各点电压的幅度。

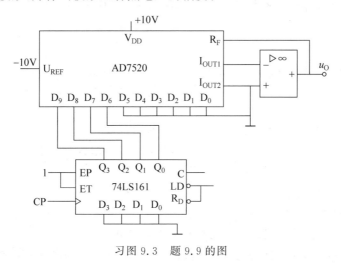

习图 9.3　题 9.9 的图

9.10　已知某 D/A 转换器电路最小分辨电压为 5mV，最大满值输出电压为 10V，试求该电路输入数字量的位数 n 和基准电压 U_{REF}。

9.11　12 位 D/A 转换器的分辨率是多少？当输出模拟电压的满量程值是 10V 时，能分辨出的最小电压值是多少？当 D/A 转换器输出是 0.5V 时，输入的数字量是多少？

9.12　影响 D/A 转换器转换精度的因素有哪些？

9.13　D/A 转换器的主要技术指标有哪几项？试简述它们的意义。

9.14　A/D 转换包含哪几个工作步骤？它们完成的功能是什么？

9.15　常见的 A/D 转换器有几种？其特点分别是什么？

9.16　A/D 转换器中的量化误差是怎样产生的？四舍五入量化方式和去零求整量化方式所产生的量化误差有何区别？

9.17　逐次逼近型 A/D 转换器主要由哪几部分组成？它们的主要功能是什么？

9.18　一个 8 位逐次逼近型 A/D 转换器,满值输入电压为 10V,时钟脉冲频率为 2.5MHz,试求：

(1) 转换时间是多少？

(2) $u_I = 3.4V$ 时,输出数字量是多少？

(3) $u_I = 9.3V$ 时,输出数字量是多少？

9.19　逐次逼近式 A/D 转换器中的 10 位 D/A 转换器的输出电压最大值为 12.276V,时钟脉冲的频率 $f_{CP} = 500kHz$,试解答下列问题：

(1) 若输入电压 $u_I = 4.32V$,则转换后输出数字量的状态 $Q_9 Q_8 \cdots Q_0$ 是什么？

(2) 完成这次转换所需的时间为多少？

9.20　在双积分 A/D 转换器中,若 $|u_I| > |U_{REF}|$,试问在转换过程中将会产生什么样的结果？

9.21　在图 9.3.5 所示的双积分型 A/D 转换器中,若计数器为 10 位二进制,时钟信号频率为 1MHz,试计算转换器的最大转换时间是多少？

9.22　某双积分 A/D 转换器中,计数器为十进制计数器,其最大计数容量为 $(1000)_D$,已知计数时钟频率 $f_{CP} = 10kHz$,积分器中 $R = 100k\Omega$, $C = 1\mu F$,输入电压的变化范围为 $0 \sim 5V$。试求：

(1) 第 1 次积分时间 T_1。

(2) 求积分器的最大输出电压 $|U_{Omax}|$。

(3) 当 $U_{REF} = -10V$,第 2 次积分计数器计数值 $N = (500)_D$ 时,输入电压的平均值 u_I 为多少？

9.23　双积分 A/D 转换器电路如图 9.3.5 所示,试回答下列问题：

(1) 若被测 U_I 的最大值为 2V,要求分辨率为 0.1mV,则二进制计数器的计数总容量 N 应大于多少？

(2) 需要用多少位二进制计数器？

(3) 若时钟脉冲 CP 的频率 $f_{CP} = 200kHz$, $|u_I| < |U_{REF}|$,已知 $|U_{REF}| = 2V$,积分器输出电压 u_O 的最大值为 5V,问积分时间常数 RC 为多少毫秒？

9.24　对于满刻度为 10V 的 A/D 转换器,若要达到 1mV 的分辨率,其位数应是多少？当输入模拟电压为 6.5V 时,输出数字量是多少？

9.25　影响 A/D 转换器转换精度的因素有哪些？

第 10 章

VHDL 硬件描述语言

本章在介绍 VHDL 发展情况后,介绍 VHDL 程序的基本结构、数据类型、运算符、描述语句、预定义属性等基本编程语法和基本规则,讨论 VHDL 描述的数字逻辑电路的编程问题,最后通过实例说明 VHDL 描述的数字逻辑电路仿真方法。通过本章学习,可以学到用 VHDL 描述硬件电路及仿真方法的基本内容,为后续用 VHDL 开发电路与系统打下基础。

10.1 概述

10.1.1 VHDL 的发展

VHDL 诞生于 1982 年,它的英文全称是 Very High Speed Integrated Circuit Hardware Description Language,即超高速集成电路硬件描述语言。当时,为了降低电子产品的开发成本,需要一款功能强大、定义严格、使用方便的硬件描述语言作为硬件开发工具,VHDL 则应运而生。1987 年年底,VHDL 被 IEEE 和美国国防部确认为标准硬件描述语言,并公布了 VHDL 的标准版本 IEEE-1076(简称 87 版)。之后,各相关 EDA(电子设计自动化)公司相继推出了自己的 VHDL 设计环境,有的宣布了自己的设计工具可以与 VHDL 接口连接,使 VHDL 在电子设计领域逐步取代了原有的各种非标准硬件描述语言。

1993 年,IEEE 对 VHDL 标准进行了修订,从更高的抽象层次和系统级描述能力上扩展了 VHDL 的内容,并公布了新版本的 VHDL,即 IEEE 标准的 1076—1993 版本(简称 93 版)。

经过不断完善与发展,VHDL 已经是功能强大、特点鲜明、描述方便、语法严格规范的硬件描述语言,与 Verilog HDL 语言一起,成为 IEEE 的工业标准硬件描述语言,在电子工程设计领域应用广泛。

10.1.2 VHDL 的特点

VHDL 是一种功能很强的描述语言,对硬件的描述类似于高级语言编程,具有很强的描述能力,适用于系统级、电路板级、芯片级、门电路级等各类不同层级的硬件描述。

VHDL 主要用于描述数字系统的结构、行为、功能和接口等。除了含有许多具有硬件特征的语句,在语言形式、描述风格和句法上,VHDL 与一般的计算机高级语言十分相似。VHDL 的程序结构特点是将一项工程设计实体(可以是一个元件、一个电路模块或一个系统)分成外部和内部两部分。外部部分可称为可视部分,它描述了此模块的端口;而内部部分可称为不可视部分,它涉及所设计实体的功能和算法实现。在对一个设计实体部分定义了外部端口后,一旦其内部开发完成,其他的设计就可以直接调用这个设计实体。这种将设计实体分成内、外部分的概念是 VHDL 系统设计的基本特点之一。

总结 VHDL 的特点,主要有以下几点。

(1) 超强行为描述能力。

VHDL 可以在系统级、电路板级、芯片级、门电路级等多种级别描述电路的功能与行为。这种强大的电路或系统行为描述能力,使得设计者在进行电路或系统设计时能避开元器件的具体结构,使设计电路或系统的过程像高级语言编程一样方便。由于其系统级的描述能力,在电路或系统设计时,可以从逻辑行为层面上描述和设计,这为设计大规模电子电路与电子系统提供了支持。

(2) 具有仿真模拟功能。

VHDL 语言具有丰富的仿真语句和库函数,这一功能为所设计的电路与系统功能的验证提供了强大的支撑,使得所设计的电路与系统在硬件实现之前,就能通过仿真验证所设计电路与系统功能的可行性与正确性。

(3) 支持大规模电路与系统设计的分解设计。

对于一些大型的设计项目,当需要有多人甚至多个开发组共同并行工作才能完成时,VHDL 语言为这种并行分解设计提供了相应的语句、结构等方面的支持,使得将大规模硬件系统设计分解进行成为可能。

(4) 设计模型可以共享。

VHDL 已经成为一种通用的工业标准,可以在不同的环境或系统平台中使用,事实上,现在已经有很多 EDA 公司平台都支持 VHDL 语言编写的程序。因此,采用 VHDL 设计的电路或系统可以方便地用于其他系统共享和服用。

(5) 可以自动生成门电路级网表。

对于采用 VHDL 完成的一个具体的电路与系统设计,可以利用 EDA 工具进行逻辑综合和优化,并且自动把 VHDL 所描述的电路与系统设计转变成门电路级的网表。从而为电路分析、综合、实现带来便利。

(6) 具有对硬件的相对独立性。

所谓独立性是指,当用 VHDL 描述语言进行电路与系统设计时,相对于硬件电路结构、实现的器件是独立的。因为当采用 VHDL 对电路与系统进行设计时,描述电路与系统行为的过程就像高级语言编程,设计者可以不懂或不考虑硬件电路的具体结构,也不必对最终设计和实现的目标采用什么器件有很深入的了解,只要通过 VHDL 语言描述行为即可。

10.2　VHDL 程序基本结构

在 VHDL 中,一个设计的电路或系统可以被看作一个设计单元或设计模块。一般来说,采用 VHDL 设计的程序主要由实体(entity)、结构体(architecture)、配置(configuration)、程序包和程序包体(package)及库(library)5 部分组成,它们都是 VHDL 程序的基本组成部分。

实体、配置和程序包属于初级设计单元,其主要任务是给出端口、行为、函数等定义。结构体和程序包体是次级设计单元,用于描述电路与系统的行为。其中,程序包和程序包体属于公用设计单元,需要时它们被其他程序模块调用。库则是一批公共程序包的集合。

无论是复杂的还是简单的数字模块,用 VHDL 描述都至少需要包括两部分,即实体和结构体。其中实体用于描述模块的端口,而结构体用于描述模块的功能。下面分别介绍各设计单元的具体描述方法。

10.2.1　实体

1. 实体的概念

实体是设计的基本模块和设计的初级单元,在分层次设计中,各层级都有自己对应的实体,含在上一层级实体中的较低层次的实体为次级实体,上一级实体和下一级实体之间可以通过配置连接起来。

实体可以理解为电路图设计时采用的电路符号,符号规定了电路的符号名、接口和数据类型等信息。符号与符号之间由导线互连连接,建立设计所需的电路图。与此对应,在用 VHDL 描述电路时,需要实体来描述电路符号、接口和数据类型。换句话说,实体用于描述电路的外观、接口规格等信息。

先看一个例子,如图 10.2.1 所示是常见的 RS 触发器的 VHDL 实体描述和符号。

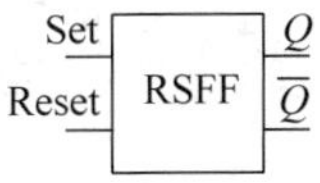

图 10.2.1　RS 触发器的 VHDL 实体描述和符号

RS 触发器的逻辑符号包括名称(RSFF)、输入端(Set 和 Reset)、输出端(Q 和 $\overline{Q}$)等信息。如果采用 VHDL 语言对其进行描述,就变成了定义实体的过程,所定义的实体中当然也应包含名称、输入、输出等信息。下面的代码就是用 VHDL 语言描述的 RS 触发器的逻辑符号:

```
entity RSFF is
    port (set, reset : in bit; q, qb: out bit);
end entity RSFF;
```

显然,用 VHDL 描述一个 RS 触发器这样的硬件逻辑符号,是用描述语句"写出"RS 的逻辑符号规定。

通过上述 RS 逻辑符号描述可以看到,实体描述用关键词或标识符 entity…is 开始,用 end entity 结束。其中 RSFF 为实体名,也就是描述对象的符号名;在实体开始语句 entity…is 和结束语句 end entity 之间,是实体描述部分的语句。这个例子只有一条语句 port(),它规定了所描述实体的端口特性,也表明实体 RSFF 有 4 个端口,输入端口有两个,分别为 Set 和 Reset,采用 in 模式,数据类型是二进制位;输出端口也有两个,分别是 Q 和 $\overline{Q}$(Q 取反),采用 out 模式,输出信号数据类型也是二进制位。

由上面例子可以看到,VHDL 中的实体,对应硬件电路外观、名称、接口特性等。定义实体就是定义电路的符号名、接口和数据类型等信息。

2. 实体定义方法

实体定义中要遵循一定格式,实体定义格式为:

```
entity 实体名 is
    [generic(参数表);]
    [port(端口表);]
    [begin 实体语句部分;]
end [entity] [实体名];
```

entity 是实体定义的关键字,entity…is 和 end entity 之间是实体的定义。

generic 关键字用于说明实体和其外部环境通信问题,规定端口的大小、实体中元件的数目、实体的延时特性等。它只能用整数类型表示,如整型、时间型等,其他类型的数据不能进行逻辑综合。

generic 的格式要求为:

generic ([constant]属性名称: [in]子类型标识 [: = 静态表达式], …);

port 关键字用于定义模块的端口信息,它也有格式要求,具体为:

port([signal] 端口名称: [方向] 类型标识[bus] [: = 静态表达式];
[signal] 端口名称: [方向] 类型标识[bus] [: = 静态表达式]; …);

- signal:是 port 定义内部的关键字,一般都可以省略。
- 端口名称:是该端口的标识,通常由英文字母、数字和下画线组成,但是必须用英文字母开头。
- 方向:定义了端口的信息流向,可以是输入(in)、输出(out)或双向(inout)等。
- 类型标识:说明流过该端口的数据类型,常用的数据类型有 bit(位型)、bit_vector(位矢量型)、boolean(布尔型)和 integer(整数型)等。
- bus 关键字:在该端口和多个输出端相连的情况下使用,如果只有一个输出端,bus可省略。

begin 关键字是可以选择的,如果描述的实体比较复杂,则实体中可以用关键词 begin 把实体语句分成两部分,一般 begin 之前是实体说明,begin 之后是实体语句。

例 10.2.1 定义一个二选一数据选择器,要求该选择器有 1ns 的时间延迟。

解 设定二选一数据选择器名称为 mux21,有两个输入端 a 和 b,一个选择端 s,一个输出端 y。则实体可以描述为下面代码:

```
entity mux21 is
    generic(m : time : = 1ns);
    port(a, b, s: in bit;
        y: out bit);
end mux21
```

从例中可以看到,该实体描述了一个名称为 mux21 的二选一数据选择器,其中,在generic()中定义了它的延迟时间为 1ns;在 port()中定义了两个输入端口 a、b,一个选择端口 s;另一个输出端口 y,而且端口都采用 bit 型数据。尽管 a、b 与 s 的作用不同,但它们都是输入端口,且数据类型一样,所以定义时可放到一起。显然,port 中的描述只涉及定义选择器外观及端口特性,并没有定义该选择器 s 为何值时选择 a 或选择 b 等行为。所以,实体只定义电路或系统的外观、接口等信息,并没有对其功能行为做出描述。

另外需要说明的是,在 VHDL 中,一般情况下字符可以不区分大小写,只有当字符串处于双引号""中,或字符处于单引号''中时,才有大小写之分。此外,在书写程序时,每一行的缩进也比较随意,没有严格规定。

10.2.2　结构体

1. 结构体的概念

结构体也是构成 VHDL 程序的基本部分。结构体用来描述硬件电路的什么内容呢?根据前面的内容已经知道,实体定义中,对电路或系统具有什么行为和功能等并没有给出描述。对电路或系统的行为与功能的规定和描述是结构体的任务,即定义结构体,就是为相应实体行为功能做出描述。一个实体可以对应多个结构体,用于分别描述实体的不同行为。结构体也是一个基本设计单元,它具体地指明了所设计模块的行为、元件及内部的连接关系,也就是说它描述了设计单元具体的功能。

一般来说,结构体对硬件电路或系统的输入/输出关系主要可以从三个方面来描述,分别是行为描述(数学模型描述)、寄存器传输描述(数据流描述)和结构描述(逻辑元件连接描述)。不同的描述方式只体现在描述语句上有差别,而结构体的描述格式并无差别。

需要说明的是,由于定义的结构体是对实体行为与功能的具体描述,因此它一定要跟在相应实体的后面。系统编译时,将先编译实体,之后才能对结构体进行编译。如果实体需要重新编译,那么相应结构体也需要重新进行编译。

2. 结构体定义方法

结构体定义的格式为:

```
architecture 结构体名 of 实体名 is
    [定义语句]
    begin
    [并行处理语句]
end [architecture] 结构体名;
```

上述结构体定义的格式中,architecture 是定义结构体的标识符或关键字,定义语句部分用于对结构体内部所使用的信号、常数、数据类型和函数等进行设置或定义,这部分可以没有。结构体的信号设置和实体定义中端口的设置语句相同,包括信号名和数据类型等说明。因为结构体中的信号是属于内部连接用的信号,所以结构体中信号设置不能有信号方向的说明,而实体信号必须有方向说明,这两者在信号说明上是有差别的。

begin 后面是处理语句,处理语句用于具体地描述结构体的行为及其连接关系。处理语句一般采用并行处理语句,它们可以并行执行。关于并行语句等问题,将在后面讨论。

10.2.3　程序包

1. 程序包的概念与定义方法

程序包是一个已设计好的、并且可以被其他设计共享的数据包。程序包的内容有信号定义、常数定义、数据类型、元件语句、函数定义和过程定义等,程序包是一个可编译的设计单元。一个程序包由两大部分组成：程序包名和程序包体，而程序包名与程序包体使用相同的名字。程序包定义的一般格式为：

```
package 程序包名 is
    [说明部分];
end 程序包名
```

程序包体一般形式为：

```
package body 程序包名 is
    [说明部分];
end 程序包名
```

package 是程序包定义关键字，定义中程序包体部分可以没有，也就是说，程序包名可以仅由程序包标题构成。一般程序包标题仅列出所有项的名称，而在程序包体中具体给出各项的细节。

例 10.2.2 将一个两输入"与非"逻辑关系定义为一个程序包。

解 用定义程序包方法实现两输入"与非"逻辑关系，需要将一个包含"与非"关系的函数"打包"到程序包中，实现与非函数程序包的代码为

```
library ieee;                          -- 库声明(后面会讨论)
use ieee.std_logic_1164.all;
package package_demo is                -- 名称为 package_demo 的程序包定义开始
    function nand2(a, b : in bit)      -- 函数说明
    return bit;
end package_demo;                      -- 程序包定义结束
package body package_demo is           -- 程序包体定义开始
    function nand2(a, b : in bit)      -- 两输入"与非"关系函数实现
      return bit is
      variable ret: bit;
      begin
      ret = not(a and b);
      return ret;
    end nand2;                         -- 函数结束
end body;                              -- 程序包体定义结束
```

上面代码中的第一句、第二句先不考虑。从第三句开始到第六句结束，是程序包定义，它定义了一个名称为 package_demo 的程序包，第四句是在程序包内又说明了一个名称为 nand2 的函数，但在程序包中并未规定 nand2() 函数的任何功能，在后面程序包体中才具体给出函数的功能。从第七句开始，是对程序包体的说明，在程序包体中定义一个 nand2() 函数，并具体给出了 nand2() 函数的功能，说明函数实现两变量的与非逻辑关系。因此，该例中定义了一个两输入"与非"逻辑关系，名称为 package_demo 的程序包。VHDL 程序的注释部分以双短横线"--"开头，后面是注释。

2. 程序包的调用

前面说明了如何定义程序包，也就是如何将自己编写的程序或定义的其他模块"打包"成程序包。接下来的问题是对已有的程序包在被需要时该如何使用。可以对程序包进行预先声明，然后调用方法使用已有的程序包。对程序包的声明类似 C 语言中 include 语句调

用库文件,VHDL 中采用 use 关键字来声明调用程序包。

自定义的程序包必须首先进行编译,然后才能调用。由于系统会将自定义的程序包默认放到名称为 work 的库中,所以调用时需要用下面格式的代码实现:

use work. 自定义程序包名称.all ;

use 是关键字,work 是存放程序包的默认的库,all 表明调用程序包中的所有内容。如需要使用上面例中的两输入“与非”运算关系,就可以直接调用程序包,不需要再重新对其编程。

例 10.2.3　要求调用例 10.2.2 中定义的、名称为 package_demo 的程序包,并实现如下的逻辑关系式: $Y = \overline{AB} \cdot \overline{CD}$。

解　两输入“与非”关系已经定义成程序包,本例中要两次调用程序包分别实现 $\overline{AB}$ 和 $\overline{CD}$ 运算,然后将结果再做与操作即可。实现代码为:

```
library ieee;                          -- 库声明
use ieee.std_logic_1164.all;
use work.package_demo.all;             -- 声明自定义的程序包 package_demo
entity test is
    port (a, b, c, d: in bit; y: out bit);
end entity;
architecture arch of test is
    begin
        y = nand2(a, b) and nand2(c, d); -- 调用程序包中的 nand2 函数
end architecture ;
```

上面给出了程序包的说明与调用方法,里面涉及库的概念,如“自定义的程序包属于work 库”。显然,程序包属于库中的内容,关于“库”的概念将在后面介绍。

10.2.4　配置

1. 配置的概念

前面已经说过,一个实体可以对应多个结构体,多个结构体分别描述同一个实体的不同行为。如何实现一对多的关系呢? 这就需要通过配置来实现。配置的作用就是根据需要,选择和确定实体对应的结构体。显然,配置的作用就是规定和协调实体、结构体等之间的关系。

配置语句用于描述层与层之间的连接关系,以及实体与结构之间的连接关系。设计者可以利用这种配置语句为实体选择不同的结构体,使其与所设计的实体行为要求相对应。另外,在进行仿真时,对某一个实体,可以利用配置选择不同的结构体,从而进行性能对比测试,以判定得到性能最佳的结构体。

2. 配置的定义方法

配置的基本格式为:

```
configuration 配置名 of 实体名 is
    [语句说明]
end 配置名;
```

configuration 是配置的关键字,在 configuration…end 之间是配置的内容。例如,需要设计一个两输入、四输出的译码器,如果一种结构体中的基本单元是反相器和与门,而另一种结构体中的基本单元全部是与非门,它们分别放在各自不同的库中,要设计的译码器可以采用反相器加与门实现,也可以采用与非门实现,这时就可以利用配置语句来实现对两种不同结构体的选择。

10.2.5 库

1. 库的说明与调用

库(library)是指经过编译后的数据集合,包括程序包、实体、构造体和配置等。库可以采用说明语句声明,库的说明语句总是放在实体单元的前面,这样在设计单元内就可以使用库中的数据了。由此可见,库具有共享性,使用库的好处在于设计者可以共享已经编译过的设计结果。在 VHDL 中有多个不同的库,这些库和库之间是独立的,不能互相嵌套。库的"说明"也称为库的"声明",在后面的叙述中将不再区别。

库的说明格式为:

library 库名;

在库的说明中,library 是关键字,后面的内容是库的名称。

对库进行说明后,就可以对库中的程序包进行调用了,调用的格式为:

use 库名.程序包名.项目名;

注意这里的格式,库说明的关键字是 library,调用的关键字是 use,这里库名、程序包名、项目名之间用"."连接。

2. VHDL 中主要的库

VHDL 语言中的库大致可以归纳为 5 种,分别是 ieee 库、std 库、work 库、asic 矢量库和用户自定义库。

1) ieee 库

ieee 库是使用最多、最广泛的库资源,ieee 库的程序包由两部分构成:一部分是由 IEEE 正式认可的标准程序包集合,如库中的"std_logic_1164"程序包集合;另一部分是由一些公司提供,但并未得到 IEEE 正式确认的程序包集合,如"std_logic_arith""std_logic_unsigned"等。尽管这些程序包未得到 IEEE 确认,但是仍汇集在 ieee 库中。

例如,对 ieee 库说明与调用。

```
library ieee;                   -- 用 library 对 ieee 库进行说明
use ieee.std_logic_1164.all;    -- 用 use 调用 ieee 库中的 std_logic_1164 程序包
```

这表明调用的是 ieee 库的 std_logic_1164 程序包,后面的项目名是 all,则表示程序包中的所有项目都要使用。

2) std 库

std 库是 VHDL 语言的标准库,在库中存放有 standard 程序包集合。由于它是 VHDL 语言的标准配置,因此设计者要调用 standard 中的数据时可以直接调用,不需要按照库调用的标准格式进行声明。

std 库中还包含有 textio 程序包集合,它主要用于测试。使用 textio 程序包集合中的数据时,应先说明库和包集合名,格式为:

```
library std;                    -- 说明 std 库
use std.textio.all;             -- 调用 std 库中的 textio 程序包
```

3) work 库

work 库是现行作业库,即设计者所编译的 VHDL 程序被默认存在 work 库中。设计者在使用该库里正在设计的元件或模块时,无须进行任何说明。但如果设计者要使用以前编译过的元件或模块,则需要对 work 库进行说明。

4) asic 矢量库

在 VHDL 中,为了进行门电路级仿真,有些公司在自己的平台上提供了面向 asic 的逻辑门库。在该库中存放着与逻辑门一一对应的实体。设计时如果需要进行逻辑门电路级的电路描述,可以调用 asic 库。

5) 用户自定义库

VHDL 具有很高的开放性,用户可以定义自己的库。用户将自己设计开发的程序包、实体等汇集在一起,并定义成一个库,这就是用户自定义库或称用户库。用户库定义好后,也可以被调用。当然在使用用户自定义库时,同样要首先对库进行说明。

以上各种库中,除 work 库,其他 4 类库在使用前都需要先进行库说明,然后才能调用库中的函数、数据等。

例 10.2.4　库的说明与调用例子。

```
library ieee;                   -- 对 ieee 库说明
use ieee.std_logic_1164.all;    -- 调用 ieee 库中 std_logic_1164 程序包
use ieee.all                    -- 调用 ieee 库中所有模块
use work.std_arith.all;         -- 调用 work 库中 std_arith 程序包
…
```

需要注意的是,库的说明语句 library 的作用范围是:从一个实体说明开始,到它对应的构造体、配置结束为止。如果一个源程序有两个或两个以上的实体,需要在每个实体定义语句前重复使用库的说明语句。

例 10.2.5　在一个 VHDL 文件中定义两个实体 ent1 和 ent2,库的说明与调用需要对每个实体重复进行,代码如下:

```
library ieee;                   -- 第一个实体的库说明(在实体前面)
use ieee.std_logic_1644.all;    -- 第一次调用
entity ent1 is                  -- 第一个实体定义
…
end ent1;
architecture arch1 of ent1 is   -- 第一个实体的结构体
…
end arch1;
configuration cfg1 of ent1 is   -- 第一个实体的配置
…
end cfg1;                        -- 第一次库的说明与调用到此结束
```

```
library ieee;                              -- 第二个实体的库说明(必须重复说明)
use ieee.std_logic_1644.all;               -- 第二次调用(必须重复调用)
entity ent2 is                             -- 第二个实体定义
…
end ent2;
architecture arch2 of ent2 is             -- 第二个实体的结构体
…
end arch2;
```

10.3 VHDL 语言的数据类型和运算符

VHDL 有多种数据类型,有些数据类型与其他高级语言一样,如整型;也有一些数据类型是其他高级语言所没有的。本节主要介绍 VHDL 中的数据类型及相关运算问题。

10.3.1 数据对象

VHDL 的数据对象(data objects)有 3 种,分别是信号(signal)、变量(variable)和常量(constant)。实际上,有些文献将文件(file)也作为一种数据对象,因为文件是 VHDL-93 标准中新通过的数据对象,但由于文件不可以综合,所以文件与其他 3 种数据对象还是有所不同的,因此,本节主要讨论信号、变量和常量 3 种数据对象。

1. 信号

信号(signal)是描述硬件系统的基本数据对象之一,其作用类似于硬件电路上元件之间的连接线,它将元件的端子连在一起形成模块。在 VHDL 描述的对象中,就是信号为各个实体之间动态数据交换提供支撑。信号对象定义格式为:

signal 信号名 1[,信号名 2]: 信号类型 [:= 初始值];

定义信号对象的关键字是 signal,在关键字后面跟随一个或者多个信号名,信号名之间用逗号隔开,每个信号名将建立一个新信号。用冒号把信号名和信号类型分隔开,信号类型规定了信号包含的数据类型及初始化的初值等信息。当然,信号初始值的设置不是必需的,而且初始值设置仅在仿真中才需要。

例 10.3.1 信号定义举例。

```
signal a: std_logic: = '0'                  -- 定义信号 a,为标准逻辑类型,初值为低电平
signal b: std_logic_vector (3 downto 0)     -- 定义信号 b,为标准逻辑矢量型,矢量有 4 位
signal c: integer range 0 to 6              -- 定义信号 c,为整型,数值范围为 0~6
```

注意,信号定义既可以放在实体部分,也可以放在结构体或程序包中,全局信号定义应该放在程序包中,可以与程序包内的所有实体共享。

2. 变量

VHDL 中的变量都是局部变量,用于存储进程或子程序中的数据。当变量被赋值时将立刻被执行,没有延时。变量的定义格式为:

variable 变量名 1[,变量名 2]: 变量类型 [:= 变量赋值];

变量定义的关键字是 variable,关键字后面可跟着一个或多个变量名,各个变量名之间

用逗号分隔。每个变量名将对应建立一个新变量。变量名与变量类型之间用冒号分割,变量类型规定变量的数据类型。变量也可以被赋予一个初值,当然,定义中对变量赋初值不是必需的。

例 10.3.2 变量定义举例。

```
variable a, b : integer range 0 to 10      -- 分别定义 a、b 为变量,整型类型,取值范围 0～10
variable c : bit                           -- 定义 c 为变量,位型数据
```

变量的定义只能放在进程部分或子程序说明部分,不能在其他地方定义变量。这也就决定了在 VHDL 中所有定义的变量,一定属于某个进程或子程序,即它们都是局部变量。由于变量的适用范围仅限于定义该变量的进程或子程序,如果要将变量值传送到进程或子程序之外,就需要将该值赋给一个相同的类型的信号,由信号将其值传送到进程或子程序之外,即在进程与程序之间信息数据传递,需要靠信号来完成。

与信号相比,变量有以下特点。

(1) 变量处理起来更快,因为变量赋值是立即发生的,而信号却必须为此事件作相应的处理。

(2) 变量占用存储器少。

(3) 变量比信号更容易实现同步处理。

3. 常量

VHDL 中常量的概念与其他高级语言类似,就是将某个符号确定为一个具体的数值,反过来说,就是给某个数值赋予一个确定的名称。因此,常量也称为符号常量。

定义常量的格式为:

constant 常量名: 数据类型 [: = 取值];

constant 是常量定义的标识符,后面为常量名、数据类型、取值等信息。

例如,可以定义如下圆周率常量 pi:

constant pi: real: = 3.1416;   -- 定义 pi 为实型常量,取值为 3.1416

一般情况下,VHDL 中的常量可以在程序包中定义,也可以在实体或结构体中定义。在程序包中定义的常量,一般在程序包体中指定其具体的值。使用常量时,需要注意它的有效范围,主要体现在以下几方面。

(1) 在程序包中定义的常量是全局常量,在整个程序包中都能使用。

(2) 在实体声明部分定义的常量,可以被与实体对应的任何结构体引用。

(3) 在结构体中定义的常量,可以被该结构体内部的任何语句引用。

(4) 在进程说明中定义的常量只能在进程中使用。

10.3.2 数据类型

VHDL 的数据类型可以分为标准数据类型和用户自定义的数据类型两大类,下面分别介绍。

1. 标准数据类型

VHDL 中的标准数据类型有 10 类,具体情况如表 10.3.1 所示。

表 10.3.1 VHDL 的标准数据类型

数 据 类 型	含 义
bit	位型数据,有 0、1 两种取值
bit_vector	位矢量型数据,是多个位型数据的组合,如"1001",使用时注明位宽
integer	整型数据,包括正、负整数和零,取值范围是 $-(2^{31}-1) \sim +(2^{31}-1)$
boolean	布尔型数据,取值是 true(真)和 false(假)
real	实型数据,取值范围是 $-1.0e38 \sim +1.0e38$
character	字符型数据,可以是任意的数字和字符,字符用 ' '括起来,如'A'
string	字符串,是用 " "括起来的一个字符序列,如"integer range"
time	时间型数据,由整数和单位组成,使用时数值和单位之间应有空格,如 10 ns
severity level	错误等级类型,共有四种:note(注意)、warning(警告)、error(出错)和 failure(失败),可以据此了解仿真状态
natural 和 positive	前者是自然数类型,后者是正整数类型

表中给出的数据类型大多与其他高级语言一样,这里就不做说明了。仅对 VHDL 中专有的数据类型做些说明。

(1) 时间(time)型数据。它是一个物理数据。完整的时间类型包括整数和量纲两部分;整数与量纲之间至少留一个空格,如 55 ms,2 ns。

在标准程序包 standard 中给出了时间的预定义,其量纲为 fs、ps、ns、μs、ms、sec、min、hr(飞秒、皮秒、纳秒、微秒、毫秒、秒、分、时)。在进行系统仿真时,时间数据很重要,可以用它表示信号延时,从而使模型系统能更逼近实际系统的运行环境。

(2) 错误等级。在 VHDL 仿真器中,错误等级用来指示设计系统的工作状态,它有四种类型:note (注意)、warning (警告)、error(出错)和 failure(失败)。在仿真过程中,可输出这四种状态以提示系统当前的工作情况。

(3) 自然数(natural)和正整数(positive)。自然数是整数的一个子类型,表示非负的整数,即零和正整数。而 positive 只能为正整数。

在做数据类型说明时,数据类型后面可以加上约束区间。

例 10.3.3 数据类型说明的例子。

```
signal a integer a range 100 downto 1;    -- 定义信号 a 为整型数据,取值范围为 100~1
                                          -- (downto 表示从大到小变化)
signal b bit_vector(3 downto 0);          -- 定义信号 b 为位矢量型数据,矢量共有 4 个元素,
                                          -- b(3)是最左边位,b(0)是最右边位
variable c real range 2.0 to 30.0;        -- 定义变量 c 为实数型数据,取值范围是 2.0~30.0
                                          -- (to 表示数据从小到大变化范围)
```

除了 VHDL 的标准数据类型,ieee 库的程序包 std_logic_1164 中还定义了两种重要的逻辑数据类型,一种是对位数据的规定,另一种是对矢量数据的规定。这两种逻辑数据类型分别是:

(1) std_logic:工业标准逻辑位型;

(2) std_logic_vector 标准逻辑矢量型,它是由 std_logic 类型数据组合成矢量的形式。

这两种逻辑类型数据的取值包括 0、1、x(未知)、z(高阻)等,可以有 9 种状态,具体如表 10.3.2 所示。

表 10.3.2 标准逻辑(矢量)取值表

逻 辑 值	说 明
'0'	逻辑 0,这和 bit 类型相同
'1'	逻辑 1,这和 bit 类型相同
'X'	不定(赋值时使用)
'U'	不定(初始值)
'Z'	高阻
'W'	弱信号不定
'L'	弱信号 0
'H'	弱信号 1
'-'	不可能情况

例 10.3.4 ieee 的 std_logic_1164 中数据类型说明。

```
variable a, b: std_logic;                -- 定义 a、b 两个变量为逻辑型数据
variable c: std_logic_vecter(3 downto 0);  -- 定义 c 为矢量型变量,c(3)在左边,c(0)在右边
```

2. 用户自定义的数据类型

除了以上数据类型,VHDL 还允许用户定义自己所需要的数据类型及子类型。用户定义数据类型的格式为:

type 数据类型名 is [数据类型定义];

type…is 是自定义数据类型的关键字。数据类型定义放在其他语句的定义部分中,有效范围为从本定义行开始到本语句作用的最后。

一般用户定义的数据类型主要分为以下几种。

1) 枚举类型(enumeration)

枚举类型数据的格式为:

type 数据类型名 is (元素,元素,…)

枚举类型数据定义是在"is"后面的括号中罗列出所有的元素。例如,把一星期的七天作为一个枚举,则可有如下定义:

type week is (sun, mon, tue, wed, thu, fri, sat);

注意,在枚举类型数据中,元素是有顺序的,第 1 个元素对应逻辑电路状态 000,第 2 个为状态 001,第 3 个为状态 010,…,总之,后一个逻辑状态是前一个元素逻辑状态加 1。所以,在上面的例子中,sun 对应逻辑状态 000,mon 对应逻辑状态 001,…,sat 对应逻辑状态 110。

2) 整数类型、实数类型(integer,real)

这里的整数类型和实数类型属于前面标准整数类型和实数类型的子类,定义的格式为:

type 数据类型名 is 数据类型定义 约束范围

例如:

type a is real range − 1e3 to 1e3

定义了一个名称为 a 的实数类型数据,数据范围为 $-10^3 \sim +10^3$。

3) 数组(array)

数组定义的格式为：

type 数组类型名 is array 范围 of 原数据类型名;

注意：如果范围这一项没有被指定，则默认使用整数数据类型。

例如：

type word is array (1 to 8) of std_logic;
type tmem is array (0 to 2, 3 downto 0) of std_logic;

以上分别定义了名称为 word、tmem 的数组，两个数组中的元素都是 std_logic 型数据。其中，word 是一维数组，有 8 个元素，分别是 word(1)～word(8)；而 tmem 是一个 3 行、4 列的二维数组。

此外，也可以定义一个数组类新的常数，例如：

constant mem: tmem1: = (('0', '0', '0', '0'), ('0', '0', '1', '0'), ('1', '1', '0', '0'));

常量名是 mem，数组名是 tmem1，同时给常量数组赋了初值。

如果范围这一项需使用整数类型以外的其他数据类型时(如枚举类型)，则应在指定数据范围前加数据类型名。例如：

type week is (sun, mon, tue, wed, thu, fri, sat);
type workdate is array (week mon to fri) of std_logic;

4) 物理类型

物理类型数据用来表示如时间、电压、电流等物理量。物理类型数据定义格式为：

type 数据类型名 is 数据范围
    units
    基本单位;
    单位条目;
end units;

物理类型数据范围规定了按基本单位能表示的物理类型的最小值和最大值，所有的单位标识必须是唯一的。

例 10.3.5 电压类型数据可以按下面定义完成。

type voltage is range 0.0 to 1.0e6
units
    uV ;
    mV = 1000 uV ;
    V = 1000 mV ;
    kV = 1000 V ;
    mV = 1000 kV ;
end units;

这里定义的时间数据类型名称为 voltage，最小电压单位是 uV(应为 μV，微伏)，此外还有 mV、V、kV、mV 等。

5) 记录类型(record)

记录类型数据的定义格式为：

```
type 数据类型名 is record
    元素名 1: 数据类型名;
    元素名 2: 数据类型名;
    …
    元素名 n:数据类型名;
end record;
```

例 10.3.6 定义一个窗口尺寸的记录类型数据,并引用这个记录中的元素。

```
type window is record                    -- 定义一个记录,记录名为 window
    length: integer;
    width: integer;
end record;
signal win: window;                      -- 定义信号 win 具有 window 类型
win.length <= 10;                        -- 将 window 的元素 length 赋值为 10
win.width <= 6;                          -- 将 window 的元素 width 赋值为 6
```

注意,引用记录数据类型中的元素应使用".",而不是数组的括号。

6) 用户定义的子类型

用户定义的子类型是用户对已定义的数据类型做一些范围限制而形成的一种数据类型。注意不能用 array 定义新的子类型。子类型的定义格式为:

```
subtype 子类型名 is 数据类型名[限制范围];
```

例 10.3.7 用户子类型数据定义说明。

```
subtype digit is integer range 0 to 9;          -- 定义 digit 为子类整型,范围为 0~9
subtype abus is std_logic_vector(7 downto 0);   -- 定义 abus 为子类逻辑矢量类型
```

从数据类型规定可以看出,VHDL 是一个规则严格、类型丰富的硬件描述语言,既可以用于简单的逻辑电路描述与设计,也可以用于大型复杂系统描述与设计。

在 VHDL 中,数据类型的定义比较严格,不同类型的数据是不能进行运算和直接代入的。为了实现正确的数据间操作,有时需要进行类型变换。

变换函数通常由 VHDL 语言的包集合提供。例如,在"STD_LOGIC_1164""STD_LOGIC_ARITH""STD_LOGIC_UNSIGNED"的包集合中提供了如表 10.3.3 所示的数据类型变换函数,需要做数据转换时,可以选择使用。

表 10.3.3 类型变换函数表

所 属 包	函 数 名	功 能
STD_LOGIC_1164	TO_STDLOGICVECTOR(A)	由 BIT_VECTOR 转换为 STD_LOGIC_VECTOR
	TO_BITVECTOR(A)	由 STD_LOGIC_VECTOR 转换为 BIT_VECTOR
	TO_STDLOGIC(A)	由 BIT 转换为 STD _LOGIC
	TO_BIT(A)	由 STD_LOGIC 转换为 BIT
STD_LOGIC_ARITH	CONV_STD_LOGIC_VECTOR	由 INTEGER、UNSIGNED、SIGNED 转换为 STD_LOGIC_VECTOR
	CONV_INTEGER(A)	由 UNSIGNED,SIGNED 转换为 INTEGER
STD_LOGIC_UNSIGNED	CONV_INTEGER(A)	由 STD_LOGIC_VECTOR 转换为 INTEGER

最后需要说明的是,VHDL 是一种强类型语言,也就是说,每个数据对象只能有一个数据类型,且只能具有那个数据类型的值。对某个数据对象进行操作的类型必须与该对象的类型相一致,不同类型之间的数据不能直接代入,数据类型相同但位长度不同的也不能直接代入。

10.3.3　VHDL 语言的运算符

在 VHDL 语言中,常用的运算主要有算术运算、关系运算、逻辑运算和符号运算等。下面分别对它们进行介绍。

1. 运算符

VHDL 语言的运算与操作符如表 10.3.4 所示。

表 10.3.4　VHDL 语言的运算操作符

类　型	操　作　符	功　能	操作数数据类型
算术运算符	＋	加	整数
	—	减	整数
	&	并置	一维数组
	*	乘	整数和实数(包括浮点数)
	/	除	整数和实数(包括浮点数)
	MOD	取模	整数
	REM	取余	整数
关系操作符	=	等于	任何数据类型
	/=	不等于	任何数据类型
	<	小于	枚举与整数类型,及对应的一维数组
	>	大于	枚举与整数类型,及对应的一维数组
	<=	小于或等于	枚举与整数类型,及对应的一维数组
	>=	大于或等于	枚举与整数类型,及对应的一维数组
逻辑操作符	AND	与	BIT,BOOLEAN,STD_LOGIC
	OR	或	BIT,BOOLEAN,STD_LOGIC
	NAND	与非	BIT,BOOLEAN,STD_LOGIC
	NOR	或非	BIT,BOOLEAN,STD_ LOGIC
	XOR	异或	BIT,BOOLEAN,STD_LOGIC
	XNOR	异或非	BIT,BOOLEAN,STD_LOGIC
	NOT	非	BIT,BOOLEAN,STD_LOGIC
符号操作符	＋	正	整数
	—	负	整数

不同运算符可以对不同数据类型的数据进行运算。逻辑运算符可以对 std_logic、std_logic_vector、bit_vector、boolean 等逻辑类型数据进行运算;算术运算符可以对整数型、实数型等类型的数据进行运算;关系运算符是对相同类型的数据进行比较判断。一般情况下,只要是两个操作数的运算,两个操作数应该有相同的数据类型。

此外还需说明,"&"运算称为并置运算,其作用有:可用于位的连接,形成位矢量;也可用于两个位矢量连接构成更长的位矢量。如 '1'&'0'&'1',结果为"101";"101"&"001",结果为"101001"。

"<="运算符除了表示小于或等于,还作为信号的代入或赋值操作符。

2. 运算优先级

各种运算符有先后顺序,即有运算优先级顺序,优先级顺序如表10.3.5所示。

表 10.3.5 VHDL 中的运算优先级顺序

运 算 符	优 先 级
NOT,ABS,＊＊	最高优先级
＊ ,／ ,MOD, REM	
＋(正号),－(负号)	
＋ ,－, &	
SLL,SLA,SRL,SRA,ROL,ROR	
＝,／＝,<,<＝,>,>＝	
AND,OR,NAND,NOR,XOR,XNOR	最低优先级

表10.3.5中第一行,逻辑取反"NOT"、绝对值运算"ABS"、乘幂运算"＊＊"的优先级最高;最后一行是除了"NOT"以外的其他逻辑运算,有最低的优先级。同一行中的运算符具有相同优先级。如果相同优先级的运算符出现在同一行,则按照从左到右的顺序执行。

10.4 VHDL 的描述语句

VHDL 提供了丰富的描述语句,主要分为两类,即并行描述语句和顺序描述语句。顺序描述语句是指在程序中的各个语句完全按照书写的先后顺序来执行,并且前面语句的执行结果会直接影响后面各语句的执行。顺序描述语句只能出现在进程或子程序中,用来定义进程或子程序的算法。顺序语句可以进行算术运算、逻辑运算、信号和变量的赋值、子程序调用,也可以进行条件控制和迭代等操作。并行描述语句则不同,作为一个整体运行,在并行描述语句中,程序仅执行被激活的语句,而不是执行所有语句;在一个模拟周期中,所有被激活语句的执行不受语句书写顺序的影响。

10.4.1 VHDL 的顺序语句

1. 顺序赋值语句

顺序赋值语句的功能是将一个值或一个表达式的运算结果传送给某一个数据对象。如信号或变量及由它们组成的数组等,都可以接受赋值。设计实体内的数据传递及对端口界面外部数据的读写都需要通过赋值语句来实现。

在 VHDL 中,只能对变量或信号赋值,因此对变量和信号分别给出了相应的赋值语句。

1)变量赋值语句的语法格式

目标变量∶＝ 表达式;

使用变量赋值语句时应注意,变量赋值限定在进程、函数和过程等顺序区域内,变量赋值符号为"∶＝"。

例 10.4.1 变量赋值的例子。

process   -- 进程语句(10.4.2节讨论)

```
        variable count : integer : = '0';        -- 定义变量 count,并赋初值 0
        begin
        count: = count + 1;                       -- 取表达式的值赋给变量 count
    end process;
```

例 10.4.2 变量的几种赋值形式。

```
a : = '0';
b : = '1';
c(0 to 2) : = "110";
d(3 downto 0) : = "0110";
```

2) 信号赋值语句的书写格式

目的信号量 <= 信号表达式;

对信号赋值时,使用的是"<="操作符,要求赋值号两边的信号有相同的数据类型和相同的位长度,经常将信号赋值称为"代入"操作。例如,s <= a nor (b and c); 是将逻辑表达的值赋给信号 s,其中 a、b、c 和 s 必须是逻辑型信号。另外,信号也可以采用变量的赋值符号" := "完成赋值,但变量不能采用信号的赋值号"<="来赋值。

例 10.4.3 信号的几种赋值形式。

```
a <= "0101";
b : = (12,13,14);
(c,d,e) <= b;
```

例 10.4.4 一个结构体内的多次代入情况。

```
architecture sample of sample is
begin
    a <= b after 5 ns; -- 5ns 后,将 b 代入 a
    d <= c after 10 ns; -- 10ns 后,将 c 代入 d
end architecture;
```

2. wait 语句

wait 语句就是完成等待操作,它所起的作用视具体情况而定。如可用于同步进程的执行,或用于产生脉冲等。在仿真运行中有两种状态,即执行或挂起状态。当进程执行到 wait 语句时,将被挂起,当设置好的再次执行的条件被满足时,会脱离挂起,继续执行。

wait 语句可以设置 4 种不同的条件,分别是无限等待、时间到、条件满足及敏感信号量变化。这几类 wait 语句条件也可以混合使用。它们的书写格式分别为:

wait——无限等待;

wait on——信号量变化;

wait until——条件满足;

wait for——时间到。

一般情况下,只有 wait until 格式的等待语句可以在 VHDL 中实现综合,其他语句主要用于仿真过程中。

1) wait 形式

在这种形式的 wait 语句中,wait 后面没有任何参数或其他关键字,其作用就是将进程永远挂起。

2) wait on 形式

wait on 形式等待语句的作用,是当程序执行到该语句时,先将进程挂起,等待信号变化;当信号发生变化满足条件时,将重新启动进程,执行 wait on 后面的语句。

wait on 语句的格式为:

```
wait on 信号 [,信号];
```

wait on 语句后面跟着的内容是信号列表,在信号列表中列出一个或多个信号,也称为敏感信号。程序执行到这里,进程进入等待状态,这时,信号列表中的任何一个敏感信号变化,都将结束挂起,再次启动进程运行。例如:

```
wait on a, b, c;
```

程序执行到上述语句时,将把进程挂起,等待 a、b、c 中任何一个信号变化。

另外需要说明的是,在进程中使用 wait on 时,敏感信号可以在 wait on 后面,也可以在进程关键字 process()后面的括号中。

例 10.4.5 敏感信号列表的位置。

```
程序 a                          程序 b
process                         process(a, b)
begin                           begin
    y < = a and b ;                 y < = a and b;
    wait on a, b ;              end process;
end process;
```

程序 a 中执行所有语句后,进程将在 wait on 语句处被挂起,直到 a 或 b 中任一信号发生变化,进程才重新开始;程序 b 执行完所有代码后,进程同样被挂起,等待 a、b 信号的变化,这两个程序的进程是等价的。但在程序 b 中,敏感信号列表在进程关键字 process()后面的括号中,这时程序中不能再有任何形式的 wait 语句。

3) wait until 形式

wait until 形式也称为条件等待语句,该语句的格式为:

```
wait until 表达式;
```

需要说明的是,wait until 语句后面的表达式应该是布尔类型,在布尔表达式中包含一个敏感信号量的列表,当列表中的任何一个信号量发生变化时,便立即对表达式进行一次运算,如果运算结果为"真",则使进程脱离挂起状态,继续执行 wait until 后面的指令。

wait until 语句有以下三种表达方式

```
wait until 信号 = value;                    -- 当信号等于 value 时,表达式的值为"真"
wait until 信号'event and 信号 = value;      -- 当信号变化且等于 value 时,其值为"真"
wait until not 信号'stable and 信号 = value;  -- 信号不处于稳定状态,且值等于 value 时为"真"
```

例 10.4.6 wait until 几种情况的例子。

```
wait until clock = '1';                     -- 信号 clock 为 1 时,退出挂起
```

```
wait until rising_edge(clk);                  -- clk 上升沿时,退出挂起
wait until clk'event and clk = '1';           -- 有 clk 事件(跳变)且 clk = 1 时,退出挂起
wait until not clk' stable and clk = '1';     -- 非 clk 稳态且 clk = 1 时,退出挂起
```

4) wait for 形式

这种形式也称为超时等待形式。其表达式比较简单,语句的书写格式为:

wait for 时间表达式;

在此语句中定义了一个时间,当执行到 wait for 语句时开始计时,当时间没有到时,进程处于挂起等待状态,时间到了之后,进程才开始执行 wait for 语句后继的语句。当然,时间表达式的时间既可以是常数,也可以是有确定数值的表达式。

例 10.4.7   wait for 语句示例。

```
wait for 10 us;
wait for (a * (b + c));
```

此例中,第一行语句的时间表达式为常数 10us,当进程执行到该语句时,将等待 10us,10us 后,进程继续执行 wait for 后面的语句。

在第二行语句中,表达式(a * (b + c))为时间表达式,当然前提是 a、b、c 都有确定值。当执行到此句时,首先计算表达式的值,然后将计算结果作为该语句的等待时间。等待时间未到时,程序将等待,等时间到了,再继续执行后面语句。

对于等待语句 wait 的不同形式,实际使用时可以将其综合使用,设置多个等待条件,以达到设置更为复杂等待条件的目的。

5) wait 语句的复合形式

wait 语句可以同时使用多个等待条件,构成复合形式的 wait 语句。例如:

wait on clk until clk = '1';

该语句是将 wait on 和 wait until 结合在一起使用,等待的条件是:信号 clk 发生变化,且 clk 的值为'1';也就是当信号 clk 从'0'跳到'1'时,进程结束挂起。当然,还可以有其他组合方式,实现多个等待条件设置。

3. if 语句

和很多高级语言的 if 语句基本一样,VHDL 的 if 语句按书写格式不同可分为三种形式,下面分别讨论。

1) 基本形式 if 语句

这种语句的格式为:

```
if 条件 then
    顺序语句;
end if;
```

当程序执行到 if 语句时,首先要判断语句中指定的条件是否成立。如果条件成立,则程序执行 if 语句中所含的顺序语句;如果条件不成立,程序将跳过 if 语句所包含的顺序处理语句,执行 if 后面的语句。

2）if-else 语句

这种语句的格式为：

```
if 条件 then
    顺序语句 1;
else
    顺序语句 2;
end if;
```

这是一种二选一结构，当执行到 if 语句时，首先要判断 if 后面的条件是否为"真"，如果条件为"真"，程序执行顺序语句 1，执行完跳到 end if 语句后面执行；当 if 语句的条件为"否"，程序执行顺序语句 2，然后执行 end if 后面的语句，即依据 if 所指定的条件是否满足，程序可以在两条不同的执行路径中选择一条路径执行。

3）if-elsif-else 语句

这是一种多选一语句，这种语句的格式为：

```
if 条件 1 then
    顺序语句 1;
elsif 条件 2
    顺序语句 2;
elsif 条件 3
    顺序语句 3;
else
    顺序语句 4;
end if;
```

这种多选择控制的 if 语句实际上就是条件嵌套。它可以设置多个条件，这里设置了 3 个条件，分别对应顺序语句 1、顺序语句 2 和顺序语句 3，当满足其中一个条件时，就执行该条件后的顺序语句。当所有设置的条件都不满足时，程序执行顺序语句 4。

例 10.4.8　if 控制语句实现的 d 型触发器。

解　触发器有一个输入 d，一个时钟 clk，两个输出 q 和 qb，采用 clk 上升沿触发。程序为：

```
library ieee;
use ieee.std_logic_1164.all;
entity dff is
    port(clk, d : in std_logic;
        q, qb: out std_logic);
end dff;
architecture rff of dff is
begin
    process(clk)
        begin
        if (clk'event and clk = '1') then        --clk 上升沿触发
            q<= d; qb<=  not d;
        end if;
    end process;
end rff;
```

4. case 语句

依据所满足的条件,case 语句直接在多选项择中选择出一项顺序语句执行,它常用来描述总线、编码、译码等行为。case 语句的格式为:

```
case 表达式 is
    when 条件 1 =>
    顺序语句 1;
    when 条件 2 =>
    顺序语句 2;
    …
    when 条件 n =>
    顺序语句 n;
    when others =>
    顺序语句;
end case;
```

该语句执行时,先计算出表达式的值,然后将表达式的值与条件比较,满足哪个条件,就执行该条件下相应的顺序语句。当所有条件均不满足时,执行 others 后面的语句。

when 后面的"条件"可以有以下几种形式:

(1) 条件就是一个值,此时条件表达式为:when 值=>;

(2) 条件是并列的多个值,此时条件表达式为: when 值/值/值 =>;

(3) 条件是一个数据范围,此时条件表达式为: when 值 1 to 值 2 =>;

需要注意的是,case 语句后面的所有条件表达式限定的条件不能有重叠,否则运行时将产生错误;当执行到 case 语句时,其后面的条件表达式必须有一条满足,且只能有一条满足,也就是说,when others 语句不能缺少。

例 10.4.9 case 语句实现的四选一数据选择器程序。

解 选择器有 4 个输入 d0~d3,一个输出 y,两个选择控制端 a、b。程序为:

```
library ieee;
use ieee.std_logic_1164.all;
entity mux4 is
    port(d0,d1,d2,d3,a,b: in std_logic;
        y: out std_logic);
end entity;
architecture select of mux4 is
    signal s: std_logic_vector(1 downto 0);
begin
    process(d0,d1,d2,d3,a,b)
    begin
        s <= b&a;
            case s is
                when "00" => y<= d0;
                when "01" => y<= d1;
                when "10" => y<= d2;
                when "11" => y<= d3;
                when others => null;
            end case;
        end process;
```

```
end architecture;
```

5. loop 语句

loop 语句是循环语句,它可以使一组顺序语句被循环执行,其执行的次数由参数来控制。在 VHDL 中,常用来描述电路的迭代行为。

loop 语句有三种格式,分别是单个 loop 语句、for…loop 语句和 while…loop 语句。

1) 单个 loop 语句格式

```
[标号:] loop
    顺序语句
end loop [标号];
```

单个 loop 语句本身对循环次数没有控制能力,需引入其他控制语句才能实现循环次数的控制,如无其他控制语句,则为无限循环。

2) for…loop 语句格式

```
[标号:] for 循环变量 in 范围 loop
    顺序语句
end loop [标号];
```

for 后的"循环变量"是一个属于 loop 语句的局部临时变量,不需要事先定义,它只能作为赋值源,不能被赋值。因此在 for…loop 语句范围内不能使用其他与此循环变量同名的标识符。

"范围"规定了 loop 语句中的顺序语句被执行的次数。循环变量从范围的初始值开始,每循环一次该变量递增 1,直到达到循环范围指定的最大值为止。

3) while…loop 语句格式

```
[标号:] while 条件 loop
    顺序语句
end loop [标号];
```

在该 loop 语句中,没有给出循环次数的范围,也不能使循环变量自动递增;而是通过给定循环语句的条件来控制循环,在循环体中增加了一条循环次数计算语句,循环控制条件为布尔表达式,当条件为"真"时,则进行循环,当条件为"假"时,则结束循环。

例 10.4.10 用 while_loop 实现的八位奇偶校验电路程序。

解 八位奇偶校验电路是常用的逻辑电路,输入 a 是八位二进制值,输出为 y。tmp 为给定值,如果设定 tmp＝1,则 y 输出 1,a 中 1 的个数为偶数;反之,当 y 输出 0 时,a 中 1 的个数为奇数。程序为:

```
library ieee;
use ieee.std_logic_1164.all;
entity parity_check is
    port(a:in std_logic_vector(7 downto 0);
        y: out std_logic);
end parity_check;
architecture behave of parity_check is
begin
```

```
    process(a)
    variable tmp: std_logic;
    variable i: integer;
begin
        i: = 0;
        while (i < 8) loop
            tmp: = tmp xor a(i);
            i: = i + 1;
        end loop;
        y < = tmp;
    end process;
end behave;
```

6. next 语句

next 语句主要用于 loop 语句的内部循环控制,next 语句的书写格式为

next [标号] [when 条件];

next 语句的格式规则主要有如下几点。

(1) next 语句作用是结束本次循环,而转入下一次循环。

(2)"标号"表明执行 next 语句后下一次循环的起始位置。

(3) 如果 next 语句后没标号,则从 loop 语句的起始位置进入下一个循环。

(4)"when 条件"是 next 语句的执行条件。若条件满足,就执行 next 语句,否则不执行。

(5) 如果 next 语句后面没有"when 条件",则 next 语句立即无条件跳出循环。

7. exit 语句

exit 语句也可用于 loop 语句的循环控制,exit 语句的格式为:

exit [标号] [when 条件];

exit 语句的规则主要有如下几点。

(1) 不是像 next 语句那样结束本次循环,exit 语句可在 loop 循环中结束 loop 循环。

(2) exit 语句不含标号和条件时,表明无条件结束 loop 循环过程。

(3) exit 语句含有"标号"时,表明跳到标号处继续执行。

(4) 语句中有"when 条件"时,如果条件为"真",则跳出 loop 语句;如果条件为"假",则继续 loop 循环。

exit 语句也常用在程序调试过程中,当程序需要处理保护、出错和警告状态时,exit 语句提供了一种快捷、简便的调试方法。

8. return 语句

return 语句是子程序返回语句,其格式为:

return [表达式];

return 语句是函数或过程的返回语句,放在函数或过程的最后。

需要说明的是,VHDL 中子程序调用采用的格式为:

子程序名 [(形参名)实参表达式]

这个调用格式对函数和过程调用都适用。其中,形参为被调用的过程或函数中已说明的参数名,实参则是调用语句中给定的参数。被调用函数或过程中的形参与调用语句中给定的实参应该有对应关系,对应关系的确立可以是位置关联,也可以是名字关联,这些规则和大多数高级语言一样。

9. null 语句

空操作语句 null 不完成任何操作,但该语句编译时会占用内存,执行也需要时间。常用于程序的调试等过程中。其格式为:

```
null;
```

10.4.2　VHDL 的并行语句

并行描述语句是同时执行的语句,和语句的书写顺序没有关系。这里介绍几个常用的并行描述语句。

1. 进程(process)语句

process 是最主要的并行描述语句,在一个结构体中可以有多个 process 语句同时并发运行。在 VHDL 程序中,process 语句是描述硬件并行工作行为的最常用、最基本的语句。

process 语句的一般结构形式为:

```
[进程名:] process [(敏感信号表)]
变量说明语句;
begin
    顺序语句
end process [进程名];
```

process 语句具有如下特点:

(1) 进程结构内部的语句是按顺序执行顺序语句。

(2) 多个进程之间的语句是并行执行的语句,并行存取结构体或实体中所定义的信号。

(3) 为启动进程,在进程结构中必须包含一个显式的敏感信号量表或者包含一个 wait 语句(wait 语句是等待语句,后面会介绍)。

(4) 进程之间的通信,能通过信号来传递,不能通过变量传递。

例 10.4.11　一个结构体定义中的进程语句应用。

```
architecture multiple_wait of tests is      -- 定义结构体
signal ab : bit : = '0';
begin
p0: process(a,b)                            -- 进程开始,进程名是 p0,有 a、b 两个敏感参数
begin
    wait for 10 ns;                         -- 等待 10nm
    wait;
    end process p0;                         -- 进程结束
end architecture multiple_wait;             --结构体结束
```

2. 块(block)语句

块语句本身就是并行描述语句,并且块的内部也是由并行描述语句构成的。实际上,可以把块看作结构体中的子模块,这个子模块把许多并行描述语句包装在其中。

块语句的一般格式为：

```
块标号:block [(保护表达式)]
  {[类属子句 类属接口表;]}
  {[端口子句 端口接口表;]}
  <块说明部分>
begin
  <并行语句1>
  <并行语句1>
  …
end block [块标号:]
```

3. 并行信号赋值语句

信号赋值就是使用信号赋值操作符"<="修改一个信号的状态。如果此语句在一个进程中，那么它是一个顺序语句；反之，如果它在进程外面(和进程并列关系)，那么它就是一个并行赋值语句。

例 10.4.12 并行赋值语句与顺序赋值语句比较。

```
architecture arch of demo is
begin                        -- 并行赋值
    d1 <= din
    d2 <= din
  process(din)               -- 进程
  begin                      -- 顺序赋值
    c1 <= din
    c2 <= din
  end process;
end architecture;
```

其中的 c1、c2 是顺序被赋值，c1 在 c2 之前被赋值；而 d1 和 d2 是并行被赋值，它们同时被赋值。

4. 条件信号赋值语句

条件信号赋值代入语句也是并发描述语句，它可以根据不同条件将不同的多个表达式之一的值代入信号量。其格式为：

```
目的信号 <= 表达式 1 when 条件 1 else
            表达式 2 when 条件 2 else
            表达式 3 when 条件 3 else
                …
            表达式 n;
```

这里，最后一个表达式 n 表示其上面 n−1 个条件都不满足时，将自动选择表达式 n，如果前面有条件满足，则对应的表达式的值将被赋给目的信号量。

下面以四选一选择器为例说明条件信号代入语句的使用方法。

例 10.4.13 用条件信号代入语句实现四选一数据选择器。

解 定义一个实体 mux4，其中 din0、din1、din2、din3 为选择器输入端，b、a 为选择端，dout 为输出端。根据选择端 b、a 组合为 00、01、10、11，分别选中 din0、din1、din2、din3 从输入到输出 dout。代码为：

```
library ieee;
use ieee.std_logic_1164.all;
entity mux4 is
    port (din0, din1, din2, din3, b, a: in std_logic;
        dout: out std_logic);
end mux4;
architecture arch of mux4 is
signal sel : std_logic_vector(1 downto 0);
    begin
        sel <= b & a;
            dout <= din0 when sel = "00" else
            din1 when sel = "01" else
            din2 when sel = "10" else
            din3 when sel = "11" else
            'Z';
end architecture;
```

5. 选择信号赋值语句

选择信号赋值语句类似于 case 语句,它的格式为:

```
with 表达式 select
目的信号量 <= 表达式 1 when 条件 1,
            表达式 2 when 条件 2,
            表达式 3 when 条件 3,
            …
            表达式 n when others;
```

例 10.4.14　使用选择信号赋值语句实现四选一数据选择器。

解　用选择信号赋值语句实现四选一数据选择器,代码为:

```
library ieee;
use ieee.std_logic_1164.all;
entity mux4 is
    port (din0, din1, din2, din3,b,a: in std_logic;
        dout: out std_logic );
end mux4;
architecture arch of mux4 is
signal sel: std_logic_vector(1 downto 0);
begin
    sel <= b & a;
    with sel select
    dout <= din0 when "00",
        din1 when "01",
        din2 when "10",
        din3 when "11",
        'Z' when others;
end architecture;
```

例 10.4.13 和例 10.4.14 完成的功能完全相同,仅仅是实现过程采用了不同的语句。

6. 元件例化语句

元件例化语句的作用就是将一个已经设计好的实体定义为一个元件或一个模块,并且使其可以被其他设计引用。引用时,需要进行声明和例化,相应的有声明和例化语句。

元件声明的一般格式为:

```
component 实体名
    port(端口定义的信息);
end component;
```

元件例化的一般格式为:

例化名: 实体名 port map(端口信息列表);

端口信息列表的格式为:

[例化元件端口 =>]连接实体端口

在 10.7 节中会给出关于声明语句和例化语句的应用例子。

10.5　VHDL 语言中数字量的属性

在 VHDL 中,属性是指关于实体、结构体、类型、信号等项目的特征,利用属性可以使 VHDL 代码更加简明扼要、易于理解。

VHDL 语言提供了属性定义和描述功能。利用属性定义可以写出更加简洁、可读性更强的程序模块。属性功能有许多重要应用,可以用来检出时钟边沿,完成定时检查,从块结构、信号或子类型中获取数据,获取数据类型的范围等。通过预定义属性描述语句,可以得到对象的有关值、功能、类型及范围。VHDL 提供了 5 类预定义属性,即数值类属性、函数类属性、信号类属性、数据类型类属性和数据范围类属性。

10.5.1　数值类属性获取

检测数字量的属性(有些资料也称为预定义属性)是 VHDL 语言程序设计的重要方法之一,是信息在变量、信号、文件及块等不同客体之间传递和提取的重要方法。下面说明这类属性。

1. 数值类数据属性:返回类型的边界

数值类属性函数可用返回数字量的边界值来表示。下面定义 number 的边界范围为:

type number is integer range 31 downto 0;

该语句定义了数字量 number 为整数,其左边界是 31,右边界是 0。但在应用中如果需要 number 的边界,如何检测它的边界范围呢?可以用检测属性的方法得到结果。

检测数值类属性的描述语句格式为:

数字对象'属性名

其中,"'"符号是 VHDL 特有的标号,用于指定属性,后跟属性名,"'"前的数字对象是需要检测属性的对象。一般有四种情况,如下面例子所示。

例 10.5.1　数值类属性返回边界的说明。

type number is integer range 31 downto 0;　　-- 定义数字对象 number 的范围

```
I: = number'left;                    -- 返回对象 number 的左边界
I: = number'right;                   -- 返回对象 number 的右边界
I: = number'high;                    -- 返回对象 number 的上边界
I: = number'low;                     -- 返回对象 number 的下边界
```

上边界就是边界中最大的值,下边界就是边界中最小的值。本例中,上边界等于左边界,下边界等于右边界。

2. 数值类数组属性:返回数组长度

数值类数组属性只有一个,即长度(length),它可以返回指定数组的总长度。数组的数值属性适用于标量类型的数组范围和带标量类型的多维数组范围。检测语句书写格式为:

```
对象'length;
```

例 10.5.2 数值类数组属性说明的例子。

```
process                              -- 过程开始
type a4 is array(0 to 3) of bit;     -- 定义数组 a4
type a20 is array(8 to 30) of bit;   -- 定义数组 a20
variable l1,l2:integer;              -- 定义整数型变量 l1、l2
begin
    l1: = a4'length;                 -- 将数组 a4 的长度赋予变量 l1
    l2: = a20'length;                -- 将数组 a20 的长度赋予变量 l2
    wait a;                          -- 等待条件满足
end process;                         -- 过程结束
```

3. 数值类块的属性:返回块的信息

检测块或结构体的数值属性可以得到两类信息:一类是获取其行为信息,另一类是获取其结构信息。检测语句的一般形式为:

```
块或结构体名'behavior;               -- 行为信息的获取,behavior 表示返回行为属性
块或结构体名'structure;              -- 结构信息的获取,structure 表示返回结构属性
```

例如:

```
structural'behavior;                 -- 检测数值类块对象的行为
structural'structure;                -- 检测数值类块对象的结构
```

10.5.2　函数类属性获取

函数类属性可以返回类型值、数组等信息。

1. 函数类属性:返回类型值

函数类属性返回的函数类型属性分为 6 种情况,分别为:

```
数据类型名'pos(x);                   -- 返回数据类名 x 的位置序号
数据类型名'val(x);                   -- 返回 x 的位置值
数据类型名'succ(x);                  -- 返回 x 后面的相邻位置值
数据类型名'pred(x);                  -- 返回 x 前面的相邻位置值
数据类型名'leftof(x);                -- 返回 x 左边相邻的值
数据类型名'rightof(x);               -- 返回 x 右边相邻的值
```

函数类型属性主要用于将枚举类型数据或物理类型的数据转换成整数类型。例如：

```
convi := current'pos(i);              -- 将 i 的位置序号赋给变量 convi
conve := voltage'pos(v);              -- 将 v 的位置序号赋给变量 conve
```

2. 函数数组类属性：返回数组类型的边界

函数数组类属性返回数组类型的边界，主要分为 4 类，分别为

```
数组名'left(n);                       -- 返回索引号 n 的左边界值
数组名'right(n);                      -- 返回索引号 n 的右边界值
数组名'high(n);                       -- 返回索引号 n 的上边界值
数组名'low(n);                        -- 返回索引号 n 的下边界值
```

由于数组元素右递增排列和递减排列，所以当数组递减排列时(或者在数组的递减区间)，有如下关系：

```
数组名'left = 数组名'high;
数组名'right = 数组名'low;
```

10.5.3　信号类属性获取

信号类属性包括信号的行为信息和功能信息。通过信号类属性获取可以得到：一个信号是否发生了值的变化；从最后一次变化到现在经历的时间；信号变化之前的历史情况，即变化之前的值等信息。

信号类属性获取语句的格式为：

```
信号名'event           -- 如果在当前很短的时间间隔内,该事件发生,则返回一个布尔量
                       -- 为"真"(true);否则返回"假"(false)
信号名'active          -- 在当前时间内,如果信号发生了变化,且事件作了处理,则返回"真"
                       -- (true);否则返回"假"(false)
信号名'last_event      -- 返回信号最后一次改变到当前时刻所经历的时间值
信号名'last_value      -- 返回信号最后一次变化前的值
信号名'last_active     -- 返回信号从前一次改变到现在的时间长度值
```

例 10.5.3　信号类属性'event 和'last_value 的应用。

```
library ieee;
use ieee std_logic_1164.all;
entity dff is
    port(clk, d: in std_logic
            q:out std_logic);
end dff;
architecture rtl of dff is
begin
    pl: process (clk);
    begin
        if(clk'event and clk = '1' and clk'last_value = '0') then
            q <= d;
        end if;
    end process pl;
end architecture;
```

在例 10.5.3 中，**clk'event** and clk＝'1'表明 clk 有跳变且值为 1，也就是 clk 有正跳变；**clk' last_value**＝'0'表明 clk 最后一次跳变到 0 值。

10.5.4　数据类型类属性获取

数据类型类属性可以获取数据类型中的一个值，这个值必须是数值类或函数类。这个属性只能作另一属性的前缀。其书写格式为

type ' base;

这个属性可以得到数据类型或子类型。当与其他属性配合使用时，可获取数据中某一元素的值。

10.5.5　数据范围类属性获取

数据范围类属性返回数组类型的范围值，并由所选的输入参数返回指定的指数范围，这种属性格式为：

A'range[(n)];
B'reverse_range[(n)];

这两个属性不同，属性'range 将返回由参数 n 指明的，按正序排序的数据对象 A 的范围；属性'reverse_range 将返回按逆序排列的数据对象 B 的范围。如第一种格式获得的区间是 0 到 10，则第二种格式获得的区间是 10 到 0。

例 10.5.4　数据区间类属性预定义的应用。

```
function vector_to_int (vect:std_logic_vector)
    return integer is
    variable result: integer: = 0;
begin
    for i in vect' range loop        -- 获取矢量 vect 的范围，并作为循环范围
        result : = result * 2;
        if vect(i) = '1' then
            result : = result + 1;
        end if;
    end loop;
    return result;
end vector_to_int;
```

10.6　VHDL 语言设计逻辑电路举例

用 VHDL 设计（描述）逻辑电路是其基本的应用之一。本节将通过几个例子讨论设计方法。

10.6.1　组合逻辑电路

例 10.6.1　两输入与非门设计。

解　设二输入与非门逻辑关系为 $y=\overline{a \cdot b}$，对应的 VHDL 程序为：

```
library ieee;
use ieee.std_logic_1164.all;
entity nand2 is
port(a,b: in std_logic;
        y: out std_logic);
end entity;
architecture nand2_1 of nand2 is
begin
    y <= a nand b;
end architecture;
```

需要说明的是,用 VHDL 描述的二输入与非门可以有不同的描述方法,因此描述程序不是唯一的。另外,用 VHDL 描述集电极开路"与非"门和一般"与非"门时,在描述上没有差异,不同的只是从不同元件库中提取了不同电路。二输入与非门是基本元件,需要时直接从库里调用即可。

例 10.6.2 三输入或非门 $y=\overline{a+b+c}$ 的 VHDL 设计。

解 采用 NOR 运算可以实现或非运算,对应的 VHDL 程序为:

```
library ieee;
use ieee.std_logic_1164.all;
entity nor3 is
port(a,b,c: in std_logic;
        y: out std_logic);
end nor3;
architecture nor3_1 of nor3 is
begin
    y <= (a or b) nor c;
end architecture;
```

例 10.6.3 反相器设计。

解 反相器逻辑关系为 $y=\overline{a}$,对应的 VHDL 程序为:

```
library ieee;
use ieee.std_logic_1164.all;
entity inverter is
port(a,b: in std_logic;
        y: out std_logic);
end entity
architecture inverter_1 of inverter is
begin
    y <= not a;
end architecture;
```

例 10.6.4 二输入异或门设计。

解 二输入异或逻辑关系为 $y=a \cdot \overline{b}+\overline{a} \cdot b=a \oplus b$,对应的 VHDL 程序为:

```
library ieee;
use ieee.std_logic_1164.all;
entity xor2 is
port(a,b: in std_logic;
```

```
        y: out std_logic);
end xor2
architecture xor2_1 of xor2 is
begin
    y <= a xor b;
end architecture;
```

例 10.6.5 3 线-8 线译码器设计。

解 3 线-8 线译码器有 3 个输入端 a、b、c 和 8 个译码输出端 y0~y7。对输入端 a、b、c 的值进行译码，以确定输出端 y0~y7 的哪一个输出端变为有效(低电平选中)。此外，译码器还有 3 个选通控制端为 g1、g2a 和 g2b。只有在 g1=1,g2a=0,g2b=0 时,译码器才进行正常译码；否则,所有输出 y0~y7 将均为高电平。用 VHDL 语言描述的 3 线-8 线译码器为：

```
library ieee;
use ieee.std_logic_i164.all;
entity decoder_3_to_8 is
port(a,b,c,gl,g2a,g2b: in std_logic;
    y: out std_logic_vector(7 downto 0);
end decoder_3_to_8;
architecture rtl of decoder_3_to_8 is
signal indata: std_logic_vector(2 downto 0)
begin
    indata <= c & b & a;
    process(indata, gl ,g2a ,g2b)
    begin
        if(gl = '1'and g2a = '0' and g2b = '0') then
            case indata is
                when "000" => y <= "11111110";
                when "001" => y <= "11111101";
                when "010" => y <= "11111011";
                when "011" => y <= "11110111";
                when "100" => y <= "11101111";
                when "101" => y <= "11011111";
                when "110" => y <= "10111111";
                when "111" => y <= "01111111";
                when others => y <= "xxxxxxxx";
            end case
        else
            y <= "11111111";
        end if;
    end process;
end architecture;
```

例 10.6.6 优先编码器设计。

解 优先编码器有 4 个输入,用四元素矢量 *d* 表示；两个输出,用两元素矢量 *q* 表示,还有一个输入使能端 el,两个输出端 e0、gs。当 el=0 时,编码器正常编码,且有 e0=1、gs=0；el=1 时,编码器不能编码,输出 q="11"、e0=1、gs=1；VHDL 语言描述为：

```
library ieee;
use ieee.std_logic_i164.all;
```

```
entity prioty_encoder is
port(d: in std_logic_vector( 3 downto 0);
    e1: in std_logic;
    gs, e0: out std_logic;
    q: out std_logic_vector (1 downto 0);
end prioty_encoder;
architecture encoder of prioty_encoder is
begin
    p1: process(d)
    begin
        if (d(0) = '0' and e1 = '0') then
            q <= "11" ;
            gs <= '0';
            e0 <= '1';
        elsif (d(1) = '0' and ei = '0') then
            q <= "10";
            gs <= '0';
            e0 <= '1';
        elsif (d(2) = '0' and e1 = '0') then
            q <= "01";
            gs <= '0';
            e0 <= '1';
        elsif (d(3) = '0' and e1 = '0') then
            q <= "00";
            gs <= '0';
            e0 <= '1';
        elsif (e1 = '1') then
            q <= "11";
            gs <= '1';
            e0 <= '1';
        elsif (d = "1111" and e1 = '0') then
            q <= "11";
            gs <= '1';
            e0 <= '0';
        end if
end architecture
```

10.6.2 时序逻辑电路

与组合逻辑电路相比较,时序逻辑电路都有一个时钟信号,电路在时钟信号的统一控制下工作,下面举例说明时序电路的描述问题。

例 10.6.7 D 型触发器设计。

解 D 型触发器有一个输入端 d,一个输出端 q,还有一个时钟端 clk。采用 VHDL 描述的 D 型触发器为:

```
library ieee;
use ieee. std_logic_1164. all;
entity dff is
port(d,clk: in std_logic;
```

```
            q: out std_logic;
    end dff;
    architecture dff1 of dff is
    signal q1: std_logic;
    begin
        process(clk)
        begin
                if (clk'event and clk = '1') then          -- 采用变量事件触发
                    q1 < = d;
                end if;
            end process;
        q < =  q1;
    end dff1;
```

例 10.6.8 用上升沿函数设计 D 型触发器。

解 其他与前面例子相同,仅仅时钟端 clk 是采用上升沿函数实现触发,采用 VHDL 描述的 D 型触发器为:

```
library ieee;
use ieee.stp_logic_1164.all;
entity dff is
port(d,clk: in std_logic;
        q: out stp_logic);
end dff;
architecture dff1 of dff is
signal q1: std_logic;
begin
    process(clk)
    begin
        if rising_edge (clk) then                -- 采用上升沿函数触发
            q1 < = d;
        end if:
    end process;
    q < =  q1;
end architecture;
```

例 10.6.9 JK 触发器设计。

解 JK 触发器有两个输入端 j、k,还有两个直接置位、复位端,分别是 st、clr,一个时钟端 clk,两个输出端 q、qb(状态互反),采用 VHDL 描述的 JK 触发器为:

```
library ieee;
use ieee.std_logic_1164.all;
entity jkff is
    port(st,clr,clk,j,k: in std_logic;
            q,qb: out std_logic);
end jkff;
architecture rtl of jkff is
    signal q_s , qb_s: std_logic;
begin
process(st,clr,clk,j,k)
```

```vhdl
begin
    if(st = '0') then
        q_s <= '1';
        qb_s <= '0';
    elsif (clr = '0') then
        q_s <= '0';
        qb_s <= '1';
    elsif (clk'event and clk = '1') then
        if (j = '0' and k = '0') then
            q_s <= q_s;
            qb_s <= qb_s;
        elsif (j = '0' and k = '1') then
            q_s <= '0';
            qb_s <= '1';
        elsif (j = '1' and k = '0') then
            q_s <= '1';
            qb_s <= '0';
        elsif (j = '1' and k = '1') then
            q_s <= not q_s;
            qb_s <= not qb_s;
        end if;
    end if;
end process;
    q <= q_s;
    qb <= qb_s;
end architecture;
```

例 10.6.10　八位通用寄存器设计。

解　八位通用寄存器有一个输入端 d,一个输出端 q,但是输入 d 和输出 q 均应设为 8 位矢量类型；一个时钟端 clk。VHDL 描述程序为：

```vhdl
library ieee;
use ieee.std_logic_1164.all;
entity reg is
port(d: in std_logic_vector(7 downto 0);
        clk: in std_logic;
        q: out std_logic_vector(7 downto 0));
end reg;
architecture reg8 of reg is
signal q1: std_logic_vector(7 downto 0);
begin
    process(clk)
    begin
        if(clk'event and clk = '1') then
            q1 <= d;
        end if;
    end process;
        q <= q1;
end architecture;
```

例 10.6.11 4位二进制同步计数器。

解 计数器有一个时钟 clk,一个清零端 clr,低电平清零,输出端子 q 是矢量类型,一个进位输出端 cu;工作时,来一个脉冲(有一个 clk 上升沿信号),计数器按二进制加法规则加1,到15以前进位 cu=0,当加到15时,再来一个脉冲,进位 cu=1。VHDL 程序为:

```
library ieee;
use ieee.std_logic_1164.all;
use ieee.std_logic_unsigned.all;
entity count is
    port( clk,clr: in std_logic;
         q: out std_logic_vector(3 downto 0);
         cu: out std_logic);
end count;
architecture count1 of count is
begin
process(clk,clr)
variable coun_4: std_logic_vector (3 downto 0);
begin
    if (clr = '0') then
        coun_4 : = "0000";
    elsif (clk'event and clk = '1') then
        coun_4: = coun_4 + 1;
    end if;
    q <= coun_4;
    if coun_4 = "1111" then
        cu <= '1';
    else
        cu <= '0';
    end if;
end process;
end architecture;
```

10.7 VHDL 语言仿真

用 VHDL 设计数字逻辑电路时,仿真验证是整个设计过程中非常重要的一个环节。编写好 VHDL 程序并检查语法无误后,就可以进入 VHDL 程序的仿真阶段。通过仿真验证,可以为后续的综合和布局布线节省更多的时间,从而保证项目顺序完成。但要完成仿真,需要一个能实现 VHDL 仿真的工具软件。

目前有很多支持 VHDL 的仿真软件,本节将以 ModelSim 为仿真工具讨论 VHDL 的仿真过程。ModelSim 是 Mentor Graphics 子公司 Mentor Technology 的产品,是当今最通用的 FPGA 开发仿真器之一。ModelSim 功能强大,它支持设计中各个阶段的仿真过程,不仅支持 VHDL 仿真、Verilog 仿真,而且支持 VHDL 和 Verilog 混合仿真。它不仅能仿真,还能够对程序进行调试,测试代码覆盖率,进行波形比较等。关于 ModelSim 软件的安装可参考有关资料,这里不进行讨论。

10.7.1　仿真测试平台文件

用 VHDL 程序进行仿真时,通常情况下需要两个文件,一个是所设计的硬件描述程序,它对应硬件电路;另一个是为驱动硬件电路设计的激励和测试程序(称为测试平台文件testbench)。当然,有时候设计的 VHDL 硬件描述程序本身可以带一个自激励的程序,这时就不再需要另一个外部的激励程序文件,但是在大多数情况下,从开发的工程特性看,都是将所设计的 VHDL 硬件描述程序与相对应的测试程序分成两个文件。在仿真过程中,仿真工具会自动加载 VHDL 测试平台文件和硬件描述文件,然后进行编译仿真,从而实现对所设计硬件的仿真验证。

一个 VHDL 测试平台文件就是一个 VHDL 的模型,可以用于验证所设计硬件文件的正确性。测试平台文件为所设计的硬件文件提供激励信号,仿真结果可以通过时序图形式显示出来,也可以用文件的形式存储。

任何一个设计好的模块(entity)都有输入和输出,此模块的输入与输出之间是否满足要求,则要看加上输入信号时,输出是否能够满足要求。所以 testbench 的任务有两个:一个是用各种 VHDL 语法产生需要的激励信号,也就是被测模块的输入信号;另一个是监测模块的输出,看看在相应输入下,输出是否满足要求。因此,产生激励信号、测试输出是testbench 的两个主要任务。

10.7.2　仿真举例

本节通过5个例子详细说明仿真过程中需要的 testbench 文件设计方法,所有给出的例子都在 ModelSim 2019 平台上运行通过,给出的波形也来自 ModelSim 2019 的仿真运行结果。

例 10.7.1　仿真测试例 10.6.2 的三输入或非门。

解　三输入或非门的模块程序在例 10.6.2 的解中已经给出。要对设计的或非门电路模块进行测试,只要依据三个输入端或非门的真值表,验证8种输入状态下相应的输出是否正确即可。为此,测试程序要产生真值表的8种输入激励,并测试对应的输出。相应的testbench 程序为:

```
library ieee;
use ieee.std_logic_1164.all;
entity lc100602_tb is
end entity;
architecture lc100602_sim of lc100602_tb is
component nor3 is                              -- 元件声明
  port(a,b,c: in std_logic;
          y: out std_logic);
end component;
    signal a,b,c,y: std_logic;
    constant d1: time: = 10 ns;
begin
lv: nor3 port map
    (a = > a,b = > b,c = > c,y = > y);          -- 元件例化
process
```

```
begin
    lp1:loop
        a < = '0'; wait for d1;
        a < = '1'; wait for d1;
    end loop;
end process;
process
begin
  lp2: loop
    b < = '0'; wait for d1 * 2;
    b < = '1'; wait for d1 * 2;
  end loop;
end process;
process
begin
    c < = '0'; wait for d1 * 4;
    c < = '1'; wait for d1 * 4;
end process;
end architecture;
```

编译运行结果如图 10.7.1 所示。图中从上至下,分别是 a、b、c 和 y 的波形,从对应时间的逻辑电平关系可以看出,仿真结果与三输入或非门真值表完全一致。

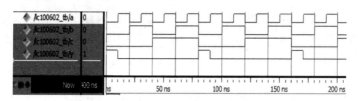

图 10.7.1 三输入或非门仿真时序

例 10.7.2 仿真测试例 10.6.5 设计的 3 线-8 线译码器。

解 3 线-8 线译码器的模块程序已在例 10.6.5 的解中给出。对模块进行测试的内容是:(1) $g1=0$,$g2a=g2b=1$ 时,a、b、c 分别为 8 种输入时输出 y 的情况;(2) $g1=1$,$g2a=g2b=0$ 时,a、b、c 分别为 8 种输入时输出 y 的情况。testbench 程序为:

```
library ieee;
use ieee.std_logic_1164.all;
entity Lc100605_tb IS
end entity;
architecture Lc100605_sim of Lc100605_tb is
component Lc100605 is
    port(a,b,c,g,g2a,g2b: in std_logic;
            y: out std_logic_vector(7 downto 0));
end component;
    signal a,b,c,g,g2a,g2b: std_logic;
    signal y: std_logic_vector(7 downto 0);
    constant t1: time: = 10 ns;
begin
LI: Lc100605 port map
```

```
    (a => a, b => b, c => c, g => g, g2a => g2a, g2b => g2b , y => y);
process
begin
    g <= '0'; g2a <= '1'; g2b <= '0'; wait for t1 * 8;
    g <= '1'; g2a <= '0'; g2b <= '0'; wait for t1 * 8;
end process;
process
begin
lp1:loop
    a <= '0'; wait for t1;
    a <= '1'; wait for t1;
    a <= '0';
    end loop;
end process;
process
begin
lp2:loop
    b <= '0'; wait for t1 * 2;
    b <= '1'; wait for t1 * 2;
    end loop;
end process;
process
begin
    c <= '0'; wait for t1 * 4;
    c <= '1'; wait for t1 * 4;
end process;
end architecture;
```

图 10.7.2 为运行程序后得到的仿真结果。

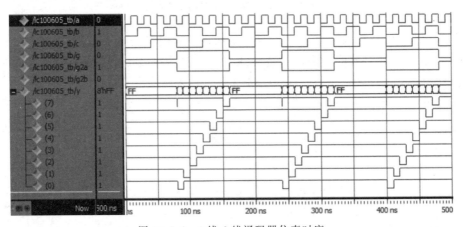

图 10.7.2　3 线-8 线译码器仿真时序

从图中可以看出,当 g1=0,g2a=g2b=1 时,无论 c、b、a 输入为什么状态,对应时间上所有输出都为 1,此时 3 线-8 线译码器没有工作在译码状态;当 g1=1,g2a=g2b=0 时,对应 c、b、a 输入 000 到 111,译码器输出从 y0 到 y7,轮流输出 0,显示译码器处于正常译码状态。测试结果显示,例 10.7.2 所设计的译码器模块完全符合译码器的工作特性。

例 10.7.3　仿真测试例 10.4.9 的四选一数据选择器。

解　四选一数据选择器有四个输入端 d0、d1、d2、d3，两个选择端 b、a。当选择端分别为 00、01、10、11 时，对应选择 d0、d1、d2、d3 输出。对应的测试程序为：

```
library ieee;
use ieee.std_logic_1164.all;
use ieee.std_logic_unsigned.all;
entity Lc100409 is
end entity;
architecture Lc100409_sim of Lc100409 is
component mux4 is
    port(d0,d1,d2,d3,a,b:in std_logic;
            y:out std_logic);
end component;
    signal d0,d1,d2,d3: std_logic;
    signal b,a,y: std_logic : = '0';
    constant t1: time : = 10 ns;
begin
LI: mux4 port map
    (d0 = > d0, d1 = > d1, d2 = > d2, d3 = > d3, a = > a, b = > b, y = > y);
    process
    begin
        d0 < = '1'; d1 < = '0'; d2 < = '0'; d3 < = '0'; wait for t1 * 2;
        d0 < = '0'; d1 < = '0'; d2 < = '0'; d3 < = '0'; wait for t1 * 4;
        d0 < = '0'; d1 < = '1'; d2 < = '0'; d3 < = '0'; wait for t1 * 2;
        d0 < = '0'; d1 < = '0'; d2 < = '0'; d3 < = '0'; wait for t1 * 4;
        d0 < = '0'; d1 < = '0'; d2 < = '1'; d3 < = '0'; wait for t1 * 2;
        d0 < = '0'; d1 < = '0'; d2 < = '0'; d3 < = '0'; wait for t1 * 4;
        d0 < = '0'; d1 < = '0'; d2 < = '0'; d3 < = '1'; wait for t1 * 2;
        d0 < = '0'; d1 < = '0'; d2 < = '0'; d3 < = '0'; wait for t1 * 4;
    end process;
    process
    begin
        b < = '0';a < = '0'; wait for t1 * 2;
        b < = '0';a < = '0'; wait for t1 * 3;
        b < = '0';a < = '1'; wait for t1 * 3;
        b < = '0';a < = '1'; wait for t1 * 3;
        b < = '1';a < = '0'; wait for t1 * 3;
        b < = '1';a < = '0'; wait for t1 * 3;
        b < = '1';a < = '1'; wait for t1 * 3;
        b < = '1';a < = '1'; wait for t1 * 3;
    end process;
end architecture;
```

测试仿真结果如图 10.7.3 所示。

例 10.7.4　仿真测试例 10.6.9 的 JK 触发器特性。

解　JK 触发器的模块描述程序在例 10.6.9 的解中已经给出。对 JK 触发器测试，需要完成的内容是：在 CP 脉冲作用下，JK 分别为四种不同输入组合时，输出 q 和 qb(q 反)的输出情况。测试 JK 模块的 testbench 程序为：

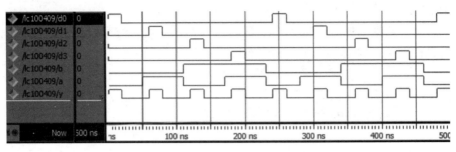

图 10.7.3　四选一数据选择器仿真时序

```
library ieee;
use ieee.std_logic_1164.all;
use ieee.std_logic_signed.all;
entity Lc100609_tb is
end entity;
architecture Lc100609_sim of Lc100609_tb is
    component jkff is
        port(clk,st,clr,j,k: in std_logic;
            q,qb: out std_logic);
    end component;
        signal clk: std_logic: = '0';
        signal st,clr,j,k,q,qb: std_logic;
        constant t1: time : = 20 ns;
begin
LI: jkff port map
    (st = > st,clr = > clr,clk = > clk,j = > j,k = > k,q = > q,qb = > qb);
        clk <= not clk after 10 ns;
    process
    begin
        st <= '0'; clr <= '1'; wait for t1/2;
        st <= '1'; wait for t1;
        clr <= '0'; st <= '1'; wait for t1/2;
        clr <= '1'; st <= '1'; wait;
    end process;
    process
    begin
        j <= '0'; k <= '0'; wait for t1 * 3;
        j <= '0'; k <= '1'; wait for t1 * 2;
        j <= '1'; k <= '0'; wait for t1 * 2;
        j <= '1'; k <= '1'; wait for t1 * 2;
    end process;
end architecture;
```

运行程序,得到仿真时序图如图 10.7.4 所示。

从仿真时序可以看出,结果完全符合 JK 触发器的状态转换特性。

例 10.7.5　仿真测试例 10.6.11 四位同步二进制计数器状态特性仿真。

解　同步计数器功能验证,只需给它时序脉冲,然后观察输出 q 的时序是否按二进制计数规则计数就行了。为此编制出相应的 testbench 程序为:

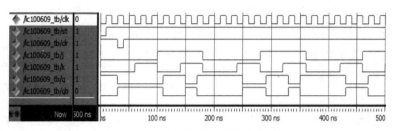

图 10.7.4　JK 触发器测试仿真时序

```
library ieee;
use ieee.std_logic_1164.all;
use ieee.std_logic_unsigned.all;
entity Lc100611_tb is
end entity;
architecture Lc100611_sim of Lc100611_tb is
component count is
    port( clk,clr: in std_logic;
        q: out std_logic_vector(3 downto 0);
        cu: out std_logic);
end component;
    signal clk: std_logic: = '0';
    signal clr : std_logic;
    signal q: std_logic_vector(3 downto 0);
    signal cu: std_logic:
    constant t1: time : = 20 ns;
begin
LI: count port map
    (clk = > clk,clr = > clr,q = > q,cu = > cu);
    clk <= not clk after 10 ns;
process
    begin
    clr <= '0'; wait for t1/2;
    -- wait for t1 * 2;
    clr <= '1'; wait;
end process;
end architecture;
```

运行后得到仿真时序图如图 10.7.5 所示。

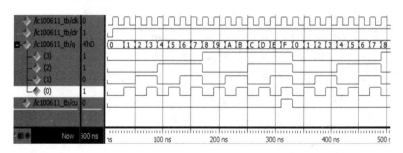

图 10.7.5　四位同步二进制计数器仿真时序

从时序图观察各个波形的对应关系可以看到,输出 q 的时序与时钟 clk 之间的关系完全符合二进制加法计数器规则。进位信号 cu 也与设计要求相符。

实际开发中,完成仿真是非常重要的一步,表明所设计的电路与系统功能正确。这为后续硬件电路设计奠定了基础。

本章小结

(1) 讨论了 VHDL 的发展与特点。这种语言是一种有很强描述能力的语言,可以完成从门电路级到大的电子系统级的逻辑电路的描述。同时 VHDL 也是一种具有工业标准的描述语言,当将其用于硬件电路系统的开发时,可以直接与工业生产对接。

(2) 讨论了 VHDL 描述硬件的结构,一般可以包括实体、结构体、配置、程序包和程序包体及库 5 部分。讨论了每一部分的定义方法、作用等内容。

(3) 讨论了 VHDL 语言的数据类型和运算符,说明了三种数据对象,讨论了 VHDL 的 10 种标准数据类型,介绍了典型运算,包括算术运算、关系运算、逻辑运算、符号运算等类型。

(4) 介绍了 VHDL 的描述语句,主要分为两类,即并行描述语句和顺序描述语句。顺序描述语句完全按照书写的先后顺序执行,并且前面语句的执行结果会直接影响后面各语句的执行。并行描述语句中所有被激活并行语句的执行不受语句书写顺序的影响。

(5) 讨论了 VHDL 中有关数据对象属性的获取方法,包括数值类、函数类、信号类等对象属性的获取,为程序控制提供基础。

(6) 通过实例讨论了数字逻辑电路的设计描述方法,并通过实例讨论了 ModelSim 下对所涉及硬件电路的仿真过程。详细讨论了仿真中测试平台文件(testbench)的设计方法。

习题

10.1 试用 VHDL 描述一个三输入端与非门电路。

10.2 试用 VHDL 描述具有 $Y=\overline{A \cdot B + B \cdot C}$ 逻辑关系的组合电路。

10.3 试用 VHDL 描述四位编码器电路。

10.4 试用 VHDL 描述四位数据分配器电路。

10.5 试用 VHDL 描述一个 2 线-4 线译码器电路。

10.6 试用 VHDL 描述下降沿触发的 JK 触发器。

10.7 试用 VHDL 描述三位二进制加法计数器电路。

10.8 试用 VHDL 描述七十八进制减法计数器电路。

10.9 试用 VHDL 描述一个初值为 0001 的四位移位寄存器电路。

10.10 试编写习题 10.2 的 testbench 程序,并完成仿真。

10.11 试编写习题 10.7 的 testbench 程序,并完成仿真。

部分习题参考答案

第 1 章

1.1　$(B590.24)_{16}$

1.2　$(1000011.111001)_2$，$(103.71)_8$，$(43.E4)_{16}$

1.3　$(141)_{10}$，$(78)_{10}$，$(122)_{10}$

1.4　$(001011010.01110001)_2$

1.5　$(10000000010011.00010100)_{BCD}$

1.6　$(0.11001000110110001)_2$

1.7

表 T1.1　3 位格雷码表

二 进 制 数	格 雷 码	二 进 制 数	格 雷 码
0 0 0	0 0 0	1 0 0	1 1 0
0 0 1	0 0 1	1 0 1	1 1 1
0 1 0	0 1 1	1 1 0	1 0 1
0 1 1	0 1 0	1 1 1	1 0 0

表 T1.2　5 位格雷码表

二 进 制 数	格 雷 码	二 进 制 数	格 雷 码
0 0 0 0 0	0 0 0 0 0	1 0 0 0 0	1 1 0 0 0
0 0 0 0 1	0 0 0 0 1	1 0 0 0 1	1 1 0 0 1
0 0 0 1 0	0 0 0 1 1	1 0 0 1 0	1 1 0 1 1
0 0 0 1 1	0 0 0 1 0	1 0 0 1 1	1 1 0 1 0
0 0 1 0 0	0 0 1 1 0	1 0 1 0 0	1 1 1 1 0
0 0 1 0 1	0 0 1 1 1	1 0 1 0 1	1 1 1 1 1
0 0 1 1 0	0 0 1 0 1	1 0 1 1 0	1 1 1 0 1
0 0 1 1 1	0 0 1 0 0	1 0 1 1 1	1 1 1 0 0
0 1 0 0 0	0 1 1 0 0	1 1 0 0 0	1 0 1 0 0
0 1 0 0 1	0 1 1 0 1	1 1 0 0 1	1 0 1 0 1
0 1 0 1 0	0 1 1 1 1	1 1 0 1 0	1 0 1 1 1
0 1 0 1 1	0 1 1 1 0	1 1 0 1 1	1 0 1 1 0
0 1 1 0 0	0 1 0 1 0	1 1 1 0 0	1 0 0 1 0
0 1 1 0 1	0 1 0 1 1	1 1 1 0 1	1 0 0 1 1
0 1 1 1 0	0 1 0 0 1	1 1 1 1 0	1 0 0 0 1
0 1 1 1 1	0 1 0 0 0	1 1 1 1 1	1 0 0 0 0

第 2 章

2.1　(1) $\overline{Y}=A\overline{B}C+A(D+\overline{E})$

(2) $\overline{Y}=A \cdot \overline{B+C+\overline{D}}$

(3) $Y'=(\overline{A}+B)C$

(4) $Y'=\overline{A \cdot \overline{B \cdot \overline{C}}+\overline{\overline{B \cdot C \cdot \overline{D}}}}$

2.2

表 T2.1　真值表证明逻辑等式(1)

A	B	左$=\overline{A}+B+\overline{A}B$	右$=(\overline{A}+\overline{B})(A+B)$
0	0	0	0
0	1	1	1
1	0	1	1
1	1	0	0

表 T2.2　真值表证明逻辑等式(2)

A	B	左$=A+\overline{A}B$	右$=A+B$
0	0	0	0
0	1	1	1
1	0	1	1
1	1	1	1

表 T2.3　真值表证明逻辑等式(3)

A	B	C	左$=A+\overline{\overline{A}(B+C)}$	右$=A+\overline{B+C}$
0	0	0	1	1
0	0	1	0	0
0	1	0	0	0
0	1	1	0	0
1	0	0	1	1
1	0	1	1	1
1	1	0	1	1
1	1	1	1	1

2.3　(1) $Y=1$

(2) $Y=\overline{A}+\overline{B}+\overline{D}$

(3) $Y=\overline{A}\,\overline{B}\overline{C}+D$

(4) $Y=A+CD$

2.4　(1) $Y=\overline{B}+C+D$

(2) $Y=\overline{A}\overline{D}+\overline{B}\overline{C}+CD$

(3) $Y=AD+C$

2.5 （1）$Y=A\bar{B}+\bar{A}C$

（2）$Y=AB+C$

（3）$Y=\bar{A}+B+E$

2.6 （1）$Y=A\bar{B}+B\bar{C}+\bar{A}C$

（2）$Y=AB+AC+BC$

（3）$Y=AB+\bar{A}C$

2.7 （1）$Y=AB+AC+BC$

（2）$Y=A+C+BD+\bar{B}EF$

（3）$Y=A\bar{C}+B\bar{C}+AB$

（4）$Y=A+\bar{B}C+B\bar{D}$

2.8 （1）$Y=\bar{A}BC+ABC+AB\bar{C}+A\bar{B}C+A\bar{B}\bar{C}$

（2）$Y=\overline{AB}C+\bar{A}\bar{B}C+A\bar{B}C+\bar{A}\bar{B}C$

（3）$Y=\sum m(2,3,4,6)$

（4）$Y=\sum m(0,4,8,12,13,14,15)$

2.9 （1）$Y=A+\bar{B}+C$

（2）$Y=\bar{B}+C+D$

（3）$Y=\bar{A}\bar{D}+\bar{B}\bar{C}+CD$

（4）$Y=\bar{A}+\bar{B}\bar{D}+\bar{B}\bar{C}+\bar{C}\bar{D}$

（5）$Y=\bar{A}\bar{B}\bar{C}D+AB\bar{C}+AC\bar{D}+BC\bar{D}$

（6）$Y=\bar{B}\bar{C}E+\bar{C}\bar{D}E+BE$

（7）$Y=\bar{B}\bar{C}\bar{D}+\bar{A}B\bar{C}+BCD+AC\bar{D}$

（8）$Y=\bar{A}CD+\bar{A}B\bar{C}+A\bar{C}D+ABC$

2.10 （1）$Y=A+\bar{B}+C$

（2）$Y=A+C$

（3）$Y=BD+\bar{B}\bar{D}$

（4）$Y=\bar{B}+\bar{A}D+A\bar{C}D$

（5）$Y=\bar{C}+B\bar{D}$

（6）$Y=\bar{B}\bar{D}+\bar{A}C+\bar{A}\bar{B}+\bar{C}D$

（7）$Y=\bar{B}C+B\bar{D}+A\bar{D}$

2.11

A	B	C	Y		A	B	C	Y
0	0	0	0		0	0	0	0
0	0	1	1		0	0	1	0
0	1	0	1		0	1	0	0
0	1	1	1		0	1	1	1
1	0	0	1		1	0	0	0
1	0	1	1		1	0	1	1
1	1	0	1		1	1	0	1
1	1	1	0		1	1	1	1
(1)					(2)			

图 T2.1 题 2.11 的解

A	B	C	D	E	Y
0	0	0	0	0	1
0	0	0	0	1	1
0	0	0	1	0	0
0	0	0	1	1	0
0	0	1	0	0	1
0	0	1	0	1	1
0	0	1	1	0	1
0	0	1	1	1	1
0	1	0	0	0	0
0	1	0	0	1	0
0	1	0	1	0	1
0	1	0	1	1	1
0	1	1	0	0	0
0	1	1	0	1	0
0	1	1	1	0	1
0	1	1	1	1	1
1	0	0	0	0	0
1	0	0	0	1	0
1	0	0	1	0	0
1	0	0	1	1	0
1	0	1	0	0	1
1	0	1	0	1	1
1	0	1	1	0	1
1	0	1	1	1	1
1	1	0	0	0	1
1	1	0	0	1	0
1	1	0	1	0	0
1	1	0	1	1	1

A	B	C	D	Y
0	0	0	0	1
0	0	0	1	1
0	0	1	0	1
0	0	1	1	1
0	1	0	0	1
0	1	0	1	0
0	1	1	0	1
0	1	1	1	1
1	0	0	0	1
1	0	0	1	1
1	0	1	0	0
1	0	1	1	1

(3)

A	B	C	D	Y
0	0	0	0	0
0	0	0	1	0
0	0	1	0	1
0	0	1	1	1
0	1	0	0	0
0	1	0	1	1
0	1	1	0	0
0	1	1	1	1
1	0	0	0	0
1	0	0	1	0
1	0	1	0	1
1	0	1	1	0

(4)

(5)

图 T2.1　（续）

2.12

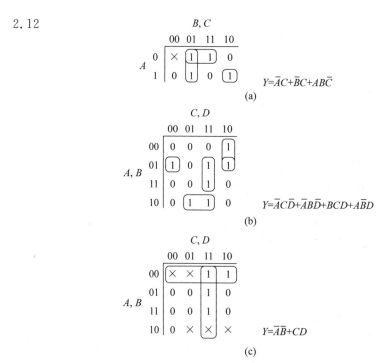

$Y=\bar{A}C+\bar{B}C+AB\bar{C}$

(a)

$Y=\bar{A}C\bar{D}+\bar{A}B\bar{D}+BCD+A\bar{B}D$

(b)

$Y=\bar{A}\bar{B}+CD$

(c)

图 T2.2　题 2.12 的解

第3章

3.1 提示：将基极左边电路等效成戴维南电路,再判断三极管是否饱和。$u_I=5V$ 时,三极管饱和,$u_O=0.3V$；$u_I=0V$ 时,三极管截止,$u_O=5V$。

3.2 习图 3.2(a)：$0.23k\Omega<R_{L1}<0.34k\Omega$；习图 3.2(b)：$0.256k\Omega<R_{L2}<0.39k\Omega$

3.3 当 $u_I=0.3V$ 时：$i_B=1.48mA,I_{IL}=-1.48mA$；$u_I=3.6V$ 时：$i_B=1.07mA$,$I_{IH}=21\mu A$。

3.4 9.23mA

3.5 (1) 1.4V (2) 0.3V (3) 1.4V (4) 1.4V (5) 0V

3.6 (1) 拉电流：$|i_O|=240\mu A$；灌电流：$i_O=3mA$。(2) 高、低电平扇出系数均为 10

3.7 习图 3.7(a)不能 习图 3.7(b)能,$Y_2=\overline{A}$；习图 3.7(c)不能；习图 3.7(d)不能

3.8 习图 3.8(a)能,$Y_1=\overline{AB}\ \overline{CD}$；习图 3.8(b)不能；习图 3.8(c)能,$Y_3=\overline{AB\overline{E}}+\overline{CDE}$；习图 3.8(d)不能；习图 3.8(e)能,$Y_5=AE+B\overline{E}$；习图 3.8(f)不能

3.10 $Y_1=\overline{AB},Y_2=\overline{A+B},Y_3=1,Y_4=\overline{A}$

3.11 (1) $Y_1=1,Y_2=1,Y_3=\overline{A},Y_4=\overline{A}$

(2) 各门 B 端电位均为 0V

3.12 波形图如图 T3.1 所示。

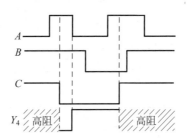

图 T3.1 题 3.12 的解

3.14 波形图如图 T3.2 所示。

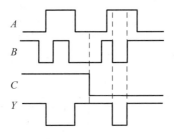

图 T3.2 题 3.14 的解

3.15 $Y_1=AC+\overline{AC},Y_2=\overline{B}C+B\overline{C}$

3.16 (a) $Y_1=\overline{A}B+A\overline{B}$

(b) $Y_2=\overline{A}B+B\overline{C}+AC$

(c) $Y_3=\overline{A}C+\overline{B}C$

(d)

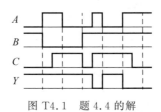

3.17 $Y_1 = \overline{A \cdot B \cdot C \cdot D \cdot E}$

$Y_2 = \overline{A + B + C + D + E}$

$Y_3 = \overline{\overline{ABC} + \overline{DEF}}$

$Y_4 = \overline{\overline{A + B + C} \cdot \overline{D + E + F}}$

第 4 章

4.1 习图 4.1(a)同或逻辑电路,习图 4.1(b)为数值比较器,$Y_1 = A\overline{B}$,$Y_2 = \overline{A}\overline{B} + AB$,$Y_3 = \overline{A}B$

4.2 (1) 逻辑表达式

$$Y_1 = m_3 + m_5 + m_6 + m_7$$

$$Y_2 = m_1 + m_2 + m_4 + m_7$$

(3) 逻辑功能为：全加器

4.3 $Y = AB\overline{C} + A\overline{B}C + \overline{A}BC + \overline{A}\overline{B}\overline{C} = \overline{(A \oplus B) \oplus C}$

4.4 $Y = \overline{\overline{A}B \cdot A\overline{B} \cdot \overline{A}C}$

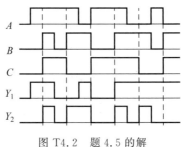

图 T4.1 题 4.4 的解

4.5 $Y_1 = \overline{A}B + BC + A\overline{B}\overline{C}$,$Y_2 = \overline{A}\overline{B}C + B\overline{C} + AB$

图 T4.2 题 4.5 的解

4.6 $Y = AB + AC + BC = \overline{\overline{AB}\ \overline{AC}\ \overline{BC}}$

4.7

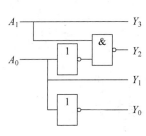

图 T4.3 题 4.7 的解

4.8

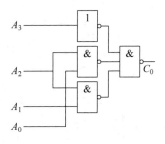

图 T4.4 题 4.8 的解

4.9

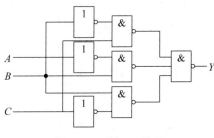

图 T4.5 题 4.9 的解

4.10

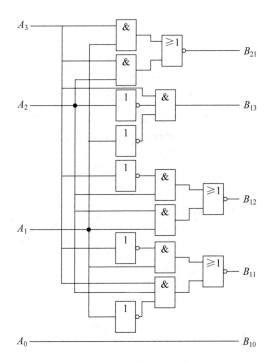

图 T4.6 题 4.10 的解

4.11 $Y = X_0 \overline{A}_1 \overline{A}_0 + X_1 \overline{A}_1 A_0 + X_2 A_1 \overline{A}_0 + X_3 A_1 A_0$,电路是四选一选择器

4.12

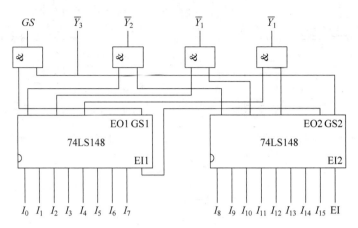

图 T4.7 题 4.12 的解

4.13 逻辑功能为：全减器，$F_0 = A \oplus B \oplus C$，$F_1 = \overline{A}B + \overline{A}C + BC$

4.14 （1）$Y = ABC + AB\overline{C} + \overline{A}BC = m_7 + m_6 + m_3$

（2）$Y = AB\overline{C} + \overline{A}\,\overline{B}C + \overline{A}\,\overline{B}\,\overline{C} = m_6 + m_1 + m_0$

（3）$Y = m_6 + m_5 + m_4 + m_2 + m_1 + m_0$

4.15

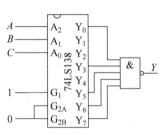

图 T4.8 题 4.15 的解

4.16

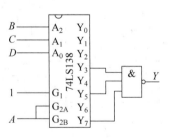

图 T4.9 题 4.16 的解

4.17

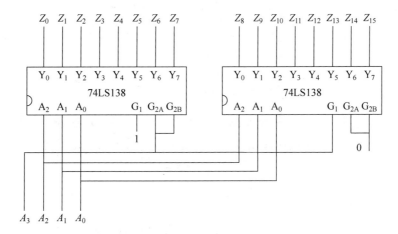

图 T4.10　题 4.17 的解

4.18　显示 3：abcdefg＝1111001

　　　　显示 4：abcdefg＝0110011

4.19　显示 3：abcdefg＝0000110

　　　　显示 4：abcdefg＝1001100

4.20

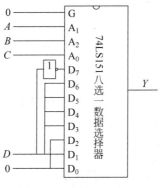

图 T4.11　题 4.20 的解

4.21

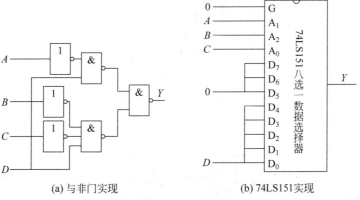

(a) 与非门实现　　　　　　　　(b) 74LS151实现

图 T4.12　题 4.21 的解

4.22　(1) $Y(A,B,C)=\sum m(0,3,4,5)$；$D_0=D_3=D_4=D_5=1,D_1=D_2=D_6=D_7=0$

(2) $Y(A,B,C)=\sum m(3,5,6,7)$；$D_3=D_5=D_6=D_7=1,D_0=D_1=D_2=D_4=0$

4.23

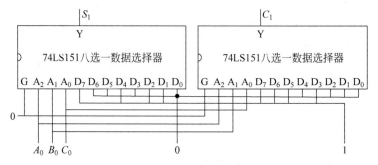

图 T4.13　题 4.23 的解

4.24

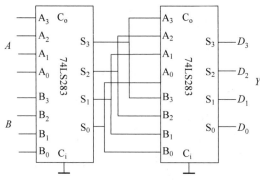

图 T4.14　题 4.24 的解

4.25　(1) $Y=AB+\overline{A}C+\overline{B}\,\overline{C}+\overline{A}\,\overline{B}+BC$

(2) $Y=A\overline{B}+\overline{A}C+B\overline{C}+\overline{B}C+\overline{A}B$

第 5 章

5.1　见图 T5.1。

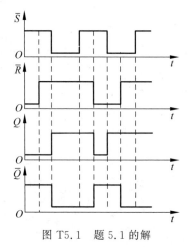

图 T5.1　题 5.1 的解

5.2 见图 T5.2。

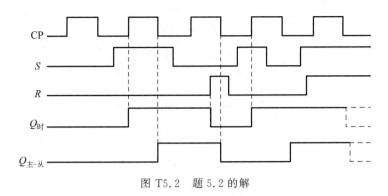

图 T5.2 题 5.2 的解

5.3 见图 T5.3。

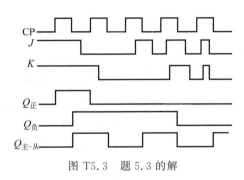

图 T5.3 题 5.3 的解

5.4 见图 T5.4。

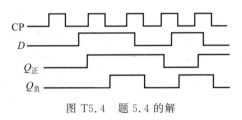

图 T5.4 题 5.4 的解

5.5 见图 T5.5。

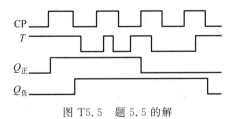

图 T5.5 题 5.5 的解

5.6 见图 T5.6。

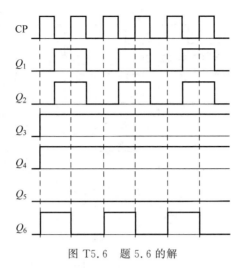

图 T5.6 题 5.6 的解

5.7 见图 T5.7。

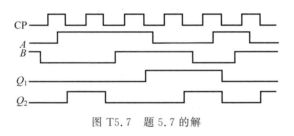

图 T5.7 题 5.7 的解

5.8 见图 T5.8。

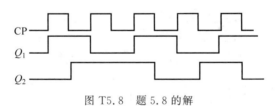

图 T5.8 题 5.8 的解

5.9 见图 T5.9。

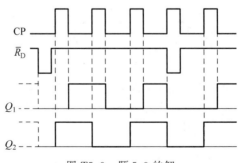

图 T5.9 题 5.9 的解

5.10　该电路完成 JK 触发器的功能。

5.11

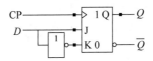

第 6 章

6.1　状态图见图 T6.1。

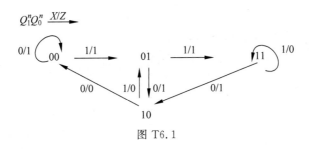

图 T6.1

6.2　答案分别见表 T6.1 和图 T6.2。

表 T6.1　题 6.2 的解

Q_1^n	Q_0^n	Q_1^{n+1}	Q_0^{n+1}
0	0	0	1
0	1	1	0
1	0	0	0
1	1	0	0

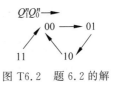

图 T6.2　题 6.2 的解

6.3　答案分别见表 T6.2 和图 T6.3。

表 T6.2　题 6.3 的解

Q_2^n	Q_1^n	Q_0^n	Q_2^{n+1}	Q_1^{n+1}	Q_0^{n+1}
0	0	0	0	0	1
0	0	1	0	1	0
0	1	0	0	1	1
0	1	1	1	0	0
1	0	0	1	0	1
1	0	1	1	1	0
1	1	0	0	0	1
1	1	1	0	0	0

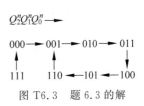

图 T6.3　题 6.3 的解

6.4　答案分别见表 T6.3 和图 T6.4。

表 T6.3　题 6.4 的解

Q_2^n	Q_1^n	Q_0^n	Q_2^{n+1}	Q_1^{n+1}	Q_0^{n+1}
0	0	0	0	0	1
0	0	1	0	1	0
0	1	0	0	1	1
0	1	1	1	0	0
1	0	0	0	0	0
1	0	1	0	1	0
1	1	0	0	1	0
1	1	1	0	0	0

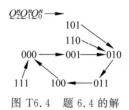

图 T6.4　题 6.4 的解

6.5　答案分别见表 T6.4 和图 T6.5。

表 T6.4　题 6.5 的解

Q_2^n	Q_1^n	Q_0^n	Q_2^{n+1}	Q_1^{n+1}	Q_0^{n+1}
0	0	0	0	0	0
0	0	1	0	1	1
0	1	0	1	0	0
0	1	1	1	1	1
1	0	0	0	0	1
1	0	1	0	1	0
1	1	0	1	0	1
1	1	1	1	1	0

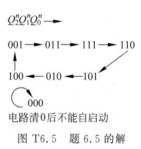

电路清 0 后不能自启动

图 T6.5　题 6.5 的解

6.6　答案分别见表 T6.5 和图 T6.6。

表 T6.5　题 6.6 的解

A	B	Q^n	Q^{n+1}	S
0	0	0	0	0
0	0	1	0	1
0	1	0	0	1
0	1	1	1	0
1	0	0	0	1
1	0	1	1	0
1	1	0	1	0
1	1	1	1	1

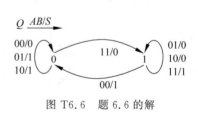

图 T6.6　题 6.6 的解

6.7　答案见图 T6.7。

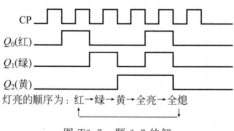

灯亮的顺序为：红→绿→黄→全亮→全熄

图 T6.7　题 6.7 的解

6.8 答案见图 T6.8。

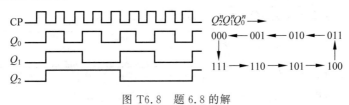

图 T6.8 题 6.8 的解

6.9 答案见图 T6.9。

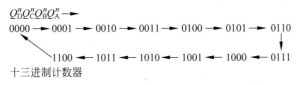

图 T6.9 题 6.9 的解

6.10 答案见图 T6.10。

6.11 答案见图 T6.11。

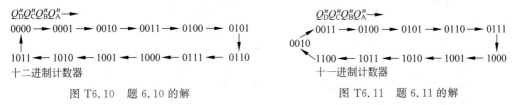

图 T6.10 题 6.10 的解　　　　　　图 T6.11 题 6.11 的解

6.12 答案见图 T6.12。

状态图

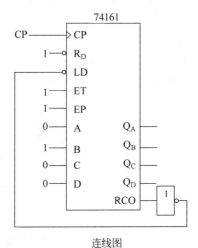

连线图

图 T6.12 题 6.12 的解

6.13　一百七十四进制计数器。

6.14　$\overline{R}_\mathrm{D}=2Q_\mathrm{D}2Q_\mathrm{B}1Q_\mathrm{D}1Q_\mathrm{C}1Q_\mathrm{B}$，连线图见图 T6.13。

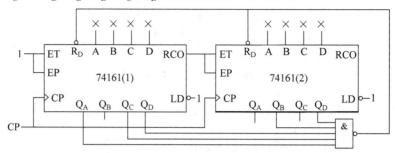

图 T6.13　题 6.14 的解

6.15　（a)五进制计数器　　(b)七进制计数器

6.16　逻辑图见图 T6.14。

<table>
<tr><td>驱动方程</td><td></td><td>状态方程</td><td>输出方程</td></tr>
</table>

$$\begin{cases} J_0=1 & K_0=1 \\ J_1=Q_0^n\overline{Q}_2^n & K_1=Q_0^n \\ J_2=Q_0^nQ_1^n & K_2=Q_0^n \end{cases}$$

$$\begin{cases} Q_0^{n+1}=\overline{Q}_0^n \\ Q_1^{n+1}=\overline{Q}_2^n\overline{Q}_1^nQ_0^n+Q_1^n\overline{Q}_0^n \\ Q_2^{n+1}=\overline{Q}_2^nQ_1^nQ_0^n+Q_2^n\overline{Q}_0^n \end{cases}$$

$$F=Q_2^nQ_0^n$$

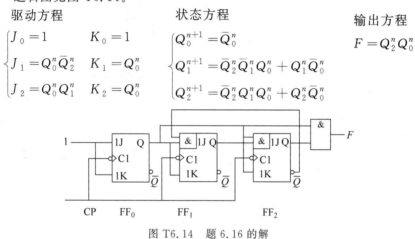

图 T6.14　题 6.16 的解

第 7 章

7.2　触发脉冲的最小周期 $T_\mathrm{min}=t_\mathrm{w}+t_\mathrm{re}$；在触发脉冲与触发输入端之间加微分电路

7.3　$f_\mathrm{max}=100\mathrm{kHz}$

7.4　电压传输特性曲线如图 T7.1 所示。

7.5　(1) $U_\mathrm{T+}=8\mathrm{V}$　$U_\mathrm{T-}=4\mathrm{V}$　$\Delta U_\mathrm{T}=4\mathrm{V}$　(2) $U_\mathrm{T+}=5\mathrm{V}$　$U_\mathrm{T-}=2.5\mathrm{V}$　$\Delta U_\mathrm{T}=2.5\mathrm{V}$

7.6　u_O 的波形如图 T7.2 所示。

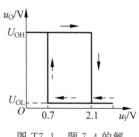

图 T7.1　题 7.4 的解

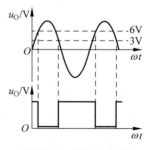

图 T7.2　题 7.6 的解

7.7　7.5V

7.9　$0.329\mathrm{ms}<t_\mathrm{w}<1.729\mathrm{ms}$；$R$ 的作用：防止 R_P 调到最下端时,充电、放电时间常数为 0

7.10　$f=816\mathrm{Hz}$　$D=0.71$

7.11　(1) 可行　(2) 可行　(3) 不可行　(4) 不可行　(5) 不可行

7.12　$R_1=3.57\mathrm{k}\Omega$　$R_2=3.57\mathrm{k}\Omega$

7.13　$R_2=45.5\mathrm{k}\Omega$　$R_3=580\Omega$

7.14　$f_1=47.6\mathrm{Hz}$　$f_2=1190\mathrm{Hz}$

第 8 章

8.3　$2^8=256$,所以地址线为 8 根,数据线为 4 根,字线为 256 根,位线为 4 根。

8.4　(1) 真值表如表 T8.1 所示。

表 T8.1　题 8.4 的解

A	B	F_1	F_2	F_3	F_4	F_5
0	0	0	0	1	1	0
0	1	0	1	1	0	1
1	0	0	1	1	0	1
1	1	1	1	0	0	0

(2) 输出函数的逻辑表达式为

$$F_1(AB)=AB \quad F_2(AB)=\sum(1,2,3)=A+B$$

$$F_3(AB)=\sum(0,1,2)=\overline{AB}+\overline{A}B+A\overline{B}=\overline{AB}$$

$$F_4(AB)=\overline{A}\,\overline{B}=\overline{A+B} \quad F_5(AB)=\sum(1,2)=A\oplus B$$

由上可知,该电路可产生二变量的与运算、或运算、与非运算、或非运算和异或运算。

8.5　将 F_1、F_2 化成由最小项组成的标准与或表达式

$$F_1=\overline{A}\,\overline{B}\overline{C}+\overline{A}\,\overline{B}C+\overline{A}BC+AB\overline{C}$$

$$F_2=\overline{A}\,\overline{B}C+A\overline{B}C+AB\overline{C}+ABC$$

ROM 阵列如图 T8.1 所示。

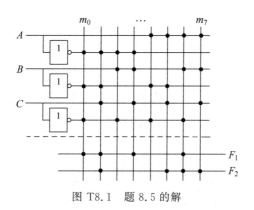

图 T8.1　题 8.5 的解

8.9　(1) 1024　(2) 10 条　(3) 1　(4) 1024 字,4 位

8.10 　(1)先进行位扩展,将两片 4×4 RAM 扩展为 4×8 RAM,再进行字扩展,将两组 4×8 扩展为 8×8,故需要 4 片 4×4 RAM。

(2)扩展后的电路如图 T8.2 所示。

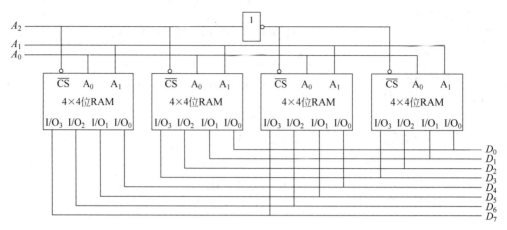

图 T8.2　题 8.10 的解

8.14

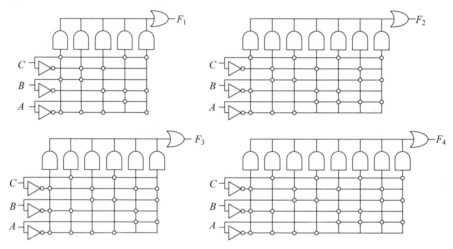

图 T8.3　题 8.14 的解

8.15

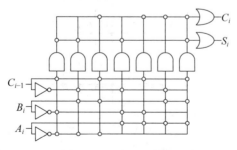

图 T8.4　题 8.15 的解

第 9 章

9.3 -4.6875V 0V -3.4375V

9.4 $R_7 = 19.93\text{k}\Omega(R_7 = 20\text{k}\Omega), R_0 = 2560\text{k}\Omega$

9.5 (1) $u_O = -4.98\text{V}$ $u_O = -2.519\,53\text{V}$ $u_O = -0.019\,53\text{V}$

(2) 分辨率为 0.392%

9.6 (1) $R_F = 0.48\text{k}\Omega$ (2) 1.4V

9.7 (1) $u_O = [(-U_{REF} \cdot R_F)/(2^4 \cdot R)] \cdot (2^0 D_0 + 2^1 D_1 + 2^2 D_2 + 2^3 D_3)$

(2) 4.0625V

9.8 (1) $0 \sim 10\text{V}$ (2) 参考电压 U_{REF} 减半

9.9 $\Delta u_O = 0.625\text{V}$ $u_{Omax} = 9.375\text{V}$

9.10 $n = 11$ $U_{REF} = 10\text{V}$

9.11 0.024% 2.4mV 000011001100

9.18 (1) $4\mu\text{s}$ (2) 01010111 (3) 11010100

9.19 (1) $Q_9 Q_8 \cdots Q_0 = 0101101000$ (2) $T = 24\mu\text{s}$

9.20 根据双积分型 A/D 转换器的工作原理可知，$T_2/T_1 = |u_I|/|U_{REF}|$，当 $|u_I| > |U_{REF}|$ 时，则 $T_2 > T_1$，会使计数器在第 2 次积分时的计数产生溢出，使转换结果出错

9.21 最大转换时间为 $2^{n+1} T_{CP} = 2^{11} \times 10^{-6}\text{s} = 2.048\text{ms}$

9.22 (1) 100ms (2) 5V (3) 5V

9.23 (1) N 应大于 $(2 \times 10^3)/0.1 + 1 = 20001$ (2) $2^n \geqslant N > 2^{n-1}, n = 15$，故需 15 位二进制计数器，如包括附加计数器，则需 16 位二进制计数器   (3) $RC = 65.536\text{ms}$

9.24 位数 $n = 14$，数字量为 10100110011001

第 10 章

10.1

```
library ieee;
use ieee.std_logic_1164.all;
entity nand3 is
port(a,b,c: in std_logic;
        y: out std_logic);
end nand3;
architecture nand3_1 of nand3 is
begin
        y <= (a and b) nand c;
end architecture;
```

10.3 参考例 10.6.6

10.5

```
library ieee;
use ieee.std_logic_1164.all;
entity decoder24 is
port(s1,s2:IN bit;
        m:OUT bit_vector(3 downto 0));
end;
architecture be of decoder24 is
```

```
begin
process(s1,s2)
begin
  case s1&s2 is
    when "00" => m <= "0001";
    when "01" => m <= "0010";
    when "10" => m <= "0100";
    when "11" => m <= "1000";
    when others => m <= (others => '0');
  end case;
end process;
end architecture;
```

10.6

```
library ieee;
use ieee.std_logic_1164.all;
entity jkff is
    port(clk,j,k: in std_logic;
         q,qb: out std_logic);
end jkff;
architecture rtl of jkff is
    signal q_s , qb_s: std_logic;
begin
process(clk,j,k)
begin
    if (clk'event and clk = '1') then
        if (j = '0' and k = '0') then
            q_s <= q_s;
            qb_s <= qb_s;
        elsif (j = '0' and k = '1') then
            q_s <= '0';
            qb_s <= '1';
        elsif (j = '1' and k = '0') then
            q_s <= '1';
            qb_s <= '0';
        elsif (j = '1' and k = '1') then
            q_s <= not q_s;
            qb_s <= not qb_s;
        end if;
    end if;
end process;
    q <= q_s;
    qb <= qb_s;
end architecture;
```

10.8

```
library ieee;
use ieee.std_logic_1164.all;
use ieee.std_logic_unsigned.all;
entity count78 is
    port( clk,clr: in std_logic;
```

```
        q: out std_logic_vector(6 downto 0);
        cu: out std_logic);
end count;
architecture count1 of count78 is
begin
process(clk,clr)
variable coun_7 : std_logic_vector (6 downto 0);
begin
  if (clr = '0') then
     coun_7 : = "1001110";
  elsif (clk'event and clk = '1') then
     coun_7: = coun_7 - 1;
  end if;
  q < = coun_7;
  if coun_7 = "0000000" then
     cu < = '1';
  else
     cu < = '0';
  end if;
end process;
end architecture;
```

参 考 文 献

[1]　阎石.数字电子技术基础[M].5版.北京:高等教育出版社,2006.

[2]　余孟尝.数字电子技术基础简明教程[M].3版.北京:高等教育出版社,2006.

[3]　康华光.电子技术基础(数字部分)[M].5版.北京:高等教育出版社,2006.

[4]　秦曾煌.电工学(下册):电子技术[M].6版.北京:高等教育出版社,2003.

[5]　弗洛伊德.数字电子技术[M].10版.北京:电子工业出版社,2011.

[6]　曹汉房.数字电路与逻辑设计[M].4版.武汉:华中科技大学出版社,2004.

[7]　曹汉房.数字电路与逻辑设计[M].5版.武汉:华中科技大学出版社,2010.

[8]　宁帆,张玉艳.数字电路与逻辑设计[M].北京:人民邮电出版社,2003.

[9]　杨颂华,等.数字电子技术基础[M].西安:西安电子科技大学出版社,2016.

[10]　辛春艳.VHDL 硬件描述语言[M].北京:国防工业出版社,2002.

[11]　杨恒,卢飞成.FPGA/VHDL 快速工程实践入门与提高[M].北京:北京航空航天大学出版社,2003.

图 书 资 源 支 持

感谢您一直以来对清华大学出版社图书的支持和爱护。为了配合本书的使用，本书提供配套的资源，有需求的读者请扫描下方的"书圈"微信公众号二维码，在图书专区下载，也可以拨打电话或发送电子邮件咨询。

如果您在使用本书的过程中遇到了什么问题，或者有相关图书出版计划，也请您发邮件告诉我们，以便我们更好地为您服务。

我们的联系方式：

教学资源·教学样书·新书信息

地　　址：北京市海淀区双清路学研大厦 A 座 714

邮　　编：100084

电　　话：010-83470236　010-83470237

人工智能科学与技术
人工智能|电子通信|自动控制

资源下载：http://www.tup.com.cn

客服邮箱：tupjsj@vip.163.com

资料下载·样书申请

QQ：2301891038（请写明您的单位和姓名）

书圈

用微信扫一扫右边的二维码，即可关注清华大学出版社公众号。